지속가능패션

Sustainable
Fashion

지속가능패션

Sustainable Fashion

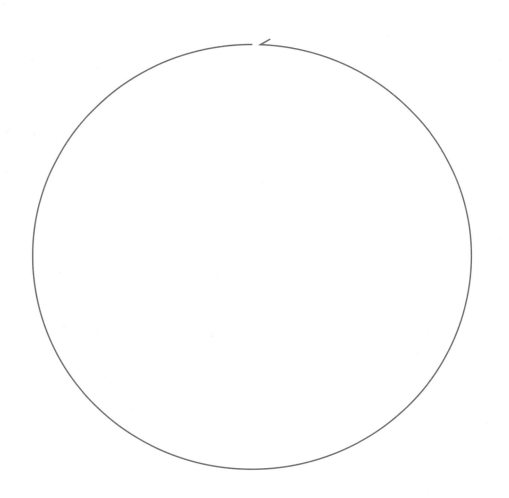

고은주 · 연세대학교 패션마케팅 연구실 지음

교문사

PREFACE

"지속가능패션"은 글로벌 패션산업의 새로운 비전으로 제시되면서,

기업의 장기적 발전을 위해 선택이 아닌 필수가 되었다. 패션산업에서 지속가능성은 생산 단계뿐만 아니라, 기획, 구매, 물류, 판매, 재사용, 재활용 단계까지 광범위하게 적용되고 있다. 핵심 소비자층인 MZ세대는 지속가능패션의 소비를 주도하며, 중고구매 및 대여, 캡슐옷장 등 지속가능 라이프스타일을 추구함으로써 지속가능패션의 시장규모는 성장하고 있다. 또한, 지속가능패션에 대한 기업의 사회적 책임과 소비자 인식이 증대되면서, 공유경제, 순환경제, 기술혁신 등의 매크로환경트렌드에 따른 지속가능한 패션비즈니스모델(예: 렌털, 리세일 등)이 다양하게 소개되었다. 특히, 파페치, 잘란도 같은 지속가능유통 플랫폼의 성장은 지속가능 트렌드와 라이프스타일을 보여주면서 지속가능패션의 확장을 가능하게 하였다.

'지속가능패션 브랜드마케팅(2015)' 출간 당시, 지속가능패션은 아시아보다는 유럽과 미국을 중심으로 논의가 진행되었으며, 지속가능패션 범위는 생산과 제조 중심으로, 브랜드 전체라인보다는 서브라인에 지속가능전략을 도입하였다. 6년이 지난 2021년 현재 지속가능패션은 유럽, 미국뿐만 아니라 전 세계에서, 구매, 생산, 유통, 판매 등 상품 전 수명 주기 단계를 포함하여, 브랜드 전체라인에 적용할 수 있는 실천전략을 도입하고 있는 실정이다.

이와 같이 급변하는 글로벌 패션산업 환경에서 본 서는 지속가능패션 브랜드를 기획하고 실행하는 패션업계 실무자에게는 업무가이드라인으로, 이론적 체계를 구축하고 교육하는 학계 교육자들에게는 교육자료로 활용되기를 바라며 기획되었다. 지속가능패션의 현황과 트렌드를 이해하고, 지속가능패션 브랜드 유형별(럭셔리, 패션, 유통플랫폼) 사례연구와 실천 전략 분석을 통해, 지속가능패션에 대한 국내 많은 기업들과 소비자들의 인식 제고 또한 가능할 것이다.

저자들은 오랜 시간 지속가능패션에 관련된 연구와 교육을 진행하면서 준비해왔던 자료들에 기초하여 본 서를 집필하게 되었다. 본 서의 책임 저자는 지속가능 문화서비스경영연구센터(연세대 미래융합연구원 내, 2013.5.)를 개설하여, 국내 최초 "지속가능 패션브랜드 전시회"[(사)글로벌지식경영마케팅학회 주관, 2013.11.9]에서 지속가능브랜드의 개념과 사례를 소개하였고, ACCESS(지속가능컬처 매거진, 2014.9. 발간)와 글로벌지속가능패션포럼(2018.4) 개최 등 다양한 활동을 통해 지속가능 문화를 알리고 확산시켜왔으며, 지속가능패션 브랜드마케팅 책(2015.7. 발간)과 지속가능패션 관련 논문 50여 편을 국제/국내학술지와 학회에 발표하였고, 위 연구자료들을 연구노트와 트렌드 노트 등에 인용하였다.

본 서는 총 6장으로 구성되었으며, 1장 [지속가능패션의 이해]는 지속가능정책, 평가지수와 인증라벨과 교육현황을 소개하여, 지속가능패션의 환경을 이해할 수 있도록 하였다. 2장 [지속가능패션 소비자]에서는 주요 패션트렌드 및 지속가능패션 라이프스타일 분석을 통해 지속가능패션소비를 주도하는 MZ세대의 특징을 설명하였다. 3장 [지속가능럭셔리 브랜드]에서는 럭셔리 그룹(케어링, LVMH)과 브랜드(구찌, 루이비통)차원으로 구분하여 브랜드역사와 전략, 지속가능 전략과 차별화 전략에 대해 살펴보았다.

4장 [지속가능패션 브랜드]에서는 지속가능성 3대축(TBL)과 문화적 지속가능성 및 브랜드 유형(지역, 규모, 제품 등)을 고려하여 선정된 지속가능패션 브랜드 총 9개가 소개되었다. 글로벌패션브랜드(파타고니아, H&M), 국내브랜드(래코드, 나우, 플리츠마마), 스타트업브랜드(판게아, 세이브더덕), 슈즈브랜드(올버즈, 베자)가 포함되었으며, 브랜드 역사와 아이덴티티, 브랜드 전략과 지속가능 전략에 대해 살펴보았다.

5장 [지속가능유통 플랫폼]에서는 지속가능패션의 확장으로 유통 플랫폼 총 6개 사례, 패션 전문 플랫폼(파페치, 잘란도), 중고 리세일 플랫폼(더리얼리얼, 디팝), 대여 플랫폼(렌트어런웨이, 워드로브)를 다루었다. 지속가능패션의 범위가 제조 중심에서 유통 플랫폼으로 확장되면서 지속가능패션소비의 가속화에 기여하고 있는 유통 플랫폼의 지속가능 전략에 대해 살펴보았다.

마지막으로 6장 [지속가능패션의 미래]에서는 소비자 관점과 기업 관점(럭셔리, 패션, 유통 플랫폼)의 지속가능 전략에 대해 살펴보았고, 본 서에서 다룬 총 19개 브랜드에 대해 지속가능 실천범주별/매크로트렌드별 실천전략을 다루었으며, 지속가능패션 미래에서는 순환패션을 위한 개념과 요건을 제시하였다.

지속가능패션은 패션의 현재이자 미래이다. 우리 삶의 일상에서 내일을 생각하는 지속가능소비가 중요한 패션트렌드가 되었다. 아날로그감성과 재미, 취향이 겸비된 지속가능패션 소비 문화와 한국 패션이 접목되어 새로운 시대에 한국 패션의 지평을 열어 가길 바란다. 한국패션이 지속가능패션 문화와 조화롭게 융합되어, 글로벌시장에서 우수한 문화상품 가치를 인정받고, 지속가능한 발전과 인류행복에 기여할 수 있기를 소망하며 본 저서를 발간한다.

본 서의 발간을 위해 원고편집과 자료정리를 도와준 연세대학교 패션마케팅 연구실 최다연 양, 김도원 양, 엄회수 양, 김연우 양, 유다연 양, 표지디자인을 해 준 엄수민 양과 좋은 책을 만들기 위해 많은 수고를 해주신 교문사 관계자 분들에게 감사의 마음을 전한다.

2021년 9월
연세대학교 패션마케팅 연구실에서
책임저자 혜전(蕙田) 고은주

CONTENTS

4 지속가능패션 브랜드

5 지속가능유통 플랫폼

6 지속가능패션의 미래

SUSTAINABLE FASHION

CHAPTER ————

지속가능패션의 이해

1

CHAPTER 1

지속가능패션의 이해

1. 지속가능패션 개요

지속가능성은 '경제 발전'과 '환경 보존'이라는 틀 안에서 탄생한 개념이다. 세계 환경개발위원회WCED; World Commission on Environment and Development가 1987년 '우리 공동의 미래Our Common Future 보고서'를 통해 지속가능성을 '미래 세대가 필요로 하는 것을 저해하지 않으면서 현세대의 필요를 충족시키는 발전'으로 정의한 후 다양한 영역에서 활발하게 논의되었다. 이러한 논의는 환경 훼손을 수반한 과거의 경제 발전이 얼마나 더 지속될 수 있을지에 대한 반성적 성찰이다. 즉, 현세대의 필요를 충족하기 위해 미래 세대가 사용할 경제, 사회, 환경의 자원을 낭비하지 않으면서 그 이용 가능성을 보존하고 발전시키는 데 그 목적이 있다고은주, 패션마케팅연구실, 2015.

국제 사회에서 지속가능한 발전의 중요성이 다루어지며 다양한 국제 협약이 등장했다. 1972년 UN 인간환경회의를 비롯하여 1992년 리오 회의, 1995년 WBCSD세계지속가능발전기업협의회에서 환경 보존과 사회 발전이 함께 이루어질 수 있는 방법이 논의되었다. 또한, 지난 5년간 2015년 UN 지속가능발전 정상 회의UN Sustainable Development Summit, 2015, 2015년 파리 기후변화 협정 채택UNFCCC, 2015, 2019년 유럽 그린딜European Commission, 2019 등을 통해 국제 사회는 지속가능한 발전 목표를 설정하고, 탄소 중립화를 위한 여러 정책을 마련하였다표 1-1.

표 1-1 지속가능한 발전의 전개 과정

연도	회의명	회의 내용 및 결과
1972	• UN 인간환경회의	• 스톡홀름 선언(인간환경선언) 채택 • 공적 정치 영역에서 환경문제 최초 등장
1987	• 환경과 개발에 관한 세계 위원회	• 브룬트란트 보고서 발간 • 지속가능발전 개념 등장
1992	• UN 환경개발회의(Rio 회의)	• Rio선언 및 의제 21 채택
1995	• 세계지속가능발전기업협의회(WBCSD)	• 지속가능발전을 위한 기업의 선도적 역할 강조
2002	• 지속가능발전세계 정상회의 (WSSD, 일명 Rio+10)	• 요하네스버그 선언 및 이행계획 채택
2012	• UN지속가능발전정상회의 (UNCSD, 일명 Rio+20)	• '녹색 경제'로의 세계 경제 패러다임 전환 방향성 제시 및 결과 문서 '우리가 원하는 미래' 채택
2015	• 제70차 UN 총회	• 지속가능발전목표(SDGs) 채택
2015	• 제21차 UN기후변화협약 당사국총회 (COP21)	• 파리 기후변화협정 채택 • 선진국/개도국 모두가 참여하는 포괄적인 신기후체제 근거 마련
2019	• 유럽 그린딜(Europe Green Deal)	• 2050년까지 유럽 연합의 탄소 중립 목표, 탄소배출권거래제 적용 범위 확대 및 탄소 국경세 도입 명시

이러한 지속가능성에 대한 논의는 산업 전반에서 펼쳐져, 패션업계에도 영향을 주고 있다. 패션 산업은 그동안 사회와 환경에 상당한 악영향을 미쳐 지속가능패션에 대한 필요성이 제기되었다Song, Ko, 2017. 특히 패션 산업은 연간 1.5조 리

---

1 파리 협정(파리協定, 영어: Paris Agreement, 프랑스어: Accord de Paris)은 2015년 유엔 기후 변화 회의에서 채택된 조약이다. 회의의 폐막일인 2015년 12월 12일 채택되었고, 2016년 11월 4일부터 포괄적으로 적용되는 국제법으로서 효력이 발효되었다. 회의 주최자 프랑스의 외무장관 로랑 파비우스는 "야심차고 균형잡힌" 이 계획은 지구 온난화에 있어서 "역사적 전환점"이라고 하였다.

터의 과도한 수자원을 사용하고 있으며, 전 세계 폐수 발생의 20%와 세계 탄소 배출량의 10%를 차지하고 있다. 예로, 그린피스는 한 벌의 청바지를 생산하는 데 7,000리터의 물이 필요하고 32.5kg의 이산화탄소가 배출된다고 보고했다강민선, 2021. 또한, 패션 산업에서 광범위하게 사용하는 합성섬유는 세탁 과정에서 매년 50만 톤의 미세섬유를 바다에 방출하며 해양 플라스틱 오염의 35%를 차지하고 있다. 이 외에도 의류 폐기물 문제 또한 제기되고 있다. 연간 약 1,300억 벌의 의류가 생산되고, 이 중 연간 110만 톤이 폐기된다. 폐기 의류의 38%가 소각 처리되거나 매립되며, 대량의 이산화탄소를 배출하고 지하수를 오염시키고 있다환경부, 한국환경산업기술원, 2018. 2018년 기준 전 세계 패션 업계에서는 약 21억 톤의 온실 가스Greenhouse gases, GHG를 배출하고 있고, 이는 전 세계 전체의 약 4%에 해당한다Berg et al., 2020. 그림 1-1. 이와 같은 추세로 산업이 발전할 경우 2050년까지 세계 탄소 발생량의 25%를 점유하게 될 것이라는 예측이 나오기도 했다UNEP, 2018.

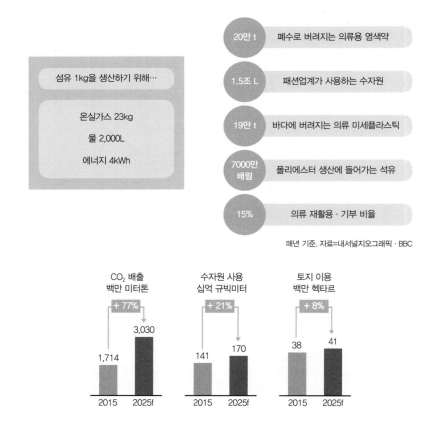

그림 1-1
패션 산업이
환경에 미치는
부정적 영향

이와 같은 문제를 해결하기 위해 등장한 '지속가능패션'은 인류의 행복과 환경에 악영향을 미치지 않는 호환 가능한 시스템을 말한다. 지속가능패션은 패션 산업의 각 단계(디자인, 원자재 생산, 제조, 운송, 보관, 마케팅, 판매, 상품의 사용, 재사용Reuse, 수선, 재제조Remake, 상품 및 부품의 재활용)를 지속가능하게 개선하는 것을 목표로 한다정해순, 2019.

최근에는 지속가능패션을 지속가능한 패션sustainable fashion, 윤리적 패션ethical fashion, 올바른 패션honest fashion이라는 다양한 용어로 표현하고 있다. 뿐만 아니라 친환경 패션, 에코 패션이라는 용어와 혼재되어 사용하기도 한다. 그러나 친환경 패션, 에코 패션은 환경친화적 공정으로 생산된 소재의 사용, 원단이나 헌 옷의 재사용 및 재활용, 폐기물의 재활용, 그리고 폐기 시 미생물 분해를 통해 환경오염을 최소화하는 제품으로, '생태계를 배려하고 생명체와 환경의 조화와 균형을 유지하기 위한 패션'으로 정의된다이종숙 외, 2007. 반면, 지속가능패션이란 환경의 지속성과 차세대를 의한 발전을 위해, 패션 제품 생산 과정에서 윤리적, 사회적 측면을 고려한 개념이다. 또한, 노동인권 문제, 공정무역, 소비자의 생활양식과 행복 가치를 포괄하는 문화적, 시간적, 가치관적 관점으로 범위가 확장되고 있다. 따라서, 본서에서는 지속가능패션을 '인류의 안녕과 미래 발전을 위해, 환경 보존, 경제 성장, 사회공헌, 문화가치를 고려한 패션'으로 정의한다고은주, 패션마케팅연구실, 2015.

2. 지속가능 정책과 패션 브랜드

본 절에서는 최근 10년간 지속가능 정책에 따른 국가별 대표적인 지속가능패션 브랜드 사례를 살펴보고자 한다. 첫번째 유럽의 프랑스, 독일, 핀란드, 영국, 두번째 미국, 그리고 마지막으로 아시아의 중국, 일본, 한국 순으로 알아보자표 1-2.

프랑스의 경우, 순환경제로드맵2018, 매장의 일회용 비닐 봉지 사용 전면 금지2017, 순환 경제에 관한 법률2020, 시장에 출시되는 플라스틱 양 감소에 관한 법령2021 등의 정책민달기, 2018에 따라 프랑스 기업들은 환경과 책임 경영에 입각한 다양한 패키징을 선보인다. 화장품 브랜드 로레알L'Oréal은 지속가능한 개발을 목적으로 자사 생산 제품의 '탄소 발자국'을 개선하기 위해 10년 넘게 혁신적인 친환경 패키징 연구에 힘써왔다. 2019년 10월에는 프랑스 화장품 용기업체 알베아Albéa와 협력해 종이 튜브용기를 출시하였다그림 1-2. 이를 시작으로 2020년부터 모든 신제품을 친환경 패키징으로 출시하고 2025년까지 자사 생산 제품 패키징의 100%를 재활용 및 생분해성 플라스틱으로 바꾸는 것을 목표로 한다.

그림 1-2
로레알의
지속가능한
패키징

독일은 그린버튼제도Gruener Knopf를 통해 자원 효율적 순환 경제를 구축하기 위하여 노력하고 있다박소영, 2020. 휴고보스Hugo Boss, 오토 그룹Otto-Group 등의 대기업과 삭스포펀Socks4Fun 등의 소기업, 스타트업, 중견 기업 등은 그린버튼제도를 통해 지속가능한 섬유에 대한 인증을 받는다. 또한 2020년 베를린 패션위크에서는 혁신과 지속가능성을 위한 패션을 지향하는 네오니트Neonyt[2] 패션 박람회가 개최되어 22개국의 210여 브랜드가 참가하였고 환경, 재활용 등의 기존 이슈에 새로운 기술과 아이디어를 접목한 다양한 패션을 소개하였다. 본 박람회와 함께 진행된 패션 서스테인Fashion Sustain 컨퍼런스는 주문 중심의 생산라인 최소화를 제안하였다. 과다 생산과 잉여 재고를 피하는 주문형 디지털 생산 시스템을 도입하여 판매처에 근접한 로컬 생산 및 운송을 지향하고, 결과적으로 탄소 발자국을 줄이는데 그 목표가 있다. 2021년 1월 베를린 패션위크는 '패션테크'와 '지속가능성'이라는 주제로 100% 온라인으로 진행되었다.

핀란드는 2035년까지 탄소 중립을 목표로 하고 있다. 2015년부터 매년 노르딕 패션위크 협회에 의해 주최되는 헬싱키 패션위크는 전 세계에서 지속가능한 패

---

2 네오니트(Neonyt): 독일어로 새로움을 뜻하는 'Neo'와 핀란드어의 새로움을 뜻하는 'Nytt'의 합성어. 패션과 섬유 산업의 근본적인 전환을 통한 새로운 패러다임을 여는 과정을 뜻한다.

션을 추구하는 디자이너와 브랜드를 심사 및 선발하여 패션쇼를 지원하고 있다. 2018년 헬싱키 패션위크는 '에코 빌리지'Ecovillage라는 주제로 100% 지속가능한 친환경 패션위크를 기획하였으며, 당시 참가했던 30개의 패션 브랜드는 제로 웨이스트zero waste의 순환경제를 실현하는 기획을 보여주었다. 2019년 헬싱키 패션위크는 혁신적 소재의 개발과 자원의 효율적 활용을 바탕으로 제품에 동물 가죽을 사용하지 않는 디자이너와 브랜드를 초청하여, 핀란드 학계와 업계 및 정부 기관으로부터 좋은 평가를 받았다. 2020년 헬싱키 패션위크는 룩소LUKSO와 협력하여 룩소 블록체인에 기반을 둔 '디지털 빌리지'를 만들어, 실제 원단이 아닌 디지털로 패션 샘플을 만들었다. 디자이너가 만든 패턴은 3D 디자이너가 3D화하여 옷을 제작했고, 모델은 아바타화, 쇼 장소는 디지털화 하였다. 이외에도 3D 패션 스토어를 만들어 제품을 판매할 수 있도록 하였다. 국내에서는 친환경 소재, 공정거래, 로컬 생산, 기부 활동 등으로 알려진 브랜드 '오픈플랜'Openplan이 헬싱키 패션위크에 2019년, 2020년 연달아 참가하였다그림 1-3.

그림 1-3
2020 헬싱키 디지털 패션위크에 참가한 국내 브랜드 오픈플랜

영국은 영국패션협회British Fashion Council, BFC의 '포지티브 패션 이니셔티브'British Fashion Council's Positive Fashion Initiative의 일환으로 영국 패션협회와 영국 디자이너 비비안 웨스트우드Vivienne Westwood가 함께 '패션 스위치 투 그린'Fashion SWITCH to Green 공동 캠페인을 실시하고 있다. 해당 캠페인은 2020년까지 패션 브랜드의 시스템 내에서 그린 에너지를 공급하도록 전환시키는 것을 목표로 하였다. 보다 구체적인 목표로는, 패션 브랜드의 영국 내 사무실과 리테일 매장에서 그린 에너지를 공급하거나 그린 에너지 세금을 매기도록 하는 것이다British Fashion Council. 또한 섬유분야에서 의류 순환 경제와 관련된 전공을 개설하여 순환 경제 솔루션을 개발하는 등 순환 경제의 의미를 확산시키고, 재사용 및 재활용을 장려하는 것을 목표로 한다.

미국은 유럽, 영국, 아시아와 달리 지속가능성을 비즈니스적 관점에서 조명하며, 기업이 지속가능성을 추구할 수 있도록 제도적 장치를 구축하였다. 다우존스 지속가능경영지수Dow Jones Sustainability Index; DJSI, 히그 지수The Higg Index, 다양성 및 포용성 지수Diversity and Inclusion Index; D&I Index, GRIGlobal Reporting Initiative 등을 개발하여 기업의 가치를 경제적 성과뿐만 아니라 사회적, 환경적 성과에 따라 평가하고 기업의 지속가능한 행동을 이끌어 낸다. 그 중에서도 미국의 지속가능 의류연합Sustainable Apparel Coalition; SAC이 개발한 히그 지수는 각국 정부, 비영리 환경 단체, 학술 기관까지도 회원사로 참여하여 전 세계 의류, 신발, 섬유 산업 제조 공급망에서의 지속가능한 미래를 위한 혁신을 도모한다. 파타고니아는 히그 인덱스를 사용하여 원자재 공급 업체가 지속가능한 기준을 따르고 있는지 평가하고, 나이키는 GRI 기준을 사용하여 지속가능한 의류 및 신발 생산을 위해 노력하고 있다. 지속가능성 평가지수Sustainability index는 다음 3절에서 자세히 살펴보자.

아시아는 유럽이나 미국보다 기후변화에 대한 대응이 느린 편이나, 국가별로 다양한 움직임이 나타나고 있다. 중국의 시진핑 주석은 2020년 9월 유엔총회 화상 연설에서 녹색성장의 일환으로 2030년부터 탄소 배출량을 감소세로 전환시키고, 2060년까지 탄소 중립을 달성하겠다고 밝혔다장현숙, 2018. 아이시클Icicle은 '인간과 자연의 조화'를 바탕으로 하는 브랜드 철학을 내세워 자연 속에서 얻은 고품질의 재료와 환경에 대한 책임 있는 제조방식을 도입하고 있다. 친환경 소재를 사용하며, 사회적, 환경적 측면을 고려하여 제품을 생산하고 있다. 또한 중국 신진 디자이너 브랜드, 리클로딩 뱅크Reclothing Bank는 버려지거나 오래된 원단과 헌 옷으로 창의적 디자인 기획을 하고 있으며, NGO 단체들과 협력하여 버려지거나 기증된 헌 옷과 재고 상품을 수거하여 재활용한 상품을 판매하고 있다.

일본은 일본판 그린 뉴딜 정책을 바탕으로 여러 지속가능 전략을 펼치고 있다최연수, 2020. 돈키호테Don Quijote는 최근 백화점의 침체, D2CDirect to Consumer형 신규 브랜드의 증가, SPA 브랜드 등의 요인으로 증가한 미판매 의류 재고를 할인가에 판매하는 '오프 프라이스'Off Price 사업을 시작하여 지속가능성 관점에서 중요한 재고 처리 문제를 해결했다. 해당 사업은 폐기, 소각, 처분 등 의류 업계의 환경 문제를 해결하여 순환형 사회를 형성하기 위한 지속가능한 활동으로 자리 매김할 것을 목표로 삼고 있다. 오프프라이스 사업의 상품 조달의 20%는 돈키호테의 재고품, 나머지 80%는 해외에서 매입하고 있다. 또한 한큐 한신백화점 산하의 한큐 멘즈 오사카에서는 환경 보전에 도움이 되고 환경 부하가 적은 상품을 나타내는 표시

표 1-2 국가별 지속가능 정책과 패션 브랜드 사례

국가	지속가능 정책	브랜드 사례
프랑스	• 프랑스 순환 경제 로드맵(2018): 4가지(생산 개선, 소비 개선, 폐기물 관리 개선, 모든 이해관계자의 참여) 영역으로 분류되어 천연 자원을 사용하고, 플라스틱 및 폐기물 양을 줄여 온실가스 배출 감소 • 매장의 일회용 비닐 봉지 사용 전면 금지(2017) • 순환 경제에 관한 법률(2020): 2040년까지 일회용 포장 사용 금지 • 시장에 출시되는 플라스틱 양 감소에 관한 법령(2021)	로레알(L'Oréal) • 2019년 10월 프랑스 화장품 용기업체 알베아(Albéa)와 협력하여 종이 튜브용기를 출시 • 2020년부터 모든 신제품을 친환경 패키징으로 출시 • 2025년까지 자사 생산 제품 포장의 100%를 재활용 및 생분해성 플라스틱으로 바꾸는 것으로 목표 설정
독일	• 그린버튼제도(Gruener Knopf, 2019): 지속가능한 섬유에 대한 인증 기준. 제조, 생산, 판매까지, 국가가 정한 46개의 노동권 보호 및 환경 보호 기준을 지킨 제품이 해당 인증 받음	• 휴고보스(Hugo Boss), 오토 그룹(Otto-Group), 삭스포펀(Socks4Fun) 등 그린버튼제도 참여 • 베를린 패션위크(Berlin Fashion Week) 혁신과 지속가능성을 지향하는 2020 네오니트 패션 박람회 개최. 2021 온라인 패션 위크 개최 • 패션 서스테인 컨퍼런스(Fashion Sustain Conference) 주문 중심의 생산라인 최소화 제안
핀란드	• 2035년까지 탄소 중립 목표	• 헬싱키 패션 위크(Helsinki Fashion Week) 지속가능한 패션을 추구하는 디자이너와 브랜드를 심사 및 선발하여 패션쇼 지원. 친환경 및 디지털 패션 위크 기획
영국	• LWARB(London Waste and Recycling Board)(2015): 문서 '순환 경제를 향해' 발간을 통해 5가지 분야(건설 환경, 식량, 섬유, 전기, 플라스틱)에 대한 세부 행동계획 수립(London Waste and Recyling Board)	• 포지티브 패션 이니셔티브(Positive Fashion Initiative; PFI) 영국패션협회가 주도하는 지속가능한 패션 산업을 위한 정책 • 패션 스위치 투 그린(Fashion SWITCH to Green) 2020년까지 패션 브랜드 시스템 내에서 그린 에너지를 공급하도록 전환시키는 것을 목표로 함
미국	• 다우존스지속가능경영지수(Dow Jones Sustainability Index; DJSI), 히그 지수(The Higg Index), 다양성 및 포용성 지수(Diversity and Inclusion Index; D&I Index), GRI(Global Reporting Initiative) 등 개발	• 파타고니아(Patagonia) 히그 인덱스를 사용하여 원자재 공급 업체가 지속가능한 기준을 따르고 있는지 평가 • 나이키(Nike) GRI 기준 사용
중국	• 유엔총회 화상연설(2020): 2030년부터 탄소 배출량을 감소세로 전환시키고, 2060년까지 탄소 중립을 달성하겠다고 밝힘	• 아이시클(Icicle) '인간과 자연의 조화'를 브랜드 철학으로 천연소재를 사용하고 친환경 제조방식을 도입 • 리클로딩 뱅크(Reclothing Bank) 버려지거나 오래된 원단과 헌 옷 등으로 리사이클, 업사이클 상품을 기획
일본	• 일본판 그린 뉴딜 정책(2020): 2050년까지 탄소 중립 사회 실현을 목표로 함	• 돈키호테(Don Quijote) '오프 프라이스' 사업을 통해 미판매 의류 재고 할인가에 판매 • 한큐 멘즈 오사카(Hankyu Men's Osaka) 에코마크 취득을 위한 노력 및 친환경 상품을 테마로 매장 구성
한국	• 한국판 그린 뉴딜 실행 전략(2020): 기후변화에 대응하고 사회적 취약계층을 보호하고자 하는 저탄소 경제로의 근본적 전환을 목표로 함	• 래코드(RE;CODE) 버려지는 재고를 활용하여 의류 생산 • 플리츠마마(Pleats Mama) 친환경 소재를 사용하여 쓰레기를 최소화하는 방식으로 제품 생산

인 에코마크 취득을 위해, 친환경 상품을 테마로 매장을 구성하는 등 친환경 기업으로 변모하기 위해 노력하고 있다조은지, 2020.

한국은 한국판 그린 뉴딜 실행 전략 등을 통해 수입 의존도가 높은 생분해성 섬유 등의 친환경 소재를 개발하고 그린 & 클린Green & Clean 공장을 구축하는 등 친환경 산업 생태계를 조성할 계획이다Lee, Woo, 2020. 또한 생산, 유통, 소비 트렌드의 환경 변화에도 신속히 대응 가능한 수요자 맞춤형 정보 제공 데이터 플랫폼 역시 구축할 예정이다. 2012년 론칭한 업사이클링 브랜드 래코드RE;CODE는 버려지는 재고를 활용하여 의류를 생산하고 플리츠마마는 친환경 소재를 사용하여 쓰레기를 최소화하는 방식으로 제품을 생산하고 있다.

3. 지속가능성 지수

국제 기구에서 지속가능과 환경규제에 대한 논의가 구체화되며 패션 산업에서의 지속가능성 도입이 현실화되고 있다. 따라서, 생산, 유통, 소비, 폐기 단계에서 유해한 영향을 미치지 않는 환경적인 중요성이 강조되고, 이에 기업들은 지속가능성과 사회적 책임을 경영 전략 차원으로 수행하고 있는 실정이다. 예로 현재 패션 산업은 폐플라스틱이나 폐기물을 재활용한 섬유 원단으로 제품을 만드는 '리사이클'recycle, 재활용을 넘어 디자인 등의 새로운 고부가가치가 더해진 '업사이클'Upcycle, 지속가능한 소재의 개발과 새로운 기술력을 더해 기존의 환경 오염의 원인이 되었던 생산 방식을 바꿔 나가는 기술을 활용하는 '그린 테크놀로지'Green Technology 등을 통해 지속가능한 패션 상품을 만들고 있다그림 1-4.

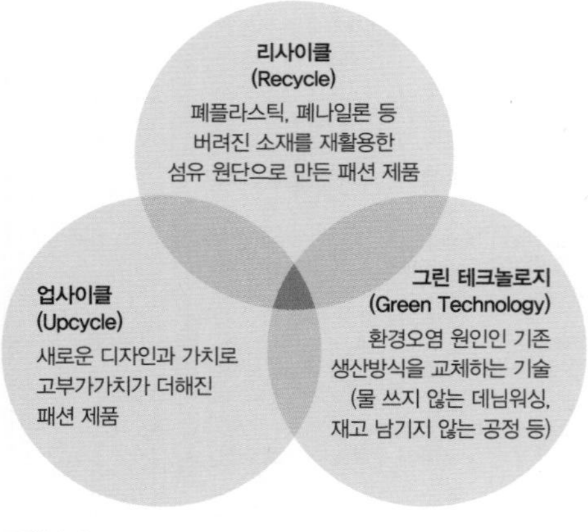

리사이클 (Recycle)
폐플라스틱, 폐나일론 등 버려진 소재를 재활용한 섬유 원단으로 만든 패션 제품

업사이클 (Upcycle)
새로운 디자인과 가치로 고부가가치가 더해진 패션 제품

그린 테크놀로지 (Green Technology)
환경오염 원인인 기존 생산방식을 교체하는 기술 (물 쓰지 않는 데님워싱, 재고 남기지 않는 공정 등)

그림 1-4
지속가능패션 상품 제조 시 구현 방법

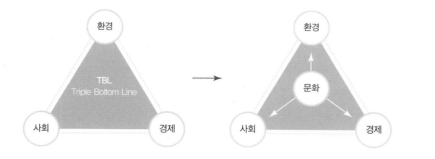

그림 1-5
지속가능성의
3대 축(TBL)과
발전방향

따라서 지속가능성 지수는 기업의 경영 방식을 지속가능성에 기반하여 평가하는 중요한 지표로 자리잡게 되었다. 지속가능성의 3대축인 기업의 경제적 수익성, 환경적 건전성, 사회적 책임성을 포함하는 트리플 보텀 라인Triple Bottom Line; TBL[3]은 문화적 지속가능성을 원동력으로 발전하고 있다. 또한, 지속가능 경영[4]에 대한 평가의 가이드라인으로 활용되며그림 1-5, 지속가능성 여부를 판단하는 지수는 패션 산업의 체계적이고 구조적인 변화에 중요한 역할을 한다. 대표적인 지속가능성 평가 지수로는 히그지수, 패션 투명성 지수, GRI 지수, 지속가능 브랜드 지수 등이 있으며, 기업의 지속가능성을 평가하는 데 있어 널리 통용되는 기준이다표 1-3.

1) 히그 지수(The Higg Index)

히그 지수는 글로벌 의류업체들이 '지속가능한 의류 연합'SAC, Sustainable Apparel Coalition을 결성하며 제정되었다. 의류, 신발, 섬유 산업에서 일어나는 친환경 영향을 수치화하는 지표로서, 사회, 노동 지수를 포함시켜 산정한다. 다양한 브랜드, 제조업체, 학계 등에서 참여하고 있으며, 이를 광범위하게 활용한다면 제품의 생산부

3 　트리플 보텀 라인(TBL): '환경과 개발에 관한 세계 위원회 WECD'가 1987년에 발표한 지속가능한 개발이라는 개념을 구체화한 것으로 존 엘킹턴(John Elkington)의 저서 ≪Cannibals with Forks: the Triple Bottom Line of 21st Century Business≫에서 처음 제시. 3P(People, Planet, Profit)라고 불리기도 한다. 지속가능한 개발이라는 개념이 수행 주체 측면에서 모호하고 환경적인 측면에만 치우쳤던 반면, 트리플 보텀 라인은 주요 활동 주체를 기업으로 명시하고 있으며, 환경뿐 아니라 기업의 사회적 책임까지 포괄하고 있다(Slape, Hall, 2011). TBL은 문화적 지속가능성을 포괄한 네 가지 영역으로 확장되고 있다(고은주, 패션마케팅연구실, 2015).

4 　지속가능 경영: 기업의 경제적 역할뿐만 아니라 사회적, 환경적 측면에 대한 역할을 강조하고 지속가능성을 추구하는 경영 활동으로 기존의 재무성과 위주의 경영에 비해, 중장기적 성과를 중시하고, 기업의 투명성을 위해 정보를 공개하는 것을 원칙으로 한다. 사회적 책임 경영, 윤리 경영, 이해 관계자 경영으로도 불린다.

터 전체적인 순환까지의 생산 윤리를 파악하는 윤리산업지수로 발전할 가능성이 있다. 이와 같이 의류 생산 및 유통의 전 과정을 평가하기 위해 히그 지수는 MSI_{Materials Sustainability Index}, FEM_{Facilities Environment Module}, DDM_{Design & Development Module} 등을 활용하며 지속적으로 발전하고 있다.

2) 패션 투명성 지수(Fashion Transparency Index)

기업이 환경, 사회, 경제에 끼치는 영향을 투명하게 공개하기 원하는 사람들이 증가하였고, 많은 기업이 경영방식을 투명하게 공개하고 있다. 영국 자선단체 패션레볼루션_{Fashion Revolution}에서 제정한 패션 투명성 지수는 220개의 사회·환경 관련 지표로 구성된 5가지 주요 영역에서 브랜드 및 소매업체를 평가하여 브랜드의 정보 투명성을 장려한다. 투명하게 공개된 정보가 지속가능성과 기업 윤리를 의미하지는 않지만 긍정적인 변화를 위해 투명하게 정보를 공개한다는 것이 의미를 가진다. 2020년 5번째 실시된 패션 투명성 지수에서는 세계 패션 의류 브랜드 및 유통업체 250곳 가운데, H&M이 1위를 차지하였다_{Fashion Revolution, 2020}.

3) GRI(Global Reporting Initiative) 지수

미국은 기업의 지속가능성을 장려하기 위한 다양한 평가기준을 개발해왔다. 1997년 미국의 NGO 세리즈_{환경에 책임을 지는 경제를 위한 연합, Coalition for Environmentally Responsible Economics; CERES}와 국제연합환경계획_{United Nations Environment Programme; UNEP} 등이 중심이 되어 제정된 GRI 지수는 가장 오래되고, 세계적으로도 통용되는 권위있는 지수로, 기업의 지속가능 보고서에 가이드라인을 제시한다. GRI 지수는 모든 조직의 경제, 사회, 환경적 성과에 대한 보고를 정형화하는 것을 목표로 하고, 유엔의 지속가능한 개발 목표_{SDGs} 달성에 기업이 기여할 수 있도록 돕는다. GRI 지수에 관한 보고서를 제출한 기업에 대한 국제적인 평가가 높아지는 추세이다.

지수명[연도]	주관 기관[국가]	내용	평가 기준	참여 기업	웹사이트
히그 지수 (The Higg Index) [2012]	지속가능 의류연합 (Sustainable Apparel Coalition, SAC) [미국]	• 패션 산업의 불필요한 환경 영향을 줄이기 위함 • 의류, 신발, 섬유 산업의 환경 영향 수치화	• 환경관리시스템 • 에너지 및 온실가스 • 물 • 폐수 • 낭비 • 공기 배출 • 화학물질 관리	• 115개 기업(예: 올버즈, 아식스) 및 유통업체(예: 아마존) • 70개 제조업체 (예: 길단) • 70개 학술, 정부, 기관, NGO (예: BCI, Fairtrade) • 총 259개	https://apparelcoalition.org/the-higg-index/
패션 투명성 지수 (Fashion Transparency Index) [2017]	Fashion Revolution Organization [영국]	• 브랜드 투명성 장려 • 브랜드의 정책, 관행, 공급망 정보 공개 장려	• 정책 및 공약 • 지배구조 • 추적성 • 투명성 • 주목할만한 이슈	• 250여 개 기업 (예: H&M, 탑샵)	https://www.fashionrevolution.org/about/transparency/
GRI(Global Reporting Initiative) [1997]	GRI [미국]	• 지속가능성 보고서를 위한 국제 표준 • 기업 비즈니스의 경제적, 환경적, 사회적 측면을 보고하는 사양을 만드는 것이 목표	• 지속가능한 성과의 개선 • 위기 관리 및 투자자 커뮤니케이션 개선 • 이해관계자 참여 및 관계 개선 • 의욕적, 적극적 직원 • 헌신적이고 효과적인 기업으로서의 신뢰도 강호 • 강력한 내부 데이터 관리 및 보고 시스템 • 지속가능성 전략 개선 및 성과지표 및 대상 선정 • 지속가능 성과를 벤치마킹하기 위한 수단	• 5,000개 이상의 기업 (예: 휴고 보스, 나이키)	https://www.globalreporting.org
다우존스지속가능경영지수 (Dow Jones Sustainability Index; DJSI) [1999]	S&P 다우존스 지수 (S&P Dow Jones Indices) [미국] 로베코샘 (RobecoSAM) [스위스]	• 지속가능경영 평가 및 투자 글로벌 표준 • 재무, 사회, 환경적 성과와 가치로 기업의 가치를 종합적으로 평가하는 글로벌 평가 모형 • 세계적 공신력을 인정받고 있는 지속가능경영 투자지수	• 경제적 측면: 지배구조, 리스크 관리, 윤리강령 • 산업별 항목: 환경적 측면(환경 보고서)+산업별 항목 • 사회적 측면(인적자원 개발, 인적 자원 보유, 노동지표, 기업 시민의식, 사회보고서)+산업별 항목	• 27개국 • 59개 산업 (예: 미디어, 은행) • 2,540개 기업 (예: 몽클레어)	https://www.spglobal.com/esg/csa/
지속가능 브랜드지수 (Sustainable Brand Index; SBI) [2011]	지속가능 브랜드지수 [스웨덴]	• 지속가능성에 대한 브랜드 인지도 측정 • 브랜드별 데이터 및 전략 제공	• 소비자(8개국 6만명 이상)와 브랜드 이해 관계자(1,000명 이상의 의사 결정권자) 인터뷰로 평가	• 34개 산업 (예: 식품, 자동차) • 1,400개 기업 (예: 더바디샵)	https://www.sbindex.com/sweden
다양성 및 포용성 지수 (Diversity & Inclusion Index; D&I) [2018]	레피니티브 (Refinitiv) [미국]	• 190개국, 40,000개 기관에서 선정한 기업 ESG(환경·사회·지배구조) 데이터를 통해 평가	• 다양성 • 포용성 • 뉴스 논란 • 인력 개발	• 전 세계 7,000여 개 기업 (예: 아디다스, LVMH)	https://www.refinitiv.com/en/financial-data/indices/diversity-and-inclusion-index

4) 다우존스 지속가능성 평가지수(DJSI)

다우존스 지속가능성 평가지수는 미국 S&P 다우존스 지수S&P Dow Jones Indices와 스위스 로베코샘RobecoSAM이 공동으로 개발한 지속가능경영 평가 및 글로벌 투자 표준이다. 환경, 사회, 지배구조Environmental, Social, Governance; ESG[5] 성과를 종합적으로 고려한다. 평가 기준은 지배구조, 공급망 관리, 환경성과, 이해관계자 참여, 사회공헌, 정보공개 등의 공통 항목 외 산업별 특성이 반영된 산업별 항목으로 구성된다. 2019 다우존스 지속가능성 평가지수의 섬유, 의류, 럭셔리 부문에서 이탈리아 브랜드, 몽클레어Moncler가 해당 산업군 리더로 선정되었다SAM, 2019.

5) 지속가능 브랜드 지수(Sustainable Brand Index)

스웨덴에서 제공하는 지속가능 브랜드 지수는 지속가능성에 초점을 둔 북유럽 최대 규모의 브랜드 연구로서, 지속가능성이 브랜드 커뮤니케이션 및 비즈니스 발전에 어떠한 영향을 미치는지 측정하고 분석한다. 8개국에서 6만 명 이상의 소비자 및 1,000명 이상의 의사 결정권자가, 34개 업종에 걸친 1,400개 이상의 브랜드를 환경적 책임과 사회적 책임 측면에서 평가한다. 즉, 브랜드의 지속가능성이 소비자 관점Business to Consumer; B2C과 브랜드 의사 결정자 관점Business to Business; B2B에 의해 어떻게 인식되는지를 보여주므로 브랜드가 추구하는 지속가능성과 현실에서의 차이를 확인할 수 있는 장점을 가진다. 한편 평가의 대상이 되는 대부분의 브랜드는 스웨덴, 덴마크, 네덜란드, 핀란드, 노르웨이 등 북유럽에 치중되어 있다. 2020년에는 이케아IKEA가 지속가능 브랜드 지수 1위를 차지했다Sustainable Brand Index, 2020. 이는 소비자 및 브랜드 의사 결정자가 내외적으로 지속가능성에 대한 커뮤니케이션을 성공적으로 이끌었기 때문이라 볼 수 있다.

---

5 ESG: 환경, 사회, 지배구조 등 3가지 측면에서 건전한 기업에 투자를 해야 한다는 의미로, 투자자들이 사회적으로 건전한 기업에 대한 잠재적 투자를 선별하기 위해 사용하는 기업 운영에 대한 기준이다.

다양성 및 포용성 지수는 금융 시장 데이터 및 인프라를 제공하는 세계 최대 기업 레피니티브_{Refinitiv}에 의해 제정되었다. ESG 데이터를 바탕으로, 4가지 핵심 가치인 다양성, 포용성, 뉴스 논란, 그리고 인력 개발에 근거하여 평가한다. 전 세계 7,000여 개 기업을 선정하여 평가하며, 기업에 대한 장기적인 기회와 투자 위험요소를 파악한다. 2020년 다양성, 포용성 지수 순위에서는 살바토레 페라가모_{Salvatore Ferragamo}가 총 74.5점을 받으며 25위를 차지했다_{Refinitiv, 2020}.

4. 지속가능패션 인증 라벨

지속가능성에 대한 인증은 기업의 선한 영향력을 판단하는 중요한 지표로 점차 확대되는 추세에 있다. 최근 소비자가 제품의 윤리성과 투명성을 중시함에 따라 공급망 전반에 걸쳐 지속가능성을 평가하는 인증이 확대되고 있으며, 지속가능한 제품의 수요가 급증함에 따라 관련 규제들이 강화되었다. 인증 기준도 전 제조공정에 걸친 환경적 요소를 평가하는 것 외에 인권, 동물 보호와 같은 다양한 사회적 요소들이 포함되는 추세이다.

패션업계에서 지속가능성에 대한 수요가 늘어남에 따라, 지속가능 인증 마크는 각 기업이 다양한 기준에서 지속가능성을 실천하고 있음을 보여주는 수단으로 인식되고 있다. 소비자는 인증 마크를 통해 지속가능한 제품을 보다 쉽게 확인하고 구매할 수 있다. 패션 부문의 지속가능 인증라벨은 친환경 섬유, 재활용, 동물 보호, 산림보호, 지속가능 가죽 등이 있으며, 본 장에서는 다양한 지속가능 인증 마크들을 패션 제품의 생산 단계에 따라 원료 및 소재 취득 단계, 소재 생산 단계, 의류 생산 단계로 분류하였다_{표 1-4}.

표 1-4 지속가능 인증 라벨

단계	인증 라벨 유형	인증 라벨명	로고	인증기관 [국가, 연도]	내용	웹사이트
원료 및 소재 취득 단계	친환경 섬유 인증	GOTS (Global Organic Textile Standard)		Global Standard Gemeinnützige GmbH [독일, 2005]	전 세계에서 유통되는 유기농 섬유의 생산, 가공, 유통 기준을 통합하여 사회적, 환경적, 화학적 기준을 제시하여 오가닉 섬유 제품의 안정성을 보장하고 있음	https://global-standard.org
		OCS (Organic Content Standard)		Textile Exchange [독일, 2018]	유기농 원료를 사용한 제품에 적용	http://www.textileexchange.org/
	재활용 인증	RCS (Recycled Claim Standard)		Textile Exchange [독일, 2013]	재활용 원재료 함량 심사 및 재활용 원료의 출처 확인 및 투명성 증명	http://www.textileexchange.org/
		GRS (Global Recycled Standard)		Textile Exchange [독일, 2011]	재활용 원재료 함량, 사회·환경적 책임, 제품 생산 과정의 화학물질규제 준수 심사	http://www.textileexchange.org/
	동물 보호 인증	RDS (Responsible Down Standard)		Textile Exchange [독일, 2014]	동물 복지 및 책임 있는 소재 사용 인증	http://www.textileexchange.org/
		RWS (Responsible Wool Standard)		Textile Exchange [독일, 2014]	울 및 울 제품에 대한 인증 기준	http://www.textileexchange.org/
		RMS (Responsible Mohair Standard)		Textile Exchange [독일, 2020]	염소 및 방목지의 복지 관련 기준	http://www.textileexchange.org/
	유해 물질 인증	OEKO-TEX Standard		오코텍스 협회 (Oeko Tex Assosiation) [스위스, 1992]	유해 물질 관련 인증 시스템	https://www.oeko-tex.com
	지속가능 가죽 인증	LWG (Leather Working Group)		LWG [영국, 2005]	환경적 요인을 최소화한 가죽을 인증하는 국제 비영리 단체	https://www.leatherworkinggroup.com
소재 생산 단계	공정무역 인증	공정무역 (Fairtrade)		FLOCERT [독일, 2003]	공정무역 과정을 거친 재료 사용 인증	https://www.flocert.net
	노동자 권리	BCI (Better Cotton Initiative)		세계 자연 보호 기금 (World Wide Fund For Nature; WWF) [스위스, 2005]	물, 토양, 생물 다양성, 섬유 품질 개선 등 7가지 원칙을 기초로 농민들이 지속가능한 면화를 생산할 수 있도록 교육하고 지원	https://www.worldwildlife.org

표 1-4 계속   25

단계	인증 라벨 유형	인증 라벨명	로고	인증기관 [국가, 연도]	내용	웹사이트
소재 생산 단계	산림 보호 인증	FSC (Forest Steward-ship Council)		산림 관리 협의회 (Forest Stewardship Council; FSC) [독일, 1993]	산림자원 보호 및 지속가 능한 산림경영 확산을 위 한 국제 NGO인 산림관리 협의회에서 구축한 산림경 영 인증 시스템	https://fsc.org
의류 생산 단계	친환경 제품 인증	EU 에코 라벨(EU Ecolabel)		유럽연합 집행 위원회 (European Commission) [1992]	제품 생명주기 전체에서 높은 환경 표준을 충족하 는 제품 및 서비스에 수여	https://ec.europa.eu
	생산 공정 내 유해 화학 물질 검증	ZDHC(Zero discharge of hazardous chemicals)		ZDHC Foundation [네덜란드, 2014]	생산 공정 내 유해 화학물 질 무배출 목표	https://www.roadmaptozero.com
	기업의 사회환경적 성과 검증	비콥 (B-Corp)		B Lab [미국, 2007]	이해관계자 중심의 경제 창조	https://bcorporation.net

1) 원료 및 소재 취득 단계

원료 및 소재 취득 단계에 관련된 인증은 친환경 섬유 인증, 재활용 인증, 동물보호 인증, 유해물질 인증, 지속가능 가죽 인증이 있다.

첫째, 친환경 섬유 인증에 관한 인증은 GOTS와 OCS가 있다. GOTS(Global Organic Textile Standard)는 독일의 Global Standard Gemeinnützige GmbH가 전 세계에서 유통하는 오가닉 섬유의 생산, 가공, 유통 기준을 통합하여 이에 대한 사회, 환경, 화학적 기준을 제시하고 제품의 안전성을 보장하기 위해 제정한 인증이다. 이처럼 세계적인 오가닉 단체인 IVN(독일), OTA(미국), SA(영국), JOCA(일본)의 주도로 호환 가능한 기준이 제정되었다. 제품에 95~100%의 오가닉 섬유 원료가 사용되면, 해당 제품에는 'Organic' 등급을 부여하며, 70~95%의 오가닉 섬유 원료가 사용되는 경우에는 'Made with Organic' 등급을 부여한다.

OCS(Organic Content Standard)는 지속가능한 섬유 및 소재 산업의 선두주자를 창출하는 세계적인 비영리 기관인 세계 섬유 교역 협회(Textile Exchange)가 발급을 주관한다.

기업들의 유기농 섬유 사용을 장려하고, 지속가능한 패션 브랜드의 소재 사용 기준과 방향성을 제시한다. OCS는 5~100%의 오가닉 원료를 사용한 제품에 적용되는 기준으로, 완제품의 오가닉 원료 함유량과 원료 및 제품의 추적을 위해 제정되었다.

둘째, 재활용 인증은 RCS_Recycled Claim Standard와 GRS_Global Recycled Standard로 분류된다. RCS는 재활용 원재료 함량을 심사하는 기준이며, 재활용 원료를 5~100% 포함하는 제품에 적용한다. GRS는 재활용 제품의 화학 물질 함량 및 생산 과정의 사회적, 환경적 책임 준수를 심사한다. RCS와 GRS는 제품에 포함되어 있는 재활용 원료의 유효성을 확인하는 인증으로, 모든 공급체인이 인증 받을 시 거래 인증서 Transaction Certificate, TC를 발행하여 제품 생산과정의 투명성도 보장한다.

셋째, 동물 보호와 관련된 인증은 RDS, RWS와 RMS가 있다. '책임 다운', '착한 다운'이라 불리는 RDS_Responsible Down Standard는 Textile Exchange와 글로벌 아웃도어 브랜드 노스페이스_The North Face가 함께 개발한 인증 프로그램으로 동물 복지와 책임감 있는 소재 사용을 보장한다. 살아있는 조류의 깃털을 강제로 채취하지 않는 것을 기본으로 하며 조류의 먹이, 건강, 위생, 병충해 및 생활 환경을 관리하고 깃털 생산과 관련된 모든 유통 과정을 추적한다. 100% RDS 인증을 받은 제품에만 RDS 로고를 사용할 수 있고, 국내 업계에서는 블랙야크, K2, 빈폴, 디스커버리, 코오롱 등 다수의 아웃도어 브랜드가 RDS 인증 기준을 준수하고 있다_그림 1-6.

그림 1-6
노스페이스의
RDS

RWS_{Responsible Wool Standard}는 전세계적으로 통용되는 울 및 울 제품에 대한 인증 기준 프로그램이다. RWS 인증의 심사 범위는 RDS와 동일하며, 해당 로고를 사용하기 위해서는 완제품에 최소 5% 이상의 인증 받은 울을 사용해야한다. 로고가 부착된 제품은 전 공정이 RWS 인증 기준에 따라 관리되고 있음을 증명한다. 현재 H&M과 아일린 피셔, M&S 등 해외 유명 패션 브랜드들이 지속적으로 RWS 인증 제품을 출시하고 있다. RMS_{Responsible Mohair Standard}는 모헤어 제품 생산에 있어서 염소와 염소의 방목지에 대한 복지를 나타내는 기준이다.

넷째, 유해물질을 인증하는 OEKO-TEX는 섬유의 실제 사용에 초점을 두고 검사하여 실제 섬유의 피부 접촉 빈도가 높을수록 엄격한 허용 한계치를 적용하는 등 고객 신뢰도와 제품의 안전을 보장한다.

다섯째, 지속가능 가죽 인증은 LWG_{Leather Working Group}로 UN SDGs와 협력하여 가죽 제조업체를 평가한다. 가죽 산업이 환경에 미치는 영향을 개선하는 것을 목표로 하고 가죽 공급 업체들과 협력하며 가죽 제조 산업의 환경 책임 의식 개선을 위해 노력한다. 루이비통이 사용한 가죽의 78%는 가죽 무두질 방면에서 LWG인증을 받았으며, 공급업체와 함께 혁신적인 무두질 방법을 지속적으로 연구하고 있다_{그림 1-7}.

그림 1-7
LWG 인증을
받는 루이비통
제품 가죽

2) 소재 생산 단계

소재 생산 단계에 관련된 인증은 공정무역 인증 라벨_{Fairtrade}, 노동자 권리 인증_{BCI}, 산림 보호 인증 라벨_{FSC}이 있다. 첫째, 공정무역_{Fairtrade} 인증은 제품의 생산 공급망의 공정한 관행을 보장한다. 다국적 기업의 제3세계에 대한 노동력 착취를 비판하며, 정당한 대가 지불과 공정한 직거래 현장, 안전한 작업 환경, 그리고 아동 노동 금지 등을 기조로 한다. 제품 포장 전면에 사용되는 공정무역 마크는 제품의 모든 재료가 공정한 무역으로 거래되었음을 의미한다.

둘째, BCI_{Better Cotton Initiative}는 지속가능한 면화 공급을 위해 세계 자연기금_{World Wide Fund for Nature; WWF}과 글로벌 패션 기업이 공동 설립한 국제 비영리 단체이다. BCI 인증은 노동자 권리 인증 마크로 농민들이 보다 지속가능한 면화를 생산할 수 있도록 교육하고 지원한다. BCI에 참여하는 농민은 비료와 살충제 사용을 최소화하고, 환경(물, 토양, 생물서식지 등)과 근로자를 배려하며 면을 생산해야 한다. 2018년 21개국의 2백만 명 농부가 500만 톤 이상의 BCI 인증 면화를 생산했고, 이는 전 세계 면화 생산량의 19%에 해당한다. 나이키, 아디다스, H&M, 유니클로 등이 BCI 면화를 사용하고 있다.

셋째, NGO 산림관리협의회_{Forest Stewardship Council; FSC}가 제정한 산림 보호 인증인 FSC 인증은 산림을 불법으로 벌채하지 않고 지속가능한 산림경영 활동을 실행하고 있는지 감시한다. 구찌_{GUCCI}는 2011년부터 FSC 인증 자재로 만든 새로운 패키지를 선보여 2017년부터는 구찌에서 제작한 모든 지류와 카드 보드가 FSC인증을 받았다. 또한 패키지의 색상을 줄이고 로고만 삽입하는 등 비교적 단순하게 쇼핑백을 디자인하여 환경에 끼치는 영향을 줄이고 재활용이 쉽도록 만든다. 루이비통_{Louis Vuitton}의 모든 패키지도 FSC 인증을 받은 재활용 종이 펄프로 만들어진다. 파페치_{Farfetch} 역시, 'Positively Farfetch' 전략의 일환으로 FSC 인증을 받은 재료로 포장을 전환하고, 다양한 크기의 포장 상자를 도입해 품목에 따라 적절한 크기의 패키지를 사용하여 종이 낭비를 줄이고 있다.

3) 의류 생산 단계

의류 생산 단계에 관련된 인증은 친환경 제품 인증, 생산 공정 내 유해 화학 물질 검증 인증, 기업의 사회환경적 성과 검증 인증이 있다.

첫째, 유럽 내 널리 사용되고 있는 친환경 제품 인증 라벨 EU 에코라벨_{EU Ecolabel}은 제품의 전 생산단계에 걸쳐 자원 및 에너지를 덜 소비하고 오염물질을 덜 배출하는 제품을 인증한다. 제품의 총 생명주기 내에서 환경에 대한 영향을 최소화하는 제품을 엄격한 기준으로 선별하여 유럽 내에서 최고의 신뢰도과 영향력을 가진다. 실제로 에코라벨 인증은 기업들이 내구성이 좋으면서도 수리 및 재활용이 쉬운 제품을 개발하도록 한다.

둘째, 섬유 산업에서 발생하는 유해화학물질을 줄이기 위해 만든 관리시스템인 ZDHC_{Zero Discharge of Hazardous Chemicals}는 생산 공정 중 유해화학물질을 배출하지 않은 제품을 의미한다. 섬유 제품 생산 시 사용된 화학 제품, 첨가 물질, 용수, 폐수 등을 기준으로 ZDHC에 가입한 브랜드에 제품을 공급하는 모든 생산업체들을 평가한다.

셋째, 비콥_{B-Corp} 인증은 기업의 전반적인 사회, 환경적 성과를 측정하는 유일한 인증제도이다. 비콥 인증에서 활용하고 있는 비임팩트 평가_{B Impact Assessment}를 통해 기업의 운영과 비즈니스 모델이 지배구조, 기업 구성원, 지역사회, 환경 및 소비자들에게 어떤 영향을 미치는지 평가한다. 74개국 150개의 산업에서 3,500개가 넘는 기업이 현재 비콥 인증에 참여하고 있다.

5. 지속가능패션 교육

제품의 생산, 판매 및 소비, 사용 후 폐기의 세 단계에서 자원 사용을 최소화하고 제품 수명을 최대화하는 방법을 교육하는 것이 중요하게 인식되고 있다. 따라서 학계는 중장기, 단기 교육과정을 통하여, 업계는 포럼과 컨퍼런스를 통하여 지속가능한 패션 제품을 생산하는 브랜드, 기업 및 관계자 육성에 힘을 쏟고 있다_{표 1-5}.

지속가능성과 관련된 교육 과정은 환경, 사회, 경제 및 문화를 아우르는 차세대 패션 실무자를 양성하는 것을 목표로 한다. 따라서 지속가능한 디자인을 창의적으로 할 수 있는 방안, 제조 및 생산부터 판매에 이르기까지의 전 과정에서 효율적인 지속가능 브랜드 경영 관리 방안 등에 대한 교육이 이루어지고 있다.

표 1-5 지속가능패션 교육 대학

대학[국가]	과정	특징	과목명	웹사이트
런던 컬리지 오브 패션 (London College of Fashion: UAL) [영국]	Postgraduate courses for MA Fashion Futures	지속가능성을 중심으로 미래 패션의 방법 구상	• New Fashion Perspectives, Collaborative Challenge • Re-Imagining Fashion • Research Methods • Masters Project	https://www.arts.ac.uk/subjects/fashion-design/postgraduate/ma-fashion-futures-lcf#course-summary
센트럴 세인트 마틴스 (Central Saint Martins : UAL) [영국]	Master in MA Biodesign	바이오 순환 경제를 위한 대안 및 혁신적 설계 제안	• MA Biodesign Course units Unit 1: Seed Unit 2: Grow Unit 3: Harvest	https://www.arts.ac.uk/subjects/textiles-and-materials/postgraduate/ma-biodesign-csm
첼시 컬리지 오브 아츠 (Chelsea College of Arts : UAL) [영국]	Postgraduate courses for MA Textile Design	지속가능 디자인에 대한 창조적 접근	• Course units Unit 1: Exploring and understanding research-led textile design practice Unit 2: Contextualising research-led textile design practice Unit 3: Realisation of research-led textile design practice	https://www.arts.ac.uk/subjects/textiles-and-materials/postgraduate/ma-textile-design-chelsea#course-summary
윈체스터 스쿨 오브 아트 (Winchester School of Art) [영국]	Master in Fashion design	창의적인 지속가능 디자인 연구 및 구현	• Sustainability and design	https://www.southampton.ac.uk/courses/fashion-design-masters-ma#about
킹스턴 대학교 (Kingston University London) [영국]	Sustainable Design MA	지속가능한 미래를 위한 디자인 주도의 혁신적이고 실용적인 방법 탐구	• Design for social innovation • Sustainable design principles prospectives and practices	https://www.kingston.ac.uk/postgraduate/courses/sustainable-design-ma/
폴리모다 (Polimoda) [이탈리아]	Master in Sustainable fashion	지속가능한 패션 브랜드 관리 및 지속가능한 생산	• Fashion sustainability • Sustainable production	https://www.polimoda.com/courses/master/sustainable-fashion
보코니 대학교 (Bocconi University) [이탈리아]	Master of Science : Major in Sustainability	지속가능성, 에너지 정책, 녹색 경영, 순환경제 탐구	• Energy policy and sustainability • Innovation, growth and sustainability • Finance for the green business and the circular economy	https://www.unibocconi.eu/wps/wcm/connect/bocconi/sitopubblico_en/navigation+tree/home/programs/master+of+science/economics+and+management+of+government+and+international+organizations/program+structure/major+in+sustainability
파슨스 파리 (Parsons Paris : The new school) [프랑스]	Master in fine arts (MFA) in Fashion Design and the Arts	환경, 사회적 정의를 위한 디자인 과정 연구	• Immersive Prospects • Sustainability Seminar: Paradigms of Change • Training Seminar: Navigating the Fields	https://www.newschool.edu/parsons-paris/mfa-fashion-design-arts/

표 1-5 계속　　　　　　　　　　　　　　　　　　　　　　　　　　　　　　　　　　　　　　　31

대학[국가]	과정	특징	과목명	웹사이트
			• Transdisciplinary Studios(NYC campus) or Internship • Performative Concept: Creative Dissemination	
AMD 패션 & 디자인 대학교 (AMD Akademie Mode & Design) [독일]	Sustainability in Fashion and Creative Industries (MA)	미래 지향적인 지속가 능한 디자인 및 비즈 니스 연구	• Strategic foresight and sustainable digital transformation • Circular supply chain management	https://www.amdnet.de/en/degree-programs/sustainability-in-fashion-and-creative-industries-education-master/
델라웨어 대학교 (University of Delaware) [미국]	Sustainability education and training in Department of Fashion & Apparel Studies	재생 가능한 자원의 의류 및 신발 디자인 연구	• 회사의 지속가능한 토픽에 따른 맞춤 훈 련 프로그램 제공	https://www.fashion.udel.edu/research-and-outreach/udsai/sustainability-education
오티스 컬리지 오브 아트 앤 디자인 (Otis college of Art & Design) [미국]	Undergraduate course(Sustainability Minor) in Sustainable design	지속가능한 친환경 스 마트 디자인 연구	• Sustainable design principles	https://www.otis.edu/node/14018
FIT 뉴욕 패션 기술 대학교 (Fashion Institute of Technology : State University of New York) [미국]	Master of Professional Studies(MPS) in Global Fashion Management	패션 업계의 지속가능 원칙과 순환 경제를 위 한 비즈니스 모델 연구	• Global Experience and Intercultural Understanding • Financial and Managerial Proficiency • Fluency with New Technologies and Data Analytics • Entrepreneurship • Sustainable principles and the Circular Economy	http://www.fitnyc.edu/gfm/index.php
캘리포니아 컬리지 오브 아츠 (California College of the Arts) [미국]	Design Strategy and BA in Fashion Design (MBA)	예술 및 디자인 분야의 지속가능 교육 및 전략 적 프레임워크 제시	• 4D Studio • Environmental Art/ Environmental Justice • Writing for Designers • Exhibition Design • Fine Arts Seminar	https://www.cca.edu/sustainability/
도쿄대학교 [일본]	Graduate Program in Sustainability Science – Global Leadership Initiative (GPSS–GLI)	지속가능한 사회를 위 한 글로벌 리더 육성 프로그램	• Basic/advanced compulsory courses on sustainability science • Master's/Doctoral research on sustainability science	http://www.sustainability.k.u-tokyo.ac.jp/about-us-2-2
연세대학교 [한국]	패션마케팅 연구실 (MS, Ph.D)	지속 가능패션마케팅 이론과 사례 연구	• 지속가능패션 마케팅 연구 • 웰빙 트렌드와 패션 마케팅 세미나	http://www.fashionmkt.net

지역별 지속가능패션 교육의 현황은 다음과 같다. 영국은 지속가능성에 대한 교육을 오래전부터 시행하여 영국 패션 브랜드의 지속가능에 대한 관심은 다른 국가들보다 영역이 넓고 소비자의 이해도도 높은 편이다. 뿐만 아니라, 이탈리아, 프랑스, 독일 등의 유럽국가 및 미국에서도 지속가능 디자인 또는 비즈니스 모델에 대한 연구에 관심을 갖고 연구를 이어오고 있다. 아시아에서는 일본과 한국을 중심으로 지속가능 교육이 제공되고 있지만, 영국, 유럽, 미국에 비해 도입이 늦은 편이며 현재까지는 미비하다.

브랜드가 지속가능한 기업으로 거듭날 수 있게 컨설팅을 도와주거나 지속가능 경영자를 육성하는데 필요한 비즈니스 모델을 제시하는 패션 교육 단체도 존재한다. 지속가능 경영으로의 전환을 통해 사회, 환경적 악영향을 축소하는 동시에 비용 절감을 달성하고자 하는 기업들은 패션 교육 영리 단체의 컨설팅을 통해 투자 대비 효과가 가장 큰 과제를 도입하고 있다. 산학 연계에 강점을 가진 영국의 윤리적 패션 포럼Ethical Fashion Forum, EFF, H&M을 고객사로 둔 스웨덴의 지속가능패션 아카데미Sustainable Fashion Academy, SFA와 같은 지속가능한 패션 관련 교육 단체는 유럽과 미국을 중심으로 발전했으며, 아시아에서는 관련 단체가 아직 존재하지 않아, 필요성이 대두되는 바이다표 1-6.

지속가능패션포럼Sustainable fashion forum과 코펜하겐 패션 서밋Copenhagen Fashion Summit 같은 포럼은 다양한 이해 관계자들이 의견을 공유하고 행동을 촉구하는 장이 된다. 예로, 2019 코펜하겐 패션 서밋에는 고위급 패션기업 경영자 및 핵심인사, 전 세계 정책입안자, 비정부기구 관계자 등 산업 전문가 약 1,300명과 함께 '지속가능한 패션산업을 위한 협력의 필요성'을 핵심사안으로 강조하며, 산업 전반에 경각심을 일깨우고 실행의지를 촉구하였다.

국내에서도 몇 년 전부터 지속가능 관련 포럼이 증가하고 있다. 2018년부터 진행된 지속가능 윤리적 패션허브에서는 패션을 중심으로 환경과 인간의 공존, 가치 있는 소비 문화, 기업의 책임, 새로운 소통 방식에 대한 사례를 공유하고 글로벌 네트워크를 형성한다. 또한 2018 지속가능 윤리적 패션 포럼2018 Sustainable Ethical Fashion Global Forum에서는 패션 브랜드 매니지먼트 분야의 학자와 전문가들이 지속가능한 패션과 문화에 대한 내용을 공유하였다표 1-7.

표 1-6 지속가능패션 교육 단체 33

단체명[국가]	특징	웹사이트
Ethical Fashion Forum(EFF)[영국]	• 지속가능패션 경영을 위한 기술 솔루션 제시 및 브랜드와의 산학 연계 • 자원을 윤리적으로 제조, 생산하는 공급자와의 매칭 연계	https://the.ethicalfashionforum.com/about-1
WRAP[영국]	지속가능 교육 콘텐츠 단계별 제공 • 자원을 효과적으로 활용한 비즈니스 모델 • 디자인 • 섬유 선택 • 지속가능한 의류와 소비자 행동 • 재사용, 재활용	http://www.wrap.org.uk/sustainable-textiles/scap
Textile Futures Research Community(TFRC)[영국]	• Urban fabric, Weave Lab, Material innovation 관련 정보 제공 및 지속가능패션 관련 프로젝트 홍보	http://www.tfrc.org.uk/
Ethical Consumer Research Association Ltd (ECRA)[영국]	• 에너지, 패션 & 의류, 음식 & 음료, 건강 & 뷰티 등 카테고리 제품의 윤리적 사용에 대한 가이드라인 제공	https://www.ethicalconsumer.org/about-us
Mistra Future Fashion[스웨덴]	• 디자인, 공급망, 사용자, 재활용과 관련된 교육 콘텐츠 및 지속가능 관련 동영상 및 기사 제공	http://mistrafuturefashion.com/
Sustainable Fashion Academy (SFA)[스웨덴]	• 지속가능 비즈니스 모델 제시 • H&M, ASOS 등 82개의 패션 브랜드를 고객사로 둠	https://www.sustainablefashionacademy.org/why-online-training
Tree Hugger[미국]	• 환경, 경영 & 정책, 과학, 문화 등의 카테고리에서 지속가능 관련 기사 제공	https://www.treehugger.com/
Slow Factory Foundation[미국]	• Fashion Literacy 교육을 통해 패션의 지속가능성 향상	https://slowfactory.foundation/open-education

표 1-7 지속가능패션 포럼

국가	주관	포럼명	웹사이트
영국	Sustainable Fashion Forum	Sustainable Fashion Forum	https://www.thesustainablefashionforum.com/
	World Law Forum	Fashion Sustainability	https://www.worldlawforum.org/world-law-forum-wlf-conference-on-fashion-sustainability-paris-france-2020.html
	FT Live	Business of Luxury Summit	https://luxuryglobal.live.ft.com/home
	Common Objective	Ethical Fashion Forum	https://the.ethicalfashionforum.com/history
프랑스	Mobility Makers	Sustainable Paris Forum	https://mobilitymakers.co/events/sustainable-paris-forum
덴마크	Global Fashion Agenda	Copenhagen Fashion Summit	https://www.globalfashionagenda.com/
이탈리아	Universal Trust-Roma-Partita Iva	Global Sustainability Forum	http://www.gsforum.it/index.php
한국	지속가능 윤리적 패션 허브	지속가능패션 서밋 서울	https://sefh.kr/SFSS
	지속가능 문화서비스 경영 연구센터, 연세대학교	Global Sustainable Fashion Forum	https://icons.yonsei.ac.kr
	(사)글로벌지식경영마케팅학회(GAMMA)	ACCESS Cultural Platform	https://accesscs2.org/
	창업진흥원	COMEUP 2020	https://www.kcomeup.com/
	한국섬유산업연합회	섬유패션산업 재활용 온라인 세미나	http://www.kofoti.or.kr/Opboard/View.asp?Code=KNT&Uid=2732

요약

1. 지속가능성은 환경과 미래에 대한 책임을 인식하여 장기적이고 근본적인 변화를 목표로 한다. 패션 산업 또한 전 세계를 위협하는 기후 변화와 환경 오염에 패션 산업이 미치는 영향을 고려하여 지속가능한 패션으로의 발전을 모색하고 있다.

2. 패션 산업에서의 지속가능성에 대한 인식 수준이 높은 유럽과 미국은 지속가능한 패션을 주도하고 있다. 유럽 여러 국가들의 주도로 지속가능성을 평가하기 위한 지표를 만들고 목표를 세워 정책과 행사를 기획함으로써 지속가능한 패션이 사회 전반에 영향을 미치도록 하였다. 또한 미국은 비즈니스적 관점에서 지속가능성을 바라보고 있으며, 기업이 그러한 목표를 추구하도록 하는 제도적 장치를 구축한다. 비교적 인식의 정도가 낮은 아시아 국가들 중 중국과 일본, 한국은 정책적 목표를 발표하고 세부 지원 및 규제 사항을 설정했다.

3. 지속가능한 정책의 선순환을 위해서 Sustainable Brand Index, 패션 투명성 지수, GRI와 같은 지속가능성 평가지수를 기준으로 여러 기업의 지속가능성을 평가하고 장려한다. 또, 제품 생산과 관련한 여러 요소의 지속가능 인증 마크를 이용해 제조와 생산, 노동자 권리, 산림 보호 등의 분야에서의 기업의 노력을 증명하고 소비자의 신뢰를 얻을 수 있다.

4. 지속가능성에 대한 인증은 기업의 선한 영향력을 판단하는 중요한 지표로 점차 확대되는 추세이다. 원료 및 소재 취득 단계에 관련된 인증은 친환경 섬유 인증(e.g. GOTS, OCS), 재활용 인증(e.g. RCS, GRS), 동물보호 인증(e.g. RDS, RWS, RMS), 유해물질 인증(e.g. OEKO-TEX), 지속가능 가죽 인증(e.g. LWG)이 있고 소재 생산 단계에 관련된 인증은 공정무역 인증 라벨(e.g. Fairtrade), 노동자 권리 인증(e.g. BCI), 산림 보호 인증 라벨(e.g. FSC)이 있다. 마지막으로 의류 생산 단계에 관련된 인증은 친환경 제품 인증(e.g. 에코라벨), 생산 공정 내 유해 화학물질 검증 인증(e.g. ZDHC), 기업의 사회환경적 성과 검증 인증(e.g. 비콥)이 있다.

5. 여러 기관과 단체에서 지속가능패션 교육의 중요성을 인식하고 실천한다. 주로 유럽과 미국의 대학교에서 지속가능패션 교육 과정을 제공하고 있고, 지속가능한 브랜드 경영을 위한 패션 교육 단체도 발전하고 있다. 그리고 국내외 전반에서 지속가능한 패션 산업 전반의 사항을 논의하고 공유하는 지속가능패션포럼이 활발하게 진행되고 있다.

생각해 볼 문제

1. 유럽과 미국의 패션 산업과 같이 아시아의 패션 산업이 지속가능성을 고려하도록 하기 위한 방안을 생각해 보자.

2. 지속가능 경영의 특징을 분석하고, 여러 지속가능성 평가지수가 지속가능 경영에 미치는 영향을 논의해 보자.

3. 섬유 및 소재의 지속가능 인증이 사용된 제품의 사례와 지속가능 인증 제품에 대한 소비자의 인식을 조사해 보자.

참고문헌

강민선. (2021. 4. 14). 환경 단체와 사사건건 맞붙은 패션 산업의 '욕망', 나아갈 방향은?. 세계일보. https://
    m.segye.com/view/20210414510143

고은주, & 패션마케팅연구실. (2015). 지속가능패션 브랜드 마케팅. 교문사.

국립환경과학원. (2018). 자원순환경제 도입을 위한 추진계획 마련 연구.

권유정. (2021. 1. 27). [투자노트] 시진핑의 '탄소중립' 선언에 주목하자. 조선비즈. https://biz.chosun.com/site/data/
    html_dir/2021/01/27/2021012700458.html

김금희. (2020. 11. 11). 국내 섬유패션산업에 1조 4천억원 투입...친환경, 디지털 산업 전환. 패션엔. https://
    m.fashionn.com/board/read.php?table=fashionnews&number=35015

래코드. RE;CODE PHILOSOPHY, THIS IS NOT JUST FASHION. https://www.kolonmall.com/RECODE/Intro

민달기. (2018. 12. 13). 자원순환경제 도입을 위한 추진계획 마련 연구. 국립환경과학원.

박소영. (2020. 01. 03). 獨 섬유인증 'Gruener Knopf'에 기업의 사회적 책임을 담다. KOTRA 해외시장뉴스.
    https://bit.ly/2zwOPas

이수정. (2020. 11. 17). 스웨덴 에너지산업. KOTRA 해외시장뉴스. https://news.kotra.or.kr/user/globalBbs/
    kotranews/784/globalBbsDataView.do?setIdx=403&dataIdx=185903

이시흔. (2020. 12. 02). 떠오르는 중국 생분해성 플라스틱시장. KOTRA 해외시장뉴스. https://news.kotra.or.kr/user/
    globalBbs/kotranews/782/globalBbsDataView.do?setIdx=243&dataIdx=186029

이종숙, 양리나, & 최나영. (2007). 그린 패션 제품에 대한 환경친화적 소비자의 특성 및 인지도분석-서울시 거주
    여성을 중심으로(1999년도와 2007년도의 비교). 한국 의류 산업학회지, 9(4), 401-408.

장현숙. (2018. 10. 12). 중국의 환경규제, 무엇이 어떻게 강화되었나. 세계와 도시, 23, 63-71. 정해순. (2019.
    11. 1). 글로벌 패션산업 2020 '지속가능패션' 시대로 대전환. 패션비즈. https://m.fashionbiz.co.kr:6001/index.
    asp?idx=175016

조은지. (2020. 12. 24). 일본 백화점 마루이는 '대폐점의 시대'에 어떻게 대처했는가?. KOTRA 해외시장뉴스.
    https://news.kotra.or.kr/user/globalBbs/kotranews/8/globalBbsDataView.do?setIdx=246&dataIdx=186349

지속가능 윤리적 패션허브. (2020). 지속가능패션 서밋 서울. https://sefh.kr/SFSS

최연수. (2020. 11. 18). 일본 '탈(脫)탄소' 관련 정책 및 동향. KOTRA 해외시장뉴스. https://news.kotra.or.kr/user/
    globalBbs/kotranews/3/globalBbsDataView.do?setIdx=242&dataIdx=185966

플리츠마마. 생각과 취향을 공유하는 사람들의 의식 있는 소비를 제안하다. https://pleatsmama.com/story

한국섬유산업연합회. http://www.kofoti.or.kr/main.do

환경부 & 한국환경산업기술원. (2018). 지구환경 보호와 국제사회의 노력.

Berg, A. , Magnus, K., Granskog, A., & Lee, L. (2020, August 26). Fashion on climate. McKinsey &
    Company. www.mckinsey.com/industries/retail/our-insights/fashion-on-climate.

British Fashion Council. Fashion SWITCH to Green. https://www.britishfashioncouncil.co.uk/Institute-of-Positive-
    Fashion/Fashion-SWITCH-to-Green

Brewster, L., & Weakley, A. (2020, September 16). Refinitiv announces the 2020 D&I index top 100
    most diverse & inclusive organizations globally. Refinitiv. https://www.refinitiv.com/en/media-center/
    press-releases/2020/september/refinitiv-announces-the-2020-d-and-i-index-top-100-most-diverse-and-inclusive-
    organizations-globally

Choi, C. S., Cho, Y. N., Ko, E., Kim, S. J., Kim, K. H., & Sarkees, M. E. (2019). Corporate sustainability efforts and e-WOM intentions in social platforms. International Journal of Advertising, 38(8), 1224-1239.

European Circular Economy Stakeholder Platform. European Union. https://circulareconomy.europa.eu

European Commission. https://ec.europa.eu

Finland will achieve carbon neutrality by 2035. (2019). Sustainable Development Goals Partnership Platform. https://sustainabledevelopment.un.org/partnership/?p=33186

H&M Group. (2020, April). H&M Group leads the Fashion Transparency Index 2020. https://hmgroup.com/news/hm-group-leads-the-fashion-transparency-index-2020/

Lee, E. J., Choi, H., Han, J., Kim, D. H., Ko, E., & Kim, K. H. (2020). How to "Nudge" your consumers toward sustainable fashion consumption: An fMRI investigation. Journal of Business Research, 117, 642-651.

Lee, J., & Woo, J. (2020). Green New Deal Policy of South Korea: Policy Innovation for a Sustainability Transition. Sustainability, 12(23), 10191.

Patagonia. Working with Factories. https://www.patagonia.com/our-footprint/working-with-factories.html

Refinitiv. https://www.refinitiv.com/en

SAM. (2019, September). Dow Jones Sustainability Indices Results 2019. https://portal.csa.spglobal.com/survey/documents/DJSI_ReviewPresentation_Results_2019.pdf

Slaper, T.F., & Hall, T.J. (2011). The triple bottom line: What is it and how does it work?. Indiana Business Review, 86(1), 4-8.

Song, S., & Ko, E. (2017). Perceptions, attitudes, and behaviors toward sustainable fashion: Application of Q and Q-R methodologies. International Journal of Consumer Studies, 41(3), 264-273.

Sun, Y., & Ko, E. (2016). Influence of sustainable marketing activities on customer equity. Journal of Global Scholars of Marketing Science, 26(3), 270-283.

Sustainable Brand Index. (2020). Official Report 2020 : Europe's Largest Brand Study On Sustainability. https://www.sb-index.com/rankings

Thekla, M. (2017. 11. 02). 독일, 친환경제품 어필하면 수출이 쑥쑥 올라가요. KOTRA 해외시장뉴스. https://news.kotra.or.kr/user/globalBbs/kotranews/5/globalBbsDataView.do?setIdx=244&dataIdx=162158

UNEP. (2018, November 12). Putting the brakes on fast fashion. https://www.unep.org/news-and-stories/story/putting-brakes-fast-fashion

United Nations. (2020, September 22). 'Enhance solidarity' to fight COVID-19, Chinese President urges, also pledges carbon neutrality by 2060. UN News. https://news.un.org/en/story/2020/09/1073052

United Nations Climate Change. https://unfccc.int

United Nations Department of Economic and Social Affairs Sustainable Development. https://sdgs.un.org

표, 그림 출처

표 1-1 고은주, & 패션마케팅연구실. (2015). 지속가능패션 브랜드 마케팅. 교문사.

외교부. (2020). 2021 기후환경외교편람.

European Commision. A European Green Deal. https://ec.europa.eu/info/strategy/priorities-2019-2024/european-green-deal_en

그림 1-1 KEARNEY. Social innovation offers five golden opportunities to the apparel industry. (2021, August 28). https://www.de.kearney.com/social-impact/article/?/a/social-innovation-offers-five-golden-opportunities-to-the-apparel-industry-article

이한나. (2019. 08. 12). Z세대의 에코섹시... 유기농 과일 고르듯 옷도 소재·생산과정 따져. 매일경제TV. http://mbnmoney.mbn.co.kr/news/print_view?news_no=MM1003657289

그림 1-2 로레알코리아. https://www.loreal.com/ko-kr/korea/

그림 1-3 Open Plan. https://openplan.kr/Home

그림 1-4 패션비즈 취재팀. (2019. 11. 05). 2019 FASHION MARKET NOW, 50조7500억, 패션 마켓 사이클은?. 패션비즈. https://m.fashionbiz.co.kr:6001/index.asp?idx=175075&uidx=179953&

그림 1-5 고은주, & 패션마케팅연구실. (2015). 지속가능패션 브랜드 마케팅. 교문사.

그림 1-6 노스페이스코리아. https://www.thenorthfacekorea.co.kr/

그림 1-7 루이비통코리아. https://kr.louisvuitton.com/kor-kr/homepage

소비자의 라이프 스타일 트렌드 변화에 따라 기업은 혁신적인 비즈니스 모델을 적용하고 있다. Todeschini et al.(2017)의 연구는 지속가능한 비즈니스 모델을 성공시키기 위한 요인을 다섯 가지로 구분하고 있다(아래 표 참조). 다섯 가지 거시 환경 트렌드(순환 경제, 공유 경제, 기업의 사회적 책임, 기술 혁신, 소비자 인식)에 따른 지속가능혁신 동인과 관련된 패션 브랜드 사례를 소개하고 있다.

거시 환경 트렌드	지속가능혁신 동인	거시 환경 트렌드	지속가능혁신 동인
순환 경제	• 재활용 • 비건 • 업사이클링 • 친환경	기술 혁신	• 지속가능한 원자재 • 제로 웨이스트(Zero waste) • 웨어러블(wearable) 기술
공유 경제	• 패션 라이브러리 • 대여 • 리커머스(리세일, 중고)	소비자 인식	• 캡슐 옷장 • 반소비주의(low consumerism) • 슬로우패션
기업의 사회적 책임	• 노동력 착취 없는 생산 과정 • 공정무역 • 현지생산		

1. 순환 경제

순환 경제는 제품에 투입된 자원들이 사용되는 경제 시스템을 의미한다. 반복적으로 사용하여 자원 활용의 효율성을 극대화한 것으로, 이에는 기술적인 뒷받침이 필수이다. 궁극적으로 새로 투입되는 천연 자원의 양과 폐기물의 양을 최소화하여, 순환되는 양이 극대화되는 것을 추구한다. 크게 업사이클링, 재활용, 비건, 친환경이 순환 경제를 이끌고 있다.

업사이클링은 버려지거나 쓸모없는 자원을 분해하지 않고 기존 제품보다 더 높은 가치가 있는 제품으로 재가공하는 과정이다. 또한 업사이클링은 폐기될 자원을 신제품에 재사용해 수명을 연장하고 천연 자원의 필요성을 줄여 지속가능성을 높인다.

재활용은 다 쓴 자원을 본래 모습 그대로 다시 사용하는 방식이다. 패션 업계의 재활용은 직접 재활용품을 가공하는 대신, 재활용된 소재를 구입하여 제품에 사용하는 것을 의미하고는 한다. 그러나 최근에는 많은 패션 브랜드 및 기업에서 친환경 재활용 소재를 직접 개발하는 추세이다.

비건은 동물성 원료 사용을 의도적으로 자제하여 생산하는 방식이다. 동물 물질을 추출하고 처리하는 과정에서 많은 양의 에너지가 필요하다는 것을 인지하고 전체 시스템 내에서 에너지 소비를 줄이는 것을 목표로 한다.

미래를 위해 지켜야 하는 가치로 여겨지는 친환경은 많은 사람들의 라이프 스타일 속 우선순위로 인식된다. 여러 기업과 브랜드들은 제품의 생산부터 폐기에 이르는 전 과정에 지속가능한 가치를 담아내며 이러한 시대적 흐름에 부응하고 있다.

2. 공유 경제

공유 경제는 소유에서 협력적 소비[1]로 가는 경로를 의미하며, 이용 가능한 자원을 효율적으로 활용할 수 있는 대안이다. 패션 라이브러리라 불리는 의류 대여 서비스, 리커머스(리세일)가 공유 경제 트렌드를 선도하고 있다. 또한 소비자들이 친환경 제품에 관심을 가지고 교환 및 공유 플랫폼이 확산되며 중고 시장(리커머스, 리세일)이 각광받고 있다. 특히 소유보다 경험을 우선시하는 젊은 세대는 리세일 플랫폼을 통해 사용하지 않는 의류를 판매하거나 기부하는 등 재사용을 촉진하고 새로운 제품에 대한 소비를 줄이고 있다.

3. 기업의 사회적 책임(Corporate Social Responsibility; CSR)

기업의 사회적 책임은 기업이 자본주의 사회의 구성원으로서 창출한 이익을 사회를 위해 환원하는 적극적인 태도를 의미한다. 사회에 대한 경제적, 법률적 의무를 비롯하여 노동 환경, 공정무역, 사회적 윤리, 그린 워싱(greenwashing)에 대한 리스크 등 포괄적인 이슈를 포함한다.

4. 기술 혁신

기술 혁신은 패션의 지속가능성을 향상시킨다. 의류 내구성을 향상시키는 환경 친화적인 원료의 개발은 현재 지속가능패션 비즈니스 모델과 관련된 기술 혁신 중 가장 주목받고 있다. 더불어 의류 생산에서 자재 폐기물을 최소화하여 제로 웨이스트에 도달하기 위해 여러 연구를 진행 중이다. 이 외에도 스마트 웨어러블 기술과 증강 현실 기술이 주요 기술혁신 분야로 거론된다.

5. 소비자 인식

소비자 인식은 캡슐 옷장(Capsule Wardrobe)과 반소비주의, 슬로우 패션이 이끌고 있다. 캡슐 옷장과 반소비주의 모두 정해진 기간 동안 제한된 양의 옷만 소유하거나 사용하는 소비 방식을 택하고 있다. 또한 슬로우 패션은 느린 패션 수명 주기를 가진 옷을 선택하는 라이프 스타일을 의미한다.

출처

Todeschini, B. V., Cortimiglia, M. N., Callegaro-de-Menezes, D., & Ghezzi, A. (2017). Innovative and sustainable business models in the fashion industry: Entrepreneurial drivers, opportunities, and challenges. *Business Horizons*, 60(6), 759–770.

1   새로운 상품을 구매하는 대신 이미 쓰여진 상품에 대한 재분배의 소비 개념. 협력적 패션 소비 플랫폼 연구에서 패션산업의 공유경제 현황을 살펴볼 수 있음(조민정, & 고은주. (2020). 협력적 패션 소비 플랫폼 연구. *한국의류산업학회지*, 22(6), 777–788.)

COVID-19 때문에 많은 것이 변화했다. 사회적 거리두기로 인해 새로운 소비 패턴이 자리잡을 것
인가, 아니면 팬데믹이 끝남과 동시에 예전으로 다시 돌아갈 수 있을까?

소비 습관이 변화하는 이유
1. 여러 사건들로 인한 사회적 측면의 변화 (예) 직장, 공동체, 이웃, 친구 등
2. 획기적 기술의 등장 (예) 스마트폰, 인터넷, 전자 상거래 등
3. 공적으로 규제되는 불건전한 제품에 대한 소비 감소 (예) 흡연, 술 등
4. 특별 자연 재해 (예) 지진, 허리케인, 전염병 등

다음 그림은 COVID-19가 소비 행동에 미치는 즉각적인 영향 8가지를 설명하고 있다.

1. 매점(買占)

미래의 제품 공급의 불확실성에 대한 반응이다. COVID-19의 영향으로 소비자들은 화장지, 빵, 물, 마스크 등의 필수재를 필요 이상으로 비축하여 재고 부족을 초래하기도 했다. 또한 수요자와 공급자 중간에서 제품을 독점하여 가격을 올리는 경우도 있었다. 이러한 일시적인 추가 수요는 가품에 대한 마케팅을 장려한다는 우려의 목소리가 높다.

2. 즉흥적인 대처

소비자들은 어떠한 제약이 생겼을 때, 즉흥적으로 대처하는 방법을 배운다. 그 과정에서 기존의 습관은 버려지고, 새로운 소비 패턴을 익히는데 COVID-19는 소비자들이 결혼식, 장례식과 같은 전통적인 활동에 새롭게 접근하도록 했으며 줌(Zoom)과 같은 비대면 서비스를 활용하도록 하여 교육 등에서도 이를 활용하고 있다.

3. 억눌린 수요

일반적으로 소비자들은 미래의 불확실한 위기에 직면했을 때, 제품이나 서비스에 대한 구매를 미룬다. 대체적으로는 자동차, 집 등의 제품이나 콘서트, 스포츠, 레스토랑과 같은 서비스가 이에 속한다.

4. 디지털 기술의 수용

소비자들은 자신들의 편리와 필요에 의해서 새로운 기술을 수용한다. 일반 미디어 및 소셜 미디어의 영향은 소비자 행동에 미치는 규모가 크고 광범위하게 퍼져 있다. 수백만 명의 팔로워를 보유한 인플루언서 마케터들은 소셜 미디어를 활용해 정보를 공유하는 등 디지털 기술을 활용한다.

5. 집에서의 쇼핑

외출을 할 수 없는 소비자들은 일과 교육뿐만 아니라 운동, 쇼핑 등의 모든 것을 집에서 해결했다. 디즈니, 넷플릭스, 아마존 프라임 등 스트리밍 서비스를 비롯한 배달 서비스는 소비자의 편리함과 개인화를 촉진시켰다.

6. 일과 삶에 대한 경계의 모호함

COVID-19으로 인해 재택 근무가 증가하며 일과 가정에 대한 경계가 모호해졌다.

7. 가족, 친구와의 연락

줌과 왓츠앱 같은 소셜 미디어를 활용하여 물리적인 거리와 무관하게 사람들과 소통하였다.

8. 재능의 발견

가정에서 많은 시간을 보내며, 소비자들은 또 다른 재능을 발견하기도 한다. 유튜버와 같이 자신의 재능을 상업적으로 풀어내는 사람들이 증가했다.

이러한 소비 습관의 변화에도 불구하고, 대부분은 COVID-19가 발생하기 이전의 생활로 돌아올 것이라 예상하고 있다. 하지만 제한된 환경에서 소비자들이 보다 편리한 대안들을 경험했기 때문에 기존의 일부 소비 패턴은 사라지지 않을 것이다. 소비자들은 영화관에 가는 대신 넷플릭스, 디즈니와 같은 스트리밍 서비스를 이용할 것이고 재택근무, 온라인 강의, 비대면 쇼핑 등은 일상의 일부분으로 자리 잡을 것이다. 소비자는 편리성을 추구하며 새로운 방법들을 채택할 가능성이 높아지고, 기존 소비 습관들이 수정되거나 새롭게 자리 잡을 수 있다. 따라서, 소비자들의 행동 변화를 고려하여 기업에서도 이에 따른 전략들을 세울 필요가 있다.

본 연구에 대한 자세한 내용은 아래의 출처에서 확인이 가능하다.

출처

Sheth, J. (2020). Impact of Covid-19 on consumer behavior: Will the old habits return or die?. *Journal of business research*, 117, 280-283

SUSTAINABLE FASHION

CHAPTER ——————————

지속가능패션 소비자

2

CHAPTER 2
지속가능패션 소비자

1. 지속가능패션 트렌드

COVID-19으로 인하여 패션 업계는 불황을 겪고 있다. 소비자들은 매장 폐쇄와 경제적 불안에 대한 위기를 의식하며 생필품 외의 지출을 줄였고 이로 인해 패션과 럭셔리 부문의 매출이 2019년 대비 2020년 4월에 59~68% 감소했다Biondi, 2020. 또한, COVID-19 확산으로 니만 마커스, JC 페니 백화점 등 미국의 대표 리테일러들이 파산하였다이준서, 2020.

이와 같이 타 산업군에 비해 상대적으로 경기변동에 민감한 패션 산업의 특성상, 기술을 빠르게 접목하고 대중의 취향을 반영한 트렌드가 소비자들의 이목을 끌고 있다. 본 절은 지속가능성, 디지털화, 문화적 변화 측면에서의 패션 트렌드 및 이에 대한 사례를 살펴본다.

지속가능성은 최근 소비자들이 사회환경적 측면을 고려하는 소비 트렌드를 의미한다. 무분별한 소비의 위험성이 사회문제로 대두되며, 개인의 소비 행위가 미치는 사회적 영향을 고려하는 '의식소비'conscious consumption를 하는 소비자들이 증가하였다. 이러한 행위는 지속가능한 소비 영역에 포함되는 '친환경 소비', '크루얼티프리'Cruelty free, '재활용'Recycle 등의 형태로 MZ세대를 중심으로 나타나고 있다.

지속가능성 트렌드와 함께 떠오른 맞춤화 서비스는 개인의 취향을 반영해 생산하기에 불필요한 재고와 환경오염을 줄일 수 있다. 예로, 구찌는 자사 홈페이지의 DIYDo It Yourself 코너를 통해 맞춤형 의류, 신발, 가방 등을 판매하고, 루이비통은 색상, 소재, 패턴 등을 선택해 운동화를 디자인할 수 있는 런 어웨이Run Away 커스터마이징 서비스를 제공하고 있다.

또한, 계절 없는 시즌리스seasonless 패션은 의류의 불필요한 생산을 줄여 지속가능성을 추구한다. 지속가능패션에 대한 요구, 경기침체, COVID-19으로 인한 사회적 거리두기로 시즌리스 트렌드가 급부상하였으며, 기온 변화에 유연하고 편안한 스타일링을 가능하게 하는 티셔츠, 니트, 데님 등의 기본 아이템은 소비자들의 이목을 집중시키고 있다. 신세계인터내셔날의 온라인 패션 브랜드 텐먼스10month는 계절에 따라 신제품을 출시하는 대신 10개월 동안 입을 수 있는 고품질의 옷을 선보여 출시 일주일 만에 두 달 치 물량을 판매하는 등 소비자의 폭발적인 반응을 얻었다그림 2-1. 또한 구찌는 2020년 5월 기존 패션쇼 사이클에서 벗어나 시즌에 상관없이 패션쇼를 연 2회로 축소시켜 제품을 출시할 것이라 밝혔다.

이 외에도 브랜드들은 지속가능한 철학을 소비자와 효과적으로 공유하기 위하여 경험을 중시하는 최근 소비자의 특성[1]을 반영한다. 블랙야크의 친환경 아웃도어 라이프스타일 브랜드 나우nau는 '나우클래스'를 통해 폐자재를 활용한 DIY 클래스를 개최하고 아트 클래스와 플리마켓을 여는 등 다양한 마케팅을 통해 소비자의 건강하고 착한 소비를 유도한다.

---

[1] 최근의 패션 산업의 소비자들은 소유보다 경험을 중시하여 브랜드 '팝업 스토어'에 방문한 경험이 있는 소비자는 5명 중 2명(39.1%), 독특한 체험에 기꺼이 시간과 돈을 투자할 의향이 있다고 밝힌 응답자는 절반(50.9%)을 넘어섰다(대학내일20대연구소, 2019).

• 대학내일20대연구소. 2019년 1534세대의 라이프스타일 및 가치관 조사. https://bit.ly/3tMrDjC
• Access. (2021. 8). Global Fashion Trends in Korea and the World. https://www.accesscs2.com/

그림 2-1
텐먼스의
시즌리스
제품들

2) 디지털화(digitalization)

디지털화는 디지털 기술의 발전으로 구체화된 지속가능하고 진보적인 미래를 위한 비즈니스 모델을 의미한다. 디지털화는 생산 업체의 신속한 다품종 소량 생산을 가능하게 했고 유통 업계에서는 다양한 유통망을 넘나드는 옴니 채널의 형태가 일반화되어 O2O_{Online to Offline} 및 O4O_{Online for Offline} 형태의 비즈니스도 지속적으로 생겨나는 추세이다.

브랜드는 주요 소셜 미디어와 이커머스 플랫폼의 라이브 스트리밍을 통해 디지털에 익숙한 소비자와 쉽게 소통할 수 있게 되었다. 이에 브랜드들은 구매 상품에 대한 빠르고 구체적인 정보를 전달하고 인플루언서의 재미 요소를 추가하여 제품의 구매 전환율을 더욱 높이고 있다. 이렇듯 세계 패션 산업 지형이 신기술을 접목하여 소비자의 주축으로 부상한 'MZ세대'의 요구에 부응하고 있다. 이러한 트렌드는 '패셔놀로지'(fashionology·패션과 기술을 뜻하는 테크놀로지의 합성어)라 불리기도 한다_{안상희, 임수정, 2020}.

타미 힐피거_{Tommy Hilfiger}는 3D 디지털 기술을 기반으로 전체 생산망을 디지털화하는 계획을 발표하였다_{McDowell, 2019}. 그 동안의 대량 생산 중심의 접근 방식에서 벗어나, 주문형 생산 비즈니스 모델을 도입하였고, 그에 따라 적정 생산과 재고 효율화에 기여할 수 있는 방법을 모색하고 있다. 파페치_{Farfetch}의 옴니 채널 시스템인 미래의 매장Store of the Future은 옷걸이에 RFID무선인식 기능을 탑재하여 방문자가 원하는 제품을 선택하면 해당 제품이 자동으로 온라인 쇼핑몰의 위시리스트Wishlist에 등록이 되고, 관련 상품이 자동으로 추천된다. 디지털Digital 기술과 오프라인의 실체Physical가 합쳐진 이 같은 형태의 매장은 피지털Phygital로 불리면서 '미래형 오프라인 매장'으로 확장되고 있다. 갤러리 라파예트Galerie Lafayette는 럭셔리 브랜드에 초점을 맞춘 개인화된 라이브 비디오 쇼핑서비스 'Exclusive Live Shopping'을 출시했다. 퍼스널 쇼퍼는 매장을 다니며 화상 미팅을 통해 고객의 취향과 예산을 반영한 쇼핑을 돕는다.

3) 문화 변화(culture shift)

최근 소비자들은 경제 침체와 더불어 COVID-19으로 인한 비대면 생활에 익숙해지며 문화의 변화를 겪고 있다. 문화 변화는 경제 침체와 보복 소비 심리로 야기된 럭셔리 취향 변화 측면과 비대면 생활에 대처하는 소비자 심리를 반영한 온·오프라인 공간의 변화 측면에서 살펴볼 수 있다.

첫째, 소비자의 럭셔리 취향 변화는 소비의 양극화, 운동복 및 라운지웨어 카테고리 선호, 젠더리스 패션의 등장에서 나타난다.

온라인 시장이 급성장하며 소비자는 저렴하면서도 트렌디한 제품을 찾거나, 아예 럭셔리 제품을 구매하는 방향으로 소비가 양극화되었다. 이러한 현상 속에서 럭셔리 제품의 수요는 증가하였으며 이는 최근 소비자의 COVID-19으로 인한 부정적 심리와 보상 소비 심리가 맞물려 일어난 현상으로 억눌려 있던 소비 심리를 럭셔리 소비로 해소한 것으로 해석된다Business of Fashion, Mckinsey & Company, 2021. 또한 럭셔리 산업에서는 성별에 따른 차이보다는 개인의 개성을 중시하는 젠더리스genderless 스타일이 각광받고 있다. 구찌는 크리에이티브 디렉터 알레산드로 미켈레Alessandro Michele를 영입한 후, 남성 컬렉션과 여성 컬렉션을 함께 선보이는 등 브랜드 이미지를 혁신적으로 뒤바꾼 젠더리스 룩을 선보이고 있다.

럭셔리 제품군과 함께 가장 눈에 띄게 성장한 카테고리는 운동복이다. 해외 온라인 패션 플랫폼 네타포르테의 매출 데이터에 따르면, 액티브웨어로 명명한 운동복과 운동 용품이 전년 동기 대비 매출 성장세가 가장 컸다. 특히 2020년 4월 기준 러닝복, 러닝 용품은 지난 해보다 521% 성장했다윤경희, 2020. 구체적으로 레깅스, 스포츠 브라, 팬츠 위주의 아이템이 인기를 끌었으며, 소비자는 자신의 취향에 따라 다양한 브랜드에서 제품을 따로 구매하는 형태를 취하고 있다그림 2-2. 이 외에도 집에 머무는 시간이 길어진 소비자들은 편안한 옷을 찾게 되었고 이는 라운지웨어 수요의 급증으로 나타났다.

둘째, COVID-19으로 인해 비대면 생활에 익숙해진 소비자들은 온라인과 오프라인에서 새로운 경험을 찾는다. 패션 산업의 급속한 디지털화로 소비자들이 브랜드를 경험할 수 있는 폭이 넓어졌으며 패션 브랜드들은 체험 마케팅의 중요성을 인지하고 몰입형 기술을 사용해 고객에게 실제 경험과 유사한 경험을 제공한다. COVID-19으로 인해 대면구매를 부담스럽게 느낀 오프라인 소비자들이 온라인으로 눈을 돌리며 관련 시장이 새로운 성장기를 맞이하고 있다. 또한 럭셔리 브랜드를 전문적으로 취급하는 전문 플랫폼들이 생겨나면서 가격 비교 및 상세 사진 확인이 가능해져 럭셔리 온라인 시장이 본격화되었다. 또한 재구조화를 통해 패션 브랜드들은 온라인과 오프라인을 유기적으로 연결하는 옴니채널 마케팅을 활발하게 활용하고, 메타버스[2] 등과 같은 기술과 엔터테인먼트 요소를 결합한 콘텐츠 마케팅에 투자를 늘리고 있다.

예로, 구찌는 스냅챗Snapchat에서 신발을 가상으로 피팅할 수 있는 증강현실 augmented reality; AR 기술을 도입했고, 2018년 YNAPYoox Net-a-Porter 그룹의 계열사 육스

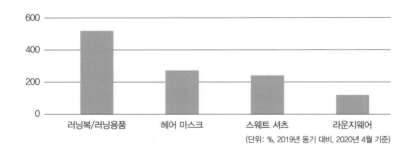

그림 2-2
COVID-19 이후
네타포르테에서
매출 급상승한
제품군

(단위: %, 2019년 동기 대비, 2020년 4월 기준)

러닝복/러닝용품 · 헤어 마스크 · 스웨트 셔츠 · 라운지웨어

2 　메타버스(metaverse): 게임 같은 사이버 공간에서 사회 생활뿐만 아니라 상업 활동까지 할 수 있는 가상의 문화 공간. 증강현실은 메타버스의 주요 요소 중 하나이다.

Yoox는 제품 50,000개를 100% 디지털화하여 가상 스타일링 메뉴인 육스 미러Yoox Mirror를 선보였다그림 2-3. 구찌는 인기 게임 테니스 클래시와의 협업으로 현실과 가상세계의 패션을 연동시켰고, 루이비통은 리그 오브 레전드League of Legend; LOL와 함께 캡슐 컬렉션을 출시하여 밀레니얼 세대 등 새로운 핵심 소비층의 폭발적

그림 2-3
VR 쇼핑

인 반응을 얻었다그림 2-4. D2C 방식의 미국 안경 브랜드 와비파커는 오프라인 매장을 온라인 매출을 올리기 위한 징검다리 역할로 보고, 매장의 크기를 작게 운영하면서 독창적인 VMVisual Merchandising으로 소비자가 브랜드를 경험할 수 있도록 하였다. 국내 브랜드 '젠틀몬스터'도 유사한 방식으로 브랜드를 운영한다.

그림 2-4
럭셔리
브랜드와 게임
산업의 협업
(좌: 구찌,
우: 루이비통)

2. 지속가능패션 소비자

무분별한 소비의 위험성이 사회문제로 대두되며, '의식소비'conscious consumption[3]가 글로벌 트렌드로 떠올랐다. 글로벌 컨설팅 회사 보고서에 의하면 글로벌 소비자의 61%가 '코로나를 계기로 친환경 소비를 시작했다'고 응답했고, 그중 89%는 '코

---

3 의식소비(conscious consumption): 개인의 소비 행위가 미치는 사회적 영향을 고려하여 나타나는 소비 행동. '친환경 소비', '크루얼티 프리(Cruelty free)', '재활용(Recycle)'을 포함해 지속가능한 소비 영역을 특징으로 하는 모든 소비 행동을 의식소비라 표현한다.

로나 사태가 끝나도 지금 소비 패턴을 유지하겠다'고 답했다장산진, 변희원, 2020. 또한 핵심 소비자층인 밀레니얼과 Z세대들의 26%와 31%가 지속가능 제품의 비용 지불 의사를 밝혔다Mckinsey & Company, 2019. Z세대(1996년~2010년 초중반생) 역시 기후 변화와 환경문제에 관심이 많고, 지속가능한 브랜드를 선호하며Petro, 2021, 일상 속에서 지속가능 행동을 적극적으로 행하고 있다. 이와 같이 MZ세대는 의식 소비를 바탕으로 지속가능한 소비의 주축을 이끌고 있기 때문에 본 절은 MZ세대의 특성을 통해 지속가능 패션 소비자의 특성을 살펴보려 한다.

첫번째, MZ세대는 자신을 표현하는 것에 두려움이 없어 자신의 취향을 표현하고 자신의 가치를 반영한 상품을 구매한다. 단순히 자신이 좋아하는 브랜드를 구매하는 것이 아니라 계획, 사용, 처분 등을 고려한 책임 있는 소비를 통해 사회·환경적 불균형을 해결할 수 있는 방법을 찾는다. 실제로 MZ세대는 소비를 통해 자신의 신념을 드러내는 미닝아웃meaning out 속성을 바탕으로 브랜드의 지속가능

그림 2-5
MZ세대의
지속가능
소비 행동

소재 사용, 윤리적인 생산 등 투명한 브랜드 운영을 기대한다.

두번째, MZ세대는 기후 변화와 환경에 대한 관심이 크다. 이들은 환경 오염, 지구 온난화, 미세 먼지, 탄소 배출 등 과거에는 존재하지 않던 문제를 인식하는 시기에 성장하였다. 2020년 봄에 실시한 설문조사에 따르면, 미국 청소년 9,500명이 오늘날 가장 중요한 정치사회적 문제로 환경을 택했고Piper Sandler, 2020, 글로벌 트렌드 분석 기업 WGSN가 2019년 11월 1,800명을 대상으로 진행한 조사에 따르면 Z세대의 95%가 지구 온난화에 맞서기 위해 자신의 습관과 생활 방식을 바꾸겠다고 응답했다Van Elven, 2019.

세번째, MZ세대는 다양한 라이프스타일을 보여주는 인플루언서의 영향을 받는다. 자신의 라이프스타일을 직접 보여주며 환경과 지속가능성에 대한 메시지를 전달하는 친환경 인플루언서eco-friendly influencer에 관심을 가진다. 제로 웨이스트 운동을 실천하는 미국의 환경 운동가, 기업가 및 블로거인 로렌 싱어Lauren Singer는 인스타그램에서 38만 5천 명의 팔로워를 보유하고 있다. 로렌은 2012년부터 자신이 배출한 모든 쓰레기를 16온스 메이슨 병에 모은 것으로 유명해졌고, 뉴욕 첼시에 100% 제로 웨이스트 숍인 'package free'를 오픈한 이후, 직접 제로 웨이스트 라이프를 실천할 수 있는 다양한 상품을 제안한다.

3. 지속가능패션 소비자의 라이프스타일 트렌드

최근 패션 시장의 신흥 강자로 떠오른 기업들은 신기술을 접목해 이러한 MZ세대의 특징을 민첩하게 반영하였다. 그들은 자신만을 위한 것을 찾는 요구가 커졌고 이에 따라 맞춤화, 개인화 트렌드가 주목받고 있다. 또한 MZ세대는 '지속가능성의 가치'를 '비용'보다 중요하게 여긴다. 이러한 소비자 특성은 패션 업계에 새로운 트렌드의 바람을 불러일으켰다. 지속가능패션 소비자의 라이프스타일 트렌드는 슬로우 패션slow fashion, 리사이클 패션recycle fashion, 리커머스 패션recommerce fashion, 보디 포지티브body positivie, 미니멀리즘minimalism 트렌드로 나타나고 있다.

1) 슬로우(slow) 패션 트렌드

그림 2-6
파타고니아
"Don't buy
this jacket
(이 재킷을
사지 마세요)"
캠페인

슬로우 패션은 패스트 패션에 반대되는 개념으로, 환경(친환경 소재, 재활용) 및 사회(공정무역)의 관점에서 가치를 제안하는 윤리적 패션이다 Todeschini et al, 2017. 제품 수명 주기가 길어 유행의 흐름과는 상관없이 오래 사용할 수 있는 패션 제품을 의미하며 빠른 패션 주기가 초래할 수 있는 문제(환경 오염, 비윤리성 등)가 대두되며 떠오른 개념이다.

패션 업계도 쉽게 소비되고 폐기되지 않는 제품을 만드는 것이 의류 폐기물을 줄일 수 있는 방법 중 하나라는 인식에 동의하며 많은 브랜드들도 슬로우 패션 트렌드에 동참하고 있다. 미국의 아웃도어 의류 브랜드 파타고니아는 2011년 블랙프라이데이 때 광고 카피 문구 "Don't buy this jacket(이 재킷을 사지 마세요)"을 통해 소비자의 의식있는 소비를 촉구했다. 이후 이 광고는 파타고니아의 매출 상승으로 이어져 해당 문구는 매출과 브랜딩의 성공 사례로 평가된다 그림 2-6.

또한 슬로우 패션은 궁극적으로 기존 제품의 수명 주기 life cycle 연장을 지향하기 때문에 재분배와 재판매가 가능한 제품의 재사용을 지지한다. 미국의 업사이클링 실천 브랜드 쿠야나 Cuyana 는 중고 의류 업체인 스레드업 thredUP 과 파트너십을 체결하여, 양호한 의류를 기증 받아 판매 대금의 5~90%를 기증자에게 돌려주는 '가벼운 옷장 운동'을 실시하고 있다. 또한 쿠야나를 통해 불필요한 옷을 자선 단체에 기부하면, 쿠야나는 기부자에게 제품 구매 시 사용 가능한 10달러 크레딧을 제공한다. 쿠야나는 소비자들로부터 제공받은 제품으로 업사이클링을 실천하고 소비자는 브랜드의 제품을 저렴하게 구입할 수 있다는 점이 기업과 소비자 모두에게 장점으로 작용한다.

2) 리사이클(recycle) 패션 트렌드

리사이클 패션은 폐플라스틱이나 폐기물을 재활용한 섬유 원단으로 만든 패션 제품을 의미한다. 환경적 책임을 요구하는 소비자는 패션 업계가 탄소 배출과 폐기물을 줄이기를 요구한다. 패션 기업은 이러한 소비자 요구와 패션이 환경에 끼치는 부정적 영향[4]을 인지하고

그림 2-7
판게아

제품 재사용 및 재활용 가능성을 탐구하기 시작했다.

　라운지웨어 브랜드 판게아Pangaia는 재활용 원단과 폐플라스틱을 활용한 제품군을 선보이고 있다. 판게아의 재활용 면 생산에는 자투리 원단과 폐기 원단이 활용되고 있으며 면 1kg 생산당 물 20,000리터가 절약된다. 또한 재활용한 캐시미어와 울 원단을 사용하여 후드티와 조거 팬츠를 제작하고 있다.그림 2-7.

3) 리커머스(recommerce) 패션 트렌드

리커머스는 이전에 소유했던 제품을 필요에 따라 재거래하는 소비 형태로, 이를 통해 소비자들은 자신이 소유한 제품의 가치를 재확인한다. 제품의 전 생산 과정에서 환경과 제품 수명 주기를 고려해야 한다는 인식 속에 탄생했고 경기 불황기에 접어들며 '공유'라는 트렌드와 함께 부상하였으며, 리세일 등이 이에 속한다.

　공유는 제품이나 서비스를 필요 이상으로 소유하지 않고 여럿이 나눠 효율적으로 쓰자는 취지에서 시작되었다. 소비자는 제품을 기존의 '소유' 개념에서 '공유' 개념으로 전환시키며, 지출을 줄이고 환경을 지키고 있다. 패션 산업의 공유

4　전 세계적으로 6,000만 톤, 수량으로 환산하면 1,000억 개의 패션 상품이 매년 만들어지지만 3분의 1은 매립지로 직행하고 이는 매년 7%씩 증가하고 있다(김지환, 2021). 앨런 맥아더 재단에 따르면, 의류 생산에 사용된 재료 중 1%도 안되는 비율이 기존 시스템에서 새 제품을 만드는 데 재활용되는데 이를 비용으로 추산하면 연간 870억 유로이다.

플랫폼은 미국의 '렌트더런웨이'Rent the Runway, 일본의 '에어클로젯'Air closet, 국내의 '클로젯셰어'Closet share 등이 있고 이들은 P2PPeer-to-Peer 소유권 거래형, B2PBusiness-to-People 소유권 거래형, P2P 사용권 임대형, B2P 사용권 임대형 등 다양한 형태를 보인다. 소비자는 이러한 서비스를 사용하며 보통 공유 자원의 가용성 측면[5]에서 불만을 느끼는데 이러한 불편함을 해소하기 위해 P2P 형태의 공유 플랫폼은 고객이 옷을 빌리는 활동뿐만 아니라 빌려주는 활동에도 적극적으로 참여할 것을 권장한다.

리세일은 더 이상 사용하지 않는 의류를 다른 소비자에게 판매하거나 기증하여 재사용을 촉진하고, 새로 제조된 품목 및 관련 자원 소비에 대한 수요를 줄이는 것을 말한다Todeschini et al, 2017. 미국 최대 온라인 리세일러인 스레드업thredUp은 2020년 연차 보고서를 통해 미국 의류 패션 온라인 리세일 시장 규모가 2020년 280억 달러에서 2024년 640억 달러에 이를 것으로 전망했다. MZ 세대는 리세일

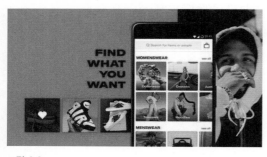

그림 2-8
디팝

마켓을 통해 불필요한 낭비나 죄책감 없이 자신의 욕구를 무한히 충족시키고 희소성과 뉴트로New-tro 열풍은 리세일 마켓에 대한 MZ세대의 흥미를 끌었다. 영국의 개인 간P2P 리세일 플랫폼 디팝Depop에서는 90% 이상의 사용자를 차지하는 26세 미만의 Z세대들이 자신의 개성을 살린 빈티지, 스트리트 웨어 제품을 판매하고 감각 있는 스타일링을 플랫폼에 공유하고 있다그림 2-8.

또한 유럽에서 주목받고 있는 중고 패션 플랫폼 빈티드Vinted는 10억 달러1조 원 이상의 가치를 인정받으며, 유럽 내에서 같은 분야 중 3위 안에 꼽히는 기업으로 성장했다. P2P 방식으로, 단순한 거래방식과 무료 판매 수수료와 배송비를 통해 경쟁력을 확보하였다. 이러한 공격적인 글로벌 확장 전략으로 독일과 프랑스를 중심으로 2021년 현재 미국, 캐나다까지 15개국에서 운영되고 있다Vinted.

---

5 이는 제품의 디자인이 소비자의 기대에 미치지 못하는 경우, 사이즈가 다양하지 않은 경우, 입고 싶은 브랜드나 상품이 적거나 품절인 경우를 포함한다.

H&M에서 투자하는 중고 판매 플랫폼 셀피Sellpy는 셀피백Sellpy Bag에 더 이상 입지 않는 옷을 담아 보내면 상품 촬영부터 판매까지의 모든 프로세스를 대행한다. 판매되지 않은 제품은 회수 또는 기부할 수 있도록 하여 순환 경제를 실천하고 지속가능한 소비를 하는 데 적극적인 지원을 하고 있다그림 2-9. 해외의 대표적인 리세일 플랫폼을 분류하여 정리하면 다음과 같다표 2-1.

그림 2-9
H&M 셀피

표 2-1 해외 리세일 플랫폼 현황

구분	P2P(Peer-to-Peer)	B2P(Business-to-People) 관리형 오픈마켓
매스 패션 (Mass)	• 디팝(Depop) • 빈티드(Vinted) • 포쉬마크(Poshmark)	• 스레드업(thredUP) • 셀피(Sellpy)
럭셔리 패션 (Luxury)	• 베스티에르 콜렉티브 (Vestiaire Collective)	• 더리얼리얼(The Real Real) • 파페치(Farfetch) • 리백(Rebag) • 레벨르(Rebelle)

4) 보디 포지티브(body positive) 트렌드

'자기 몸 긍정주의 운동'을 일컫는 보디 포지티브 운동Body positive movement은 획일적인 아름다움에 대한 편견을 깨고, 있는 그대로의 스스로를 받아들이고 사랑하자

그림 2-10
보디 포지티브

는 메시지를 담고 있다. 2017년 미국에서 유행하기 시작하여, SNS 이용자들 사이에서 자발적으로 확산된 캠페인이다. 브랜드 걸프렌드 컬렉티브Girlfriend Collective는 'Eco-friendly Active wear'와 'Body positive'를 모토로 친환경 소재로 만든 제품을 다양한 사이즈로 출시하며 인기를 얻고 있다그림 2-10.

5) 미니멀리즘(minimalism) 트렌드

최근 수년간 패션, 뷰티, 인테리어 등의 다양한 분야에서 불필요한 것들을 덜어냄으로써 친환경 라이프를 실천하는 미니멀리즘 트렌드가 성행해왔다. 소비자들은 자연스레 소비 횟수를 줄이고 오래 쓸 수 있는 실용적인 제품을 고르기 시작했다. 이러한 트렌드는 캡슐 옷장capsule wardrobe에서 드러난다. 캡슐 옷장은 정해진 기간(e.g. 계절 또는 1년)동안 제한된 양의 옷만 소유하고자 하는 소비자의 행동을 뜻한다Todeschini et al, 2017. 1970년대 수지 포Susie Faux에 의해 처음 만들어진 개념으로, 불필요한 물건은 버리고 가진 것은 최소화하는 미니멀리즘과 함께 주목받는 트렌드이다. 최대한 많은 착장이 가능하게 여러 방법으로 입을 수 있는 제품들로 구성하여 환경과 경제성을 고려하는 방식은 소비자의 흥미를 자극했고 소비자가 창의적으로 다양한 스타일을 연출할 수 있어 긍정적인 반응을 이끌어냈다. 2010년 미국 미니멀리스트들로부터 시작된 '프로젝트 333'은 3개월 동안 33개의 패션 아이템만으로 생활하는 프로젝트다. 2020년 12월 8일 기준, 인스타그램에 해시태그 "project333"를 포함한 게시글은 약 5만 건으로 각자의 방식으로 정리한 옷장을 공개하고 느낀 점을 공유하고 있다.

1. 패셔놀로지(Fashionology)는 패션 산업과 디지털 기술이 결합된 모습을 일컫는데, 기업들은 생산 서비스의 디지털화를 통해 새로운 비즈니스를 구축하고 온라인 플랫폼을 이용한 이커머스를 확장하고 있다.

2. 포스트 코로나 시대의 소비 양극화 현상은 소비자들의 럭셔리 브랜드 구매 증가와 이에 따른 럭셔리 시장의 확장을 설명하는 소비자 심리 현상이다. 소비자들은 억눌린 소비 생활에 대한 보상 심리로 럭셔리 브랜드의 제품을 더욱 구매한다.

3. 슬로우 패션(Slow Fashion)은 환경적, 사회적 가치를 지닌 윤리적 패션으로서 좋은 품질의 옷을 오래 입어 의류 제품의 생명 주기를 늘리고 자원의 낭비를 줄이도록 한다. 기존의 패스트 패션과 다르게 의류 쓰레기를 확연히 줄일 수 있으며, 이러한 슬로우 패션을 지향하는 파타고니아와 쿠야나와 같은 브랜드들이 등장했다.

4. 리커머스(Recommerce)는 소비자들이 소유한 제품을 재판매하거나 공유하여 소비하는 형태를 일컫는다. 소비자 간 제품을 공유하거나 재판매, 재소비할 수 있는 플랫폼이 늘어나고 자원의 재사용과 새로운 자원 소비에 대한 수요 감소로 이어졌다. 공유, 리세일 등을 통해 중고 의류의 활용성을 높이고 인식을 개선하고 있다.

5. MZ세대는 지속가능성을 이끌 소비자로 여겨지고 있다. 그들은 가치를 좇아 책임 있는 소비 생활을 하는데, 이들은 환경과 기후 변화에 민감하게 반응한다. 그들이 자주 사용하는 디지털 기술과 플랫폼은 사용자들 간 영향을 미쳐 지속가능성을 확산시키는 역할을 한다.

1. 기존에 존재했던 환경과 지속가능성을 지향하는 패션 브랜드와 코로나 시대를 겪으며 확산된 지속가능성 트렌드는 어떤 공통점과 차이점이 있는지 비교해 보자.

2. 코로나 사태로 인해 새로운 소비 습관을 가지게 된 소비자들이 코로나 사태가 진정된 이후 보일 소비 모습에 대해 논의해 보자.(예: 반소비주의를 지향했던 소비자들이 코로나가 종식된 이후 다시 활발하고 적극적인 소비자로 변모할 가능성)

3. 순환 경제의 특징과 기존 패션 산업과의 차별점을 알아보자.

4. 디팝(Depop)과 같은 리커머스 플랫폼이 국내의 리세일 플랫폼과 다르게 전 세계적인 규모로 발전할 수 있었던 이유를 논의해 보자.

5. 슬로우 패션의 특징을 말하고 더 많은 제품군으로 발전하기 위한 전략을 논의해 보자.

6. 소비자 맞춤 제품을 구매하거나 사용해본 적이 있는가? 이에 대한 의견을 나누어 보자.

7. 패션 산업이 지속가능성을 바라보는 소비자적 관점과 이러한 활동이 어떻게 소비자의 생활과 습관을 바꾸고 있는지 이야기해 보자.

참고문헌

김지환. (2021. 4. 12). 패션업계의 큰 변화, '패스트 패션'에서 '슬로 패션'으로. 한국연예스포츠신문. http://www.
koreaes.com/news/articleView.html?idxno=359975

데일리트렌드. https://www.dailytrend.co.kr

박연경. (2020. 4. 3). 지속 가능성을 위해 움직이는 패션 브랜드. W Korea. https://www.wkorea.com/2020/04/03/지
속-가능성을-위해-움직이는-패션-브랜드/

선세영. (2020. 12. 18). 우리가 MZ세대에 주목해야 하는 이유. 한겨레. https://www.hani.co.kr/arti/economy/economy_
general/974862.html

안상희, & 임수정. (2020. 9. 14). AI·빅데이터·디지털로 무장한 패셔놀로지 기업들. 조선비즈. https://biz.chosun.
com/site/data/html_dir/2020/09/10/2020091002763.html

유재부. (2019. 4. 24). 패스트 패션의 역습...패션 민주주의 선물에서 환경 오염 주범으로. 패션엔. https://
m.fashionn.com/board/read.php?table=column&number=28419

윤경희. (2020. 6. 2). 올해 해외 패션 온라인몰에서 판매율 521% 성장한 옷은. 중앙일보. https://news.joins.com/
article/23791381

이새봄. (2019. 2. 4). 밀레니얼 세대 '대세'..."잡으면 살고 놓치면 죽는다". 매일경제. https://www.mk.co.kr/news/
world/view/2019/02/71991/

이준서. (2020. 4. 25). 미 백화점 '코로나19 줄도산'...니만마커스·JC페니 곧 파산신청. 연합뉴스. https://www.yna.
co.kr/view/AKR20200425005600072

이혜인. (2020. 8). 패션의 미래는 중고패션? 급성장! 유럽의 중고 패션 플랫폼. 데일리트렌드. https://bit.ly/3hA5wWB

임경량. (2020. 9. 7). '와비파커' '파페치'의 숨은 성공 전략...'옴니 채널'. Fashion Post. https://www.fpost.co.kr/
board/bbs/board.php?wr_id=482&bo_table=special

장상진, & 변희원. (2021. 2. 3). 착한 소비의 힘... 초등생 편지에 우유 빨대 없앴다. 조선일보. https://www.chosun.
com/economy/market_trend/2021/02/03/D3JXKIMKUJABTLCTH2FPN46VWE/

정민하. (2020. 5. 8). 113년 역사 美 백화점 니만 마커스 파산 신청. 조선비즈. https://biz.chosun.com/site/data/html_
dir/2020/05/08/2020050801187.html

한국환경산업기술원. (2019). 섬유 산업의 순환 경제. https://www.adelphi.de/de/system/files/mediathek/bilder/GIZ_
Studie_Kreislaufwirtschaft_Textilsektor_2019_final.pdf

Biondi, A. (2020, March 27). Fashion and luxury face $600 billion decline in sales. VOGUE BUSINESS.
https://www.voguebusiness.com/companies/bcg-luxury-spending-drop-coronavirus-covid-19

Business of Fashion., & McKinsey & Company. (2019). The State of Fashion 2020. https://www.mckinsey.
com/~/media/mckinsey/industries/retail/our%20insights/the%20state%20of%20fashion%202020%20navigating%20
uncertainty/the-state-of-fashion-2020-final.pdf

Business of Fashion., & McKinsey & Company. (2020). The State of Fashion 2021. https://www.mckinsey.
com/~/media/McKinsey/Industries/Retail/Our%20Insights/State%20of%20fashion/2021/The-State-of-Fashion-2021-vF.pdf

Fashionnet. (2020. 10. 26). [2021 글로벌 패션 트렌드] Post Corona, New Normal 01. http://www.
fashionnetkorea.com/kofoti/kofoti/main/cmmboardReadView.do?bid=259572&code=10C3

Joy, A., Sherry Jr, J. F., Venkatesh, A., Wang, J., & Chan, R. (2012). Fast fashion, sustainability, and
the ethical appeal of luxury brands. Fashion theory, 16(3), 273-295.

Kotler, P., & Amstrong, G. (2014). Marketing Management (14). Prentice Hall.

McDowell, M. (2019, November 7). Tommy Hilfiger goes all in on digital design. Vogue Business. https://
www.voguebusiness.com/technology/tommy-hilfiger-pvh-corp-3d-design-digital-clothing-innovation-sustainability

McKinsey & Company. (2020). Fashion on Climate. https://www.mckinsey.com/~/media/mckinsey/industries/ retail/our%20insights/fashion%20on%20climate/fashion-on-climate-full-report.pdf

McKinsey & Comapny. The New Age of the Consumer US Survey 2019.

Pangaia. Innovative Materials. https://thepangaia.com/pages/impact-innovative-materials

Petro, G. (2021, April 30). Gen Z Is Emerging As The Sustainability Generation. Forbes. https://www. forbes.com/sites/gregpetro/2021/04/30/gen-z-is-emerging-as-the-sustainability-generation/?sh=7c80214f8699

Philip Kotler. (2020, July 7) The Consumer in the Age of Coronavirus. The Marketing Journal. https:// www.marketingjournal.org/the-consumer-in-the-age-of-coronavirus-philip-kotler/

Piper Sandler. (2020). Taking Stock With Teens. https://www.pipersandler.com/3col.aspx?id=5956

Todeschini, B. V., Cortimiglia, M. N., Callegaro-de-Menezes, D., & Ghezzi, A. (2017). Innovative and sustainable business models in the fashion industry: Entrepreneurial drivers, opportunities, and challenges. Business Horizons, 60(6), 759-770.

Van Elven, M. (2019, April 3). Key sustainability trends for 2019: what consumers expect from fashion brands. Fashion United. https://fashionunited.com/news/fashion/key-sustainability-trends-for-2019-what-consumers-expect-from-fashion-brands/2019040227078

Vinted. Don't Wear it? Sell it!. https://www.vinted.com/about

Wilson, E. (2013). Adorned in dreams: Fashion and modernity. I.B.Tauris.

그림 출처

그림 2-1 10months. 신세계 그룹 뉴스룸. https://www.shinsegaegroupinside.com/tag/10month/

그림 2-2 윤경희. (2020. 6. 2). 올해 해외 패션 온라인몰에서 판매율 521% 성장한 옷은. 중앙일보. https://news. joins.com/article/23791381

그림 2-3 macrovector. Shopping with virtual and augmented reality apps realistic composition with holding smartphone hand choosing sportswear Free Vector. Freepik.com. (오픈소스)

그림 2-4 구찌코리아. https://www.gucci.com/kr/ko/
루이비통코리아. https://kr.louisvuitton.com/kor-kr/homepage

그림 2-5 McKinsey. The New Age of the Consumer US Survey 2019.
Bhargava, S., Finneman, B., Schmidt, J., & Spagnuolo, E. (2020, March 20). The young and the restless:Generation Z in America. McKinsey & Company. https://www.mckinsey.com/industries/retail/our-insights/the-young-and-the-restless-generation-z-in-america
이새봄. (2019. 2. 4). 밀레니얼 세대 '대세'...'잡으면 살고 놓치면 죽는다". 매일경제. https://www.mk.co.kr/news/ world/view/2019/02/71991/

그림 2-6 Pantagonia. (2011, November 25). Don't Buy This Jacket, Black Friday and the New York Times. https://eu.patagonia.com/gb/en/stories/dont-buy-this-jacket-black-friday-and-the-new-york-times/ story-18615.html

그림 2-7 Pangaia. https://thepangaia.com/

그림 2-8 Depop. https://www.depop.com/

그림 2-9 이혜인. (2020. 8). 패션의 미래는 중고패션? 급성장! 유럽의 중고 패션 플랫폼. 데일리트렌드. https://bit. ly/3hA5wWB

그림 2-10 Billie. (2018, June 26). Unsplash. https://unsplash.com/photos/k2vn6he4IDQ

연구노트
지속가능패션 소비 행동 연구: 럭셔리 경험을 중심으로

패션 트렌드에 관심이 많고 의식있는 소비자들을 대상으로 지속가능패션 브랜드 쇼핑을 시켜보면 어떨까? 본 연구는 소비자의 구매 의도를 확인하기 위해서 참가자들이 서울 소재의 지속가능패션 브랜드 매장에서 쇼핑을 하도록 했다. 2016년에 실시된 본 연구는 23~30세 사이의 남녀 각각 12명씩 총 24명이 참가했으며, 이들에게 쇼핑 비용 20만 원을 지급하였다. 참가자들의 단계별 쇼핑 모습과 구매 행동을 옆에서 면밀히 관찰한 후, 심층 인터뷰를 진행했다.

소비자가 지속가능한 패션을 꺼려하는 이유는?

1. 제품 품질에 대한 부정적인 인식

   매력적이지 않은 디자인 때문에 제품을 구매하지 않는다는 이유가 많았고, 디자인, 품질, 다양성이 향상된다면 기꺼이 지속가능한 패션 제품을 구매할 것이라고 답변하였다.

2. 기꺼이 더 높은 가격을 지불할 의사 결여

   소비자는 제품을 구매할 때 가격을 중요하게 고려한다. 연구 참가자들은 지속가능패션 제품이 터무니없이 비싸다면 절대 구매하지 않을 것이라고 답변했다. 또한 친환경적 제품을 살 필요를 느끼지 못하며, 브랜드의 지속가능한 의도는 좋지만, 높은 가격대와 취향에 맞지 않는 디자인에 비용을 지불할 의사가 없음을 밝혔다.

3. 지속가능패션 제품의 가치에 대한 사회적 인식 부족

   미디어나 소비 경험을 통해 지속가능한 패션에 대해 배울 기회가 거의 없다는 점에 주목했다. 광고만으로는 지속가능성을 조장할 수 없으며, 제품을 사용하고 경험해야 친숙도 향상에 도움이 된다고 하였다.

이렇듯, 지속가능한 패션에 대해서는 행동 방식에 대한 차이가 존재했다. 지속가능패션 브랜드 매장을 방문한 후, 참가자들은 지속가능패션에 대해 갖고 있던 오해의 일부를 해소하는 계기가 되었다. 예를 들면 친환경 제품은 디자인의 한계가 있다고 생각했었지만, 매장 방문 후 독특한 디자인의 제품 또한 존재함을 인식할 수 있었다.

그러나 소비자가 지속가능패션 제품에 긍정적인 인식을 가지기 위해서는 제품의 우수한 품질과 내구성이 바탕이 되어야 한다. 낮은 품질의 제품은 제품의 수명 주기가 짧아 자주 교체해야 하기 때문이다. 또한 제품의 원산지, 원재료 등 제품에 대한 정보가 제공될 때 소비자는 지속가능패션 브랜드에 대한 신뢰와 선호도가 높아진다. 소비자들은 동물 보호나 공정 노동과 같은 사회적인 부분까지도 고려하기에 투명성을 바탕으로 소비자와 지속가능성에 대해 소통해야 한다.

그림 1   그림 2

    본 연구는 지속가능한 패션 제품에 대한 패션 소비자의 제한된 인식과 지식이 지속가능패션에 대한 부정적인 감정을 촉진할 수 있음을 보여준다. 그러나 이 연구 결과는 소비자들이 지속가능 패션 브랜드에 개인화된 경험을 쌓음으로써 부정적인 정서를 극복할 수 있다는 것을 보여준다. 브랜드와의 직접적인 경험을 통해 패션 소비자들은 지속가능한 패션에 대한 실용적인 지식을 습득할 수 있으며, 따라서 지속가능한 패션 제품을 소비하는 데 더 긍정적일 수 있다. 광고 및 홍보와 같은 전통적인 커뮤니케이션 도구는 소비자가 지속가능한 브랜드나 제품에 대한 태도를 형성하는 데 어려움을 겪을 수도 있기 때문에, 품질과 디자인을 직접 경험하는 것이 필수적이다.

    본 연구와 같은 지속가능패션 제품 소비 행동을 보는 참여적 행동 조사는 소비자 중심의 경험을 개발하고 지속가능에 대한 태도와 행동 격차에서 나타나는 심리적 불균형의 균형을 맞추는 데 도움이 된다. 지속가능패션 제품 소비에 대한 개인적 관련성을 높인 후, 관련 지식을 전달한다면 지속가능한 행동을 쉽게 장려할 수 있을 것이다.

출처

Han, J., Seo, Y., & Ko, E. (2017). Staging luxury experiences for understanding sustainable fashion consumption:
   A balance theory application. Journal of Business Research, 74, 162–167
그림 1, 2. www.shutterstock.com

MZ세대는 유튜브를 통해 다양한 정보를 얻고 간접 경험을 하며 유튜브 콘텐츠에 높은 관심을 가지고 있다. 유튜브 크리에이터들은 자신만의 콘텐츠를 만들어 내고 타인에게 공유하는 새로운 형태의 오피니언 리더로 등장하였다(Kim, 2018). 유튜버의 영향력이 커지며 그들의 라이프스타일은 소비자들에게 많은 영향을 미치고 있다. 기업 또한 유튜브를 통해 제품의 정보를 전달하고 이를 브랜드의 소통 채널로 활용하며(Dhanesh & Duthler, 2019) 소비자와 소통하고 때로는 환경과 지속가능성에 대한 메시지를 전달하고 있다. 실제로 유튜브에 '지속가능한 패션'을 검색하면 조회수순으로 상단에 노출되는 7개의 콘텐츠는 한 영상당 약 1,100~13,700회가 조회되었다. 그 중, WWF Korea 채널에서 배우 박서준과 배우 배두나가 출연한 자원순환 프로젝트인 Re:Textile에 대해 알리는 캠페인 영상이 큰 관심을 끌었다. 연예인 등의 인플루언서가 영상 속에 등장했을 때, 조회수가 증가하는 추세를 통해 영향력 있는 인플루언서들의 효과를 확인할 수 있다. 앞으로도 인플루언서의 지속가능성에 대한 관심이 소비자들과 더 많이 공유되기를 기대해본다.

채널명 [구독자 수]	제목 [조회수]	내용	URL
WWF-Korea [2.45천 명]	[지속가능한 패션] Re:Textile 캠페인 영상 'Listen to Clothes' 리사이클 PET 원단편 (feat.박서준) [13,717회]	WWF(World Wide Fund For Nature; 세계자연기금) 한국본부의 섬유 패션산업의 시장 변화를 위한 자원순환 프로젝트 RE:Textile 캠페인 영상. 리사이클 PET원단편은 폐기된 PET병을 재활용해 만든 고급 원단이 또 다시 버려지게 되는 현실을 전달	www.youtube.com/ watch?v=tEWdTuOOZaI
에잇세컨즈 -8SECONDS [2.07만 명]	20 WINTER	Sustainability, 지속가능한 패션 [13,331회]	리사이클, 지속가능한 환경을 위한 착한 소비의 시작을 위해 에잇세컨즈가 제안하는 지속가능한 패션을 소개. 꽃과 함께 모델들의 착장을 보여줌	www.youtube.com/ watch?v=8CocXjh1aUE
올니드 Allneed [1.26만 명]	못사서 빌려온 쓰레기 (feat.지속가능한 패션/ Sustainable fashion) [4,218회]	'지속가능한 패션'에 초점을 맞추어 리뷰. 패스트 패션과 지속가능패션에 대한 개념을 시청자에게 전달하고 최소한의 에너지와 폐기물로 환경의 악영향을 최소화하여 만든 신발인 나이키 '스페이스 히피'를 리뷰	www.youtube.com/ watch?v=7jC04WS60Zo

채널명 [구독자 수]	제목 [조회수]	내용	URL
WWF–Korea [2.45천 명]	[지속가능한 패션] WWF 지속가능한 패션 프로젝트 Re:Textile 메이킹 필름 (feat.박서준) [3,665회]	WWF 한국본부의 지속가능한 패션 프로젝트 Re:Textile 캠페인 영상 메이킹 필름. 한국 섬유 패션산업의 시장 변화를 위해 기획한 자원순환 프로젝트의 제작 배경 소개	www.youtube.com/ watch?v=8ZNQiA7mZnQ
웰메이드 [3.11만 명]	RDS 다운으로 지속가능 패션에 함께합니다! (With, 웰메이드) [2,929회]	RDS 다운의 개념을 소개하며 웰메이드 RDS 다운 시리즈 출시를 알림. 연예인 이서진이 RDS 다운을 착장하고 설명하며, 지속가능한 윤리적 소비에 대한 동참을 제안	www.youtube.com/ watch?v=dYTBpw1olj0
WWF–Korea [2.45천 명]	[지속가능한 패션] Re:Textile 캠페인 영상 ‘Listen to Clothes’ 재고 이불편(feat.배두나) [1,187회]	WWF 한국본부의 섬유 패션산업의 시장 변화를 위한 자원순환 프로젝트 RE:Textile 캠페인 영상. 이불편은 침구로 탄생해 시즌이 지나 버려지는 제품들이 옷으로 재탄생할 수 있다는 가능성을 전달	www.youtube.com/ watch?v=0BVigEFHvAQ

검색일: 2021년 1월 25일

출처

오픈서베이. (2020.3.25). [오픈서베이 트렌드 아티클] 올해도 1위 유튜브. 작년 데이터와 무엇이 달라졌을까.
Mobiinside. https://www.mobiinside.co.kr/2020/03/25/opensurvey-youtube/

Dhanesh, G. S., & Duthler, G. (2019). Relationship management through social media influencers: Effects of
followers' awareness of paid endorsement. Public Relations Review, 45(3), 101765.

Kim, E.-J., & Whang, S.-C. (2019). A study on advertising effect depending on type of information source and
displaying of economic support in influencer marketing: Focusing on Youtube. Journal of Digital Contents
Society, 20(2), 297-306.

SUSTAINABLE FASHION

CHAPTER ⸻

지속가능력셔리 브랜드

3

CHAPTER 3
지속가능럭셔리 브랜드

1. 개요

럭셔리 브랜드들은 소비자와 소통하는 새로운 방법을 찾기 위해 그 어느 때보다 발빠르게 움직이고 있다. 럭셔리 산업은 연간 약 2,170억 달러의 가치가 있는 유망산업Sabanoglu, 2021으로, 패션 업계의 주요 동향에 맞추어 조용히 재편되고 있다.

　그중에서도 지속가능성은 럭셔리 브랜드가 브랜드 이미지를 개선시킬 수 있는 주요 분야가 될 것으로 예측되고 있다. 지속가능성이 화두가 되면서, 럭셔리 브랜드 역시 탄소 배출을 최소화하기 위해 많은 금액을 투자하는 등 다양한 지속가능한 움직임을 보여주고 있다. 2020년 12월 보그 비즈니스에서는 2019년 12월 이후 럭셔리 브랜드들의 지속가능성 정책에 대한 증가율 추이를 발표했는데, 환경에 대한 소비자들의 관심도가 증가하면서 럭셔리 브랜드 역시 지속가능성에 대한 제품 개발 및 정책 수립에 빠르게 대응한 것으로 나타났다_{선민재, 김준석, 2020}. 실제로 COVID-19의 영향으로 지속가능한 전략 수립이 더욱 가속화됨에 따라, 환경을 존중하는 생산 과정과 사회, 문화적인 부문에서의 다양성에 집중하고 있다_{그림 3-1}.

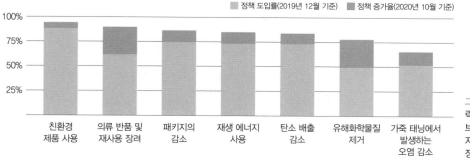

정책 도입률(2019년 12월 기준) 정책 증가율(2020년 10월 기준)

친환경 제품 사용 / 의류 반품 및 재사용 장려 / 패키지의 감소 / 재생 에너지 사용 / 탄소 배출 감소 / 유해화학물질 제거 / 가죽 태닝에서 발생하는 오염 감소

그림 3-1
럭셔리 브랜드의 지속가능 정책 증가율

다양한 럭셔리 브랜드 포트폴리오를 가지고 있는 케어링_{Kering}과 LVMH _{Louis Vuitton Moët Hennessy}는 지속가능성을 선도하는 그룹이다. 케어링은 2019년 탄소 중립 정책을 발표하며, 2025년까지 모든 내부 브랜드의 온실 가스 배출량을 50% 줄이겠다고 밝혔다_{Kering, 2020}. 이에 따라, 친환경 소재 생산에 기반을 두고 그룹 자체 내에서 환경 손익 계산서_{Environmental Profit & Loss; EP&L}를 만들어 도입했다. LVMH 역시 Life 360_{LVMH Initiatives for the Environment}이라는 프로그램을 통해 창조적 순환성, 생물의 다양성, 기후 및 투명성에 초점을 맞춘 환경 성과를 3년, 6년, 10년에 걸쳐 꾸준히 공유할 것이라 밝혔다_{LVMH, 2021; LVMH, 2020 Social and Environmental Responsibility Report}. 해당 프로그램은 그룹 내 모든 브랜드들에게 동일하게 적용되고, 환경적 성과 개선, 생산 체인 전반에 걸쳐 높은 기준을 설정한 것으로 나타났다. 또한 유네스코, 유니세프 등 다양한 국제 단체들과의 협업을 통해 교육 프로그램 및 자금을 지원하고 있다. 이러한 럭셔리 그룹 차원에서의 적극적인 대처는 다른 여러 럭셔리 브랜드들의 지속가능한 개발을 이끌어내고 있다.

버버리_{Burberry}는 지속가능한 패션을 위한 컬렉션 '리버버리 에디트'_{Reburberry Edit}를 전개했다. 2020년 S/S 컬렉션에 플라스틱 폐기물로 만든 소재와 재생 나일론인 에코닐을 사용하였고, 2022년까지 브랜드의 모든 아이템에 친환경 재료를 적용할 계획이라고 한다. 또한 영국 패션 위원회_{British Fashion Council; BFC}와 함께 '리버버리 패브릭'_{Reburberry Fabric} 프로그램을 출시하여, 지속가능한 노력의 일환으로 패션을 공부하는 학생들에게 쓰고 남은 원단을 기증했다. 이러한 기부는 교육 기관을 비롯해 학생들에게도 실질적으로 긍정적인 영향을 미칠 것으로 기대된다. 뿐만 아니라 재생가죽으로 고급제품을 생산하는 기업인 엘비스 앤 크레쎄Elvis & Kresse와의 협업을 통해 버버리의 제품 생산 후 남은 재고 중 최소 120톤 이상을 가죽 액세서리 혹은 홈웨어로 재생산하고 있다Santamaria, 2017.

프라다Prada는 2019년 재생 나일론 에코닐ECONYL®을 적용한 '리나일론Re-nylon 프로젝트'를 진행하였고, 2021년 말까지 나일론 소재를 적용한 모든 제품을 100% 에코닐로 전환하고자 노력하고 있다. '리나일론 프로젝트'의 과정을 보여주기 위해 내셔널 지오그래픽National Geographic과 함께 다큐멘터리 시리즈 'What We Carry'를 제작하였으며 이는 5편으로 구성된 시리즈로 에코닐을 구성하는 각기 다른 재활용 원료의 출처, 이를 생산하는 공장과 그 과정을 조명하고 있다Prada Group, 2019. 이와 더불어, 유네스코 해양 위원회와 함께 지속가능성 및 순환 경제에 관한 교육 프로그램 'Sea Beyond'를 통해 전 세계의 중등학교 학생들에게 해양과 자연으로부터 얻는 자원에 대한 인식과 책임감을 교육하고 있다. 단순히 지속가능한 개발 측면에서만 행동하는 것이 아닌, 교육적인 부분에 있어서도 선한 영향력을 끼치고 있는 대표적 사례라 볼 수 있다그림 3-2.

그림 3-2
프라다의
리나일론
프로젝트

샤넬CHANEL에서도 2015년 파리 협정의 목표에 따른 지속가능성 추구를 위해 2020년 '샤넬 미션 1.5℃'CHANEL Mission 1.5°를 발표하였다. 2030년까지 탄소 발자국 50% 감소 등 탄소 배출량 감축을 위한 계획이 주를 이루고 2025년까지 100% 재생 가능 전력으로 전환시키는 것을 목표로 한다. 또한 지역 사회를 위한 기후 변화 적응 자금을 조달하고 관련 연구에 투자할 계획을 밝혔다그림 3-3. 이와 더불어 누에고치 순수 단백질만 추출한 '액티베이티드 실크Activated Silk 기술'을 개발하는 친환경 기술회사에 투자하였으며 지속가능 패키징 제작회사 '술라

곽'과 파트너십을 체결하였다.

이처럼 럭셔리 기업들은 패션 산업에서 배출하는 탄소량에 책임감을 느끼고, 지속가능한 기업으로 거듭나기 위해 공급망 전반의 탄소 감축을 위해 많은 투자를 하고 있다. 또한 럭셔리의 주 소비층이 환경 문제를 의식하기에, 각 브랜드들은 탄소 배출을 상쇄시키는 수단들을 활용하여 환경 문제에 적극적으로 대처하는 기업 이미지를 구축하고 있다.

그림 3-3
샤넬의 미션
1.5℃

본 장에서는 럭셔리 업계를 선도하는 케어링Kering과 LVMH와 각 럭셔리 그룹의 대표 브랜드인 구찌와 루이비통의 지속가능 전략에 대해 자세하게 살펴보고자 한다표 3-1.

두 럭셔리 그룹 모두 소싱, 제조, 유통, 소비 등 제품에 관여하는 모든 단계에서 지속가능성을 고려하고 있다. 세계 온실 가스 배출량에 패션 업계가 큰 비중을 차지한다는 사실을 인지하고, 탄소 발자국을 최소화하기 위해 럭셔리 그룹 차원에서 노력하고 있다. 또한, 케어링과 LVMH 모두 내부 직원과 관련 생산 협력 업체를 포함하여 잠재 고객인 MZ세대와도 지속가능 개념을 공유하고 있다. 탄소 중립을 위한 두 그룹의 구체적인 수치는 상이하나, 목표나 방안은 유사하다.

친환경적인 생산 과정으로의 변화를 추구함에 있어, 기술은 지속가능한 제품의 수명을 늘리고, 디지털 플랫폼을 관리하는 데 중요한 역할을 담당하고 있다. 케어링은 염색 방법이나 친환경 소재와 같은 제조 단계에서의 기술 개발에 큰 비중을 두고 있으며, LVMH는 원자재 사용 자체의 감소에 중점을 두고 있다. 또한 케어링은 환경 손익 계산서EP&L를 개발하여 원재료 소싱에서 매장 판매에 이르는 환경적 임팩트를 시각화하며 투명성을 보장한다. 각 브랜드는 EP&L 보고서를 매년 발간하기에 그룹별 지속가능성의 실천 정도를 한눈에 파악할 수 있다. LVMH는 함께 공유하는 지속가능 목표를 장려하지만, 그룹이 상대적으로 브랜드의 자율성을 존중하는 분산형 구조를 이루고 있기 대문에 각 브랜드마다 실천 의지 및 정도는 상이하다. 대신 그룹 차원에서 대내외적으로 유네스코나 유니세프와 같은 NGO 단체와 협업하여 지속가능성 전략을 실현하고자 노력하고 있다.

이렇듯, 두 그룹은 환경, 사회, 경제, 문화적 측면에서 투명성과 공정성에 기반한 사업을 전개하고 있어, 지속가능성을 실천하는 럭셔리 그룹으로서의 위치를 공고히 하고 있다.

표 3-1 럭셔리 그룹과 럭셔리 브랜드의 지속가능 전략

구분	Kering	LVMH
개요	• 소속 브랜드: 구찌, 보테가 베네타, 생 로랑, 발렌시아가, 알렉산더 맥퀸 등 32개 브랜드 • 매출액: 131억 유로(2020년 기준)	• 소속 브랜드: 루이비통, 디올, 펜디, 지방시, 셀린느 등 75개의 브랜드 • 매출액: 446억 유로(2020년 기준)
지속가능 협약	• 그룹 산하 브랜드들을 포함해 글로벌 패션기업 32개사, 150여 개 브랜드와 환경적 책임에 대한 실천을 약속하는 'G7 패션협약' 발표(2019.8) • 지속가능성 전문매체 Corporate Knights가 선정한 '2019 지속가능한 기업 100'에서 종합 2위 • 패션부문에서 2년 연속 1위를 차지	• 유네스코의 '인간과 생물계(Man and the Biosphere)'프로그램을 5년간 지원하는 파트너십 체결(2019.5) • 2025까지 그룹 산하 브랜드의 모피·가죽 등 동물성 소재 공급망의 투명성 보장 및 동물보호 기준을 준수하는 공급업체 선별을 약속 • 파리패션위크에서 스텔라 맥카트니와 협업해 'Future Life'이벤트 개최, 지속가능경영 이행계획을 발표(2019.9) • 디자인 및 재료 조달, 폐기물, 매장 및 제조과정의 에너지 소비, 생물 다양성 보호 등 다양한 영역에서 환경문제를 극복하기 위한 세부실천계획 수립
지속가능 전략	• Care, Collaborate, Create 전략 2025까지 탄소배출량 50% 감소 목표 • 2025까지 공급망의 100% 투명성 추구 • 2025까지 Kering 공급 업체의 100% 환경 관리, 추적 관리, 동물 복지 관리 등 • 제조 단계에서의 기술에 큰 비중(e.g. 염색 방법, 에코닐 등 친환경 소재 개발) • 친환경 소재 보다는 기존 원료, 소재의 생산, 제조에서 지속가능성 고려 • 소비자들에게 지속가능성에 대해서 전달하고자 하는 의지가 큼 • 전반적인 지속가능 전략에 있어서 그룹 내 브랜드들과 꾸준한 정보 공유 • 그룹 차원의 환경 손익 계산서(EP&L) 개발, 지속가능한 비즈니스 모델의 핵심 요소 • 이사회 내 지속가능성 위원회 구성	• 2020까지 탄소배출량 25% 감소 목표 • 원자재 사용 감소에 대해 중점 • 지속가능성을 추구하지만 브랜드의 이미지에서 주된 부분은 아님(지속가능성에 소극적이지만 문화, 예술, 교육에 투자 및 기여) • 그룹 내 환경 부서 창설 • Life 360 프로그램을 통한 환경적 성과 개선 • 유네스코, 유니세프 등 다양한 국제 단체들과의 협업을 통한 교육 및 자금 지원 • 영국의 예술대학인 센트럴 세인트 마틴스와의 파트너십을 통해 럭셔리 업계가 직면한 여러 과제를 해결하고자, 창의력 증진, 청년 인재 장려, 지속가능한 발전과 혁신을 위한 획기적 솔루션 발굴 • LVMH Prize를 통해 신진 디자이너 발굴 및 육성(e.g. 마린세르) • '메종데 스타트업(Maison des Startups)' 브랜드를 론칭하고 2017년 11월부터 6개월 단위로 50개 스타트업을 선정

구분	Gucci	Louis Vuitton
개요	매출액: 74억 4,100만 유로 (구찌 글로벌 2020년 기준)	매출액: 1조 468억 원 (루이비통 코리아, 2020년 기준)
지속가능 전략	• 부정적 임팩트가 낮은 대체 원료(원사 등)와 지속가능한 재료를 통해 공급망 전체의 환경 발자국 감축을 목표 • 'Gucci-up' 프로그램을 통해 제조 과정에서 생성된 가죽 및 섬유 폐기물 등을 재활용해 약 4,500톤의 이산화탄소를 절약(2018년 기준) • 'Scrap-less 방법'을 적용해 가죽 사용을 최소화하고, 중금속을 활용하지 않는 태닝 기술을 개발 • 사회적, 환경적 메시지를 전달하기 위한 디지털 플랫폼 "구찌 이퀼리브리엄"(Gucci Equilibrium) 개설(SNS 활용한 소통창구) • 리세일 플랫폼 '더 리얼리얼'과의 협업 • 구찌 오프더 그리드(Off the grid) 컬렉션 출시 • 신제품을 시즌리스로 출시 • Fashion Pact	• 2025까지 100% 책임 있는 원자재 조달 • 생산 및 물류 현장에서의 100% 재생 에너지 사용 • 쇼핑백과 박스는 100% 재활용이 가능하며 100% FSC(Forest Stewardship Council) 인증을 받아 제작(40%는 재활용) • 가죽 재고 사용 장려 프로젝트 • 모델 스캔부터 시제품 제작까지 모든 단계에 걸쳐, '3D 프로토타이핑 기술 도입'하여 원자재 사용 감소 • 제품 컬렉션을 통해 유니세프 기금 마련

2. 케어링(Kering)

1) 케어링 역사

케어링은 1963년 목재 거래 전문업체 PPR 그룹_{피노 프랭탕 레두트, Pinault-Printemps-Redoute}에서 시작되었다. 1999년 구찌_{Gucci} 그룹의 지분을 42% 이상 인수하며 럭셔리 브랜드에 대한 관심을 넓혀갔다. 프랑스 내수 시장에 집중하던 PPR 그룹은 2000년 초반 생 로랑_{Saint Laurent}, 부쉐론_{Boucheron}, 알렉산더 맥퀸_{Alexander Mcqueen}, 보테가 베네타_{Bottega Veneta}, 발렌시아가_{Balenciaga}를 인수하고 구찌 지분을 확대하였다.

2013년에는 영어의 "보살피다"_{Caring}라는 의미를 가진 케어링으로 회사명을 변경하여 브랜드, 사람, 고객, 이해관계자, 환경을 보살피는 문화를 만들 것을 다짐하였다. 케어링은 다양한 럭셔리 브랜드 포트폴리오를 가진 기업으로 성장하였고, 그룹 내 브랜드들은 서로 경쟁없이, 상호보완 가능한 시너지를 내고 있다. 케어링의 매출 점유율은 구찌가 59%, 생 로랑 14%, 보테가 베네타 9%, 다른 럭셔리 브랜드들이 18%로 구성되어 있다. 카테고리별로는 가죽제품의 매출이 52%, 슈즈 20%, 레디 투 웨어 15%, 시계 및 주얼리 6%, 그 외가 7%이다.

2020년 매출액은 전년보다 약 17.5% 감소한 131억 유로, 영업 이익은 31억 3,500만 유로이다. 이 중, 구찌는 전체 매출액의 약 59% 비중_{74억 4,100유로}을 차지하고 있다. 전체 종업원 수의 38,553명으로 이 중 약 55.4%가 여성이다_{표 3-2, 3-3, 3-4, 그림 3-4}.

표 3-2 케어링 프로필

설립 연도	1963년	보유 브랜드	구찌, 보테가 베네타, 발렌시아가, 입생로랑 등
산업 분야	럭셔리 제품	매장 수	1,433개(2020)
창업자	프랑수아 피노(François Pinault)	매출액	131억 유로(2020)
CEO	프랑수아 앙리 피노 (François-Henri Pinault)	웹사이트	www.kering.com
본사	프랑스, 파리	주식상장 여부	1988년 유로넥스트 파리
직원 수	38,553명(2020)		

표 3-3 케어링 내 패션, 액세서리 브랜드

브랜드	국가(인수 연도)	브랜드	국가(인수 연도)
구찌(Gucci)	이탈리아(1999)	장 리샤르(JeanRichard)	스위스(2011)
생 로랑(Saint Laurent)	프랑스(1999)	키린(Qeelin)	홍콩(2012)
보테가 베네타(Bottega Veneta)	이탈리아(2001)	포멜라토(Pomellato)	이탈리아(2012)
부쉐론(Boucheron)	프랑스(2000)	도도(Dodo)	이탈리아(2012)
발렌시아가(Balenciaga)	스페인(2001)	토마스 마이어(Tomas Maier)	독일(2013)
알렉산더 맥퀸(Alexander McQueen)	영국(2001)	크리스토퍼 케인(Christopher Kane)	영국(2014)
브리오니(Brioni)	이탈리아(2011)	율리스 나르뎅(Ulysee Nardin)	스위스(2014)
지라드 페리고(Girard-Perregaux)	스위스(2011)		

표 3-4 케어링 역사

연도	역사
1963	• 프랑수아 피노 명예회장이 27세에 목재/건축 자재 판매 회사로 창업
1988	• 파리의 유로넥스트에 상장
1994	• La Redoute는 Pinault-Printemps로 병합되어 PPR(Pinault-Printemps-Redoute)로 이름 변경
1999	• 구찌 그룹 지분 42% 인수, 럭셔리 분야 진출 시작 • 입생로랑(Yves Saint Laurent), 입생로랑 뷰티(YSL Beauté) 및 이탈리아 신발 브랜드 세르지오 로시(Sergio Rossi) 인수 • 하이 주얼리 브랜드 부쉐론(Boucheron) 인수
2001	• 보테가 베네타(Bottega Veneta), 발렌시아가(Balenciaga) 인수 • 알렉산더 맥퀸(Alexander McQueen)과 파트너십 체결
2005	• 프랑수아-앙리 피노(Francois-Henri Pinault)에서 세르지 와인버그(Serge Weinberg)로 CEO 대체 후, 공격적으로 아이코닉한 럭셔리 브랜드 인수 시작
2009	• 프랑수아-앙리 피노(Francois-Henri Pinalut), Kering Foundation 설립(NGO, 사회적 기업, 교육 프로그램, 캠페인 지원)
2011	• 브리오니(Brioni), 지라드 페리고(Girard-Perregaux), 장 리샤르(JeanRichard) 인수
2012	• PPR Group에서 Kering Group으로 이름 변경 후, 새로운 로고와 아이덴티티 채택 • 파인 주얼리 브랜드 키린(Qeelin), 포멜라토(Pomellato), 도도(Dodo) 인수
2014	• 스위스 시계 제조업체 율리스 나르뎅(Ulysse Nardin) 인수
2015	• 하이엔드 아이웨어 브랜드 케어링 아이웨어(Kering Eyewear) 출시 • 세르지오 로시(Sergio Rossi) 매각 • 환경손익계산서(Environmental Profit & Loss; EP&L) 발행
2016	• 리노베이션을 통해 유서깊은 Rue de Sèvres에 본사 설립
2018	• 스텔라 매카트니(Stella McCartney)와 파트너십 종료
2019	• 2019년 노트르담 대성당 화재 복구를 위해 1억 유로(약 1,280억 원) 기부
2020	• 케어링 수익의 63% 구찌

2) 브랜드 아이덴티티

케어링Kering의 'ker'는 'home' + 'place to live in'
의 뜻으로, 소유하고 있는 브랜드와 직원들이 사
는 집이라는 뜻이다. Caring과 비슷한 발음은 브

그림 3-4
케어링 로고

랜드, 사람, 고객, 이해관계자, 그리고 환경에 대한 케어링의 태도를 나타낸다. 이
들의 상징적인 동물은 지혜의 표시인 부엉이로 케어링이 트렌드를 예측하는 선견
지명과 브랜드들의 잠재력을 발견하는 능력을 가지고 있다는 것을 상징한다. 또
한 신중한 부엉이는 브랜드와 사람을 바른 길로 인도하고 양육한다는 의미이다.
케어링 아이덴티티의 핵심 요소는 인권에 대한 존중이다. 이들은 사람의 가치를
중요하게 여겨 아동 노동, 강제 노동, 인신 매매 등 취약 계층에 대한 착취에 철저
히 경계하고 있다.

또한 케어링은 멀티 브랜드 모델로, 소유하고 있는 각 브랜드들이 독특한 정체
성을 확립하는 것을 장려한다. 패션, 액세서리, 주얼리, 시계 등 다양한 카테고리
의 브랜드들이 그들만의 독특한 캐릭터를 표현하도록 돕고 각 카테고리 분야에
대한 전문 지식을 제공한다. 즉, 케어링은 각 브랜드들이 현대적인 럭셔리 비전을
추구하며 시대의 흐름을 따라가는 것을 지향하고, 창의성, 지속가능성, 장기적인
경제 성과의 측면에서 세계에서 가장 영향력 있는 럭셔리 그룹이 되는 것을 목표
로 한다. 케어링의 개별 브랜드 아이덴티티는 다음의 표와 같다표 3-5.

표 3-5 케어링 내 브랜드 아이덴티티

구찌(Gucci)	• 혁신적이고 진취적인 자세로 패션의 현대적 감성을 극대화 • 젊은 고객층과 감정적 유대감 형성
보테가 베네타(Bottega Veneta)	• 이탈리아 문화에서 영감 • 고객의 삶의 일부가 되는 작품을 만들기 위해 고귀한 재료 사용 • 인트레치아토 기법의 로고리스 디자인
생 로랑(Saint Laurent)	• 현대적이면서도 심미적인 디자인 • 비교할 수 없는 품질과 디자인을 통한 혁신적 제품
알렉산더 맥퀸(Alexander McQueen)	• 비타협적 창의성 • 독특한 실루엣, 가벼움, 독특하고 진실한 터치
발렌시아가(Balenciaga)	• 정교한 기술, 원단사용의 혁신, 소매네트워크의 대확장 • 뎀나 바잘리아의 벨기에식 해체주의+스포티한 이미지
브리오니(Brioni)	• 장인정신과 브랜드의 풍부한 유산 보존

3) 브랜드 전략

케어링은 역사와 전통을 바탕으로 현 시대에 더 책임감 있고 창의적인 럭셔리함을 형성하여 트렌드를 선도한다. 럭셔리에 대한 비전을 구체화하며 지속가능한 럭셔리 그룹으로서의 입지를 굳히고 있다.

특히 개별 브랜드들이 고유한 브랜드 철학을 유지하고 발전할 수 있도록 도우며 세 가지 주요 성장 수단을 디지털, 정보 시스템, 물류 및 공급망으로 보고 있다.

케어링은 새로운 디지털 전략을 통해 소셜 미디어 전반에 걸쳐 온라인 가시성을 높인다. 또한 증가하는 온라인 고객에 따라 AI와 빅데이터를 활용한 CRM을 통해 고객 관계 구축에도 힘쓰고 있다. 다음으로 케어링은 그룹 내에서의 정보 시스템을 재정비하는데 초점을 두고 실시간 데이터에 접근이 가능하게 하여 보안을 강화하였다. 마지막으로 제품에 대한 수요 증가를 충족시키고 전체 물류 프로세스를 효율화하기 위해, 유럽 북부에 새로운 시설을 투자하여 물류 및 공급망에 대한 인프라를 개발하고 있다.

4) 지속가능 전략

케어링은 럭셔리와 지속가능성을 동일시한다. 프랑수아 앙리 피노François-Henri Pinault 의 깊은 신념을 반영하듯, 사업 전략의 핵심을 지속가능성에 두고, 환경적, 사회적, 윤리적 책임을 강조하고 있다. 2013년 3,000개 이상의 지속가능한 직물 및 샘플을 각 브랜드에 제공하는 Materials Innovation Lab을 설립하고 원자재 및 생산 과정을 보다 지속가능하게 만든 제품군을 출시하고 있다. 제품 제조 공정 및 원재료 사용에 있어 환경보호, 동물 복지, 화학물질 사용 등의 기준을 포함한 'Kering Standard'를 합격한 업체의 제품만을 사용하고 있다. 또한, 2010년에는 기업의 사업 운영과 공급망을 포함한 기업의 환경 영향을 평가하고 분석하는 '환경 손익계산서 EP&L'Enviromental Profit and Loss을 퓨마와 함께 고안하였고, 2015년부터 이를 산하 브랜드 전체에 본격적으로 적용하였다. EP&L을 통해 패션 제품의 생산 과정에서 나타나는 환경적 영향(대기, 물 오염 등)을 계측하고 이를 평가해 수정한다. 최근에는 EP&L 보고서를 매년 홈페이지에 공시하며, 이해 관계자 및 소비자와의 투명한 소통에도 앞장서고 있다. 환경 손익계산서는 케어링 내 럭셔리 브랜드들이 지속가능한 비즈니스 모델을 구축하는데 큰 촉매제가 되어왔고 덕분에 현 케어링 CEO는 ESG 경영의 선두주자로 평가받고 있다그림 3-5, 표 3-6.

표 3-6 케어링의 지속가능 전략

연도	전략
1996	• 그룹의 첫 번째 윤리 규정 제정
2004	• PPR 의장의 다양성 헌장 서명 및 다양성 위원회 및 미션 핸디캡 프로젝트 생성
2006	• 그룹의 사회적 책임을 정의하려는 시도
2010	• PPR의 혁신 및 지속가능성 어워드 출시 • EP&L(Environmental Profit and Loss) 개발
2011	• 본격적으로 EP&L(Environmetal Profit and Loss) 활용
2012	• 이사회 내에 지속가능성 위원회 구성
2013	• 지속가능한 직물 및 직물 샘플을 그룹 하우스에 제공하는 Materials Innovation Lab 설립
2016	• Kering의 2012~2016 지속가능성 목표에 대한 최종 보고서 발행 • 향후 10년간 지속가능성 전략 준비
2017	• 3대 축(환경, 사회, 혁신)을 기반으로 그룹 전체가 달성해야 할 목표를 제시하는 케어링의 2025 지속가능성 전략의 5가지 요소(사회적 영향, 환경 영향, 동물 복지, 추적성 및 화학 물질)를 기반으로 한 Kering Standards for sourcing and manufactures의 공표 • 런던 컬리지 오브 패션(London College of Fashion)과 제휴하여 럭셔리 패션과 지속가능성에 관한 최초의 온라인 공개 강좌(Massive Open Online Course; MOOC)를 출시 발표
2018	• 원재료 및 제조 공정에 대한 표준(Standards for Raw Materials and Manufacturing Processes)을 개발하고 공개 • 전체 소싱 및 공급망 전반에 걸쳐 완전히 탄소 중립 실현
2019	• 업계 관행의 개선을 위해 최초로 그룹 내에서 동물 복지 표준(Kering Animal Welfare Standards) 개발 • EP&L 디지털 플랫폼 제공
2020	• 시계 및 주얼리 브랜드에서 사용하는 재료들에 중점을 두는 Kering Sustainable Innovation Lab 설립
2025	• 2025 sustainability strategy: Care, Collaborate, Create • Care: 혁신적 도구, 새로운 관행, 독창적 방법론을 사용해 엄격한 표준을 적용하여 환경발자국을 줄이고, 지구와 천연자원을 보존하기 위한 조치 • Collaborate: 풍부한 유산을 보호, 평등과 다양성 증진을 위해 노력. 더 높은 경제적, 환경적, 윤리적, 사회적 성과를 위해 이해관계자와 협업 • Create: 혁신적 대안을 만들고, 지식을 공유

	단계 0 매장, 창고, 사무실	단계 1 조립	단계 2 제조	단계 3 원자재 가공	단계 4 원자재 생산	전체 (백만 기준) (1€=1,375원)
대기 배출						7% €36.4
GHSs (화학물질의 분류 및 표시)						34% €174
토지 이용도						32% €162.6
폐기물						6% €31.7
물 사용량						7% €38.5
수질 오염						14% €71.1
전체 (백만 기준)	11% €58.7	6% €29.4	9% €48.3	10% €51.8	63% €326.1	100% €514.3

그림 3-5
Kering
EP&L 사례

케어링은 2017년에 2025년까지 달성해야 할 지속가능 목표를 발표했다. 케어링 내 브랜드들은 목표 달성을 위해 다양한 활동을 하고 있으며 목표에 대한 성과를 3년마다 보고하고 있다표 3-7.

표 3-7 케어링 내 브랜드의 지속가능 전략

생 로랑 (Saint Laurent)	• 모든 제품군에서 가죽 구매를 추적할 수 있는 추적 가능성 시스템 개발, 시행 • 독특한 제품 핀프린트 기술을 통해 농장 원산지를 확인
보테가 베네타 (Bottega Veneta)	• 책임있는 소싱을 보장하기 위해 가죽 제품의 전체 생산 체인의 투명성에 전념 • 태닝 공정과 가죽을 공급하는 농장으로부터 정보 추적 가능, 제품의 전모 과정을 공개하여 환경적 영향을 줄임
발렌시아가 (Balenciaga)	• 세계식량계획(WFP)과 파트너십을 맺고 급증하는 기아에 대처하기 위한 노력 • 컬렉션에 GOTS 인증 면과 GRS 인증 재생 폴리에스테르 등 지속가능한 소재 사용
알렉산더 맥퀸 (Alexander McQueen)	• 혁신적인 기술의 활용으로 가죽의 출처를 추적 및 검증 • 블록체인을 활용하여 소비자들이 각 의복에 위치한 태그를 통해 MYMCQ 플랫폼과 상호작용하고 참여 가능 • 의류의 수명 연장 및 재사용을 촉진하여 순환 경제를 통합하는 것이 목표

케어링의 브랜드들은 서로 보완하고 시너지를 낼 수 있는 브랜드들로 구성되어 있다. 소속 브랜드인 구찌, 보테가 베네타, 발렌시아가는 서로 타깃 소비자와 시장이 상이하여 한 브랜드가 타격을 받았을 때, 타 브랜드가 그 매출을 보완할 수 있다.

또한 다른 럭셔리 기업들에 비하여 디지털 유통 채널을 일찍 사용하였고, 온라인 플랫폼은 소비자들에게 완벽한 옴니 채널 서비스를 제공하고 있다. 브랜드 이미지에 대한 가시성을 높이고, 개인화된 디지털 기술을 도입하여 고객에게 최고의 경험을 제공하고자 한다.

케어링은 럭셔리 그룹 중 처음으로 지속가능성에 대한 확실한 입장을 취해왔다. 2019년 G7 정상회담G7 Summit에서 패션팩트Fashion Pact를 발표하며, "기후, 생물 다양성 및 해양의 세 가지 영역에서 공유되는 구체적인 목표를 달성하기 위해 노력하겠다는 서약"에 서명하였다. 또한 패션 업계 최초로 전체 공급망 및 자체 운영 내의 탄소 중립을 목표로 세워, 타 럭셔리 브랜드들의 선두 역할을 하였다. 이 외에도 2019년 발표한 탄소 중립 목표 및 EP&L의 개발 등을 통해 개별 브랜드가 지속가능성 측면에서 보완할 수 있는 점을 검토하고 있다.

이 외에도 케어링 내 패션 브랜드들은 지속가능한 원재료 개발에 힘쓰고 있다. 구찌는 에코닐(재생 나일론)을 개발하였다. 보테가 베네타는 지속가능한 천연 소재 코르크를 개발하여 크래프트 페이퍼kraft paper 라인을 발표하고 생분해성 폴리머로 만든 레인 부츠인 퍼들 부츠를 선보이며, 유행을 주도하고 있다.

다음에서 케어링을 대표하는 브랜드 구찌의 사례를 자세히 살펴보고자 한다.

3. 케어링의 구찌(Gucci)

1) 브랜드 역사

구찌의 설립자인 구찌오 구찌_{Guccio Gucci}는 17살이 되던 1897년 전 세계 부유층이 모이는 사보이 호텔_{Savoy Hotel}에서 벨보이로 근무했다. 이때 최고급 가죽 트렁크를 옮기며 가죽 제품의 매력에 빠졌다. 1902년 고향 피렌체로 돌아와, 가죽 공방 기술을 배우기 시작하였고, 1921년에는 자신의 이름을 딴 '구찌'가죽 전문 매장을 오픈 하였다. 가죽 승마 용품 위주의 매장을 운영하다 작업장과 제품군을 확대했기 때문에 현재까지도 구찌의 가죽 제품은 승마에서 영감 받은 제품이 많다.

1953년 구찌오 구찌의 사망 이후, 첫째 아들인 알도_{Aldo}와 셋째 로돌프_{Rodolfo}가 구찌의 지분을 각각 50%씩 나누어 가지며 본격적인 2세대 가족 경영이 시작되었다. 그러나 가족 간의 여러 사건 및 불화는 구찌의 브랜드 이미지를 악화하였고, 이는 판매 감소로 이어지는 등 재정 악화를 초래하였다. 결국 1992년 구찌는 파산 위기에 처했으나, 전문 경영인을 통한 기업 운영 체제로 변경하며 새로운 도약을 꿈꾸었다.

2015년 구찌의 CEO 마르코 비자리_{Marco Bizzarri}와 크리에이티브 디렉터인 알레산드로 미켈레_{Alessandro Michele}의 등장은 현재 구찌의 트렌디하고 젊은 브랜드 이미지를 구축했다. 특히 알레산드로 미켈레는 온라인을 적극 활용하여 MZ세대를 공략했다. 이후 아시아 태평양 지역 내 구찌의 매출이 폭발적으로 증가했고, 2020년 기준 74억 4,100만 유로의 매출액을 기록했다_{Kering, 2020} 표 3-8, 3-9, 그림 3-6.

표 3-8 **구찌 프로필**

설립 연도	1921년	직원 수	17,953명(2020)
산업 분야	의류	매장 수	483개(2020)
창업자	구찌오 구찌(Guccio Gucci)	매출액	74억 4,100만 유로(2020)
CEO	마르코 비자리(Marco Bizzarri, 2020)	웹사이트	www.gucci.com
본사	이탈리아	주식상장 여부	Kering 상장

표 3-9 구찌 브랜드 역사

연도	역사
1921년	• 구찌오 구찌의 가방 제작 및 판매 시작
1931년	• 생산 상품라인을 확장하여 구찌의 주 고객층인 귀족들의 승마 용품에 대한 수요로 독특한 홀스빗 아이콘을 개발
1951년	• 말 안장에서 영감을 얻은 그린, 레드, 그린으로 이루어진 마크 "더 웹" 개발
1953년	• 구찌오 구찌의 아들 알도와 로돌프는 미국 진출 후 뉴욕 58번가 매장 오픈
1970년	• 아시아 진출을 본격화하여 도쿄와 홍콩에 매장 오픈
1977년	• 베버리 힐스 매장을 구찌 미술관으로 전환
1981년	• 피렌체에서 창사 이래 최초로 런웨이 패션쇼 개최
1982년	• 구찌 가족 경영진들의 논의 끝에 로돌프 구찌가 모든 단계에 관여하는 경영권 이양 결정
1983년	• 로돌프 사망 후, 그의 아들 마우리치오 구찌가 경영권을 물려받으며 저렴한 브랜드 이미지로 인식됨
1987년	• 바레인에 본사를 둔 투자회사 Investcorp가 구찌의 지분 인수 시작
1990년	• Investcorp가 구찌 전체 지분 차지
1994년	• 가족 경영 체제 탈피 후, 톰 포드(Tom Ford)가 구찌의 크리에이티브 디렉터로, 변호사 출신 도미니코 드 솔레 (Domenico De Sole)가 구찌의 CEO로 임명
1998년	• 구찌의 전통적인 이미지를 현대적으로 재해석해 성공, 유럽 언론 협회의 올해의 유럽 기업 선정
1999년	• PPR(Pinault−Printemps−Redoute)과 전략적 제휴를 맺고 단일 브랜드 회사에서 복수 브랜드 그룹으로 전환
2006년	• 프리다 지아니니(Frida Giannini)로 크리에이티브 디렉터 임명
2007년	• 닐슨 조사에서 가장 갖고 싶은 명품 브랜드에 선정
2009년	• 새로운 CEO 파트리치오 디 마르코(Patrizio di Marco) 임명 후, 매출 감소 및 부진
2015년	• CEO 마르코 비자리(Marco Bizzarri), 크리에이티브 디렉터 알레산드로 미켈레(Alessandro Michele) 임명
2017년	• 업계 2위 럭셔리 브랜드 달성
2018년	• 인터브랜드(Interbrand) 선정 '2018 베스트 글로벌 브랜드' 중 가장 빠르게 성장하고 있는 브랜드
2019년	• 메이크업 라인인 구찌 뷰티(Gucci Beauty) 재론칭 & 최초로 유니섹스 향수 Mémoire d'Une Odeur 공개
2020년	• 인터브랜드(Interbrand) 선정 '2020 베스트 글로벌 브랜드' 중 21년 연속으로 가장 브랜드 가치가 높은 이탈리아 브랜드 • 전자상거래 (온라인) 매출 70% 증가

2) 브랜드 아이덴티티

그림 3-6
구찌 브랜드
로고

구찌는 혁신적이고 진취적인 자세로 럭셔리 패션의 현대적 감성을 극대화 하는 브랜드이다. 특히 알레산드로 미켈레의 취임 이후 구찌는 기존의 이탈리아 장인 정신을 기반으로 한 위트있는 디자인으로 인정받고 패션하우스로서의 명성이 높아지고 있다. 이렇듯, 오래된 구찌의 이미지를 젊게 변화시켜 성공적인 리브랜딩이 이루어졌다. 패션 시장의 소비자들은 끊임 없는 변화를 요구하기 때문에 지속가능한 아이덴티티를 위해 유연성과 확장성은 중요하다. 미켈레는 사회적 기준이나 시선에 패션을 맞추기 보다 스스로 아름답다고 느끼는 스타일과 방식을 소비자들과 공유하며 아이코닉한 아이템을 자신만의 방식으로 재해석하였다.

또한 핵심 타깃을 베이비 부머 세대에서 밀레니얼 세대로 전면 수정하며 온라인을 새로운 커뮤니케이션 채널로 적절하게 활용하고 있다. 소비자들은 미켈레가 선보인 화려하고 빈티지하며 젠더의 구분이 없는 스타일을 "구찌피케이션"Guccification이라 부르고 구찌는 성공적으로 새로운 아이덴티티를 구축했다.

3) 브랜드 전략

"지금의 구찌는 '밀레니얼'이 만들었다"라는 말이 과언이 아닐 정도로, 밀레니얼 세대로부터의 전폭적인 지지를 받고 있다. 구찌는 브랜드가 표방하는 가치와 디자인 철학을 밀레니얼 세대가 선호하는 방식으로 표현하기 위해 세 가지 마케팅 방안을 사용한다.

첫째, 디지털 친화적인 밀레니얼 세대를 고려하여 구찌 웹사이트를 리뉴얼 하고, 이커머스 경험을 확대하였다. 2016년 온라인 전용 상품, Gucci Garden Line을 출시하며 오프라인에 유통되는 제품과의 충돌을 최소화 하고 웹사이트 내의 제품 사이에 이미지와 동영상을 적극적으로 활용하면서, 온라인에서 진화된 경험을 선사하였다. 럭셔리 브랜드가 온라인을 기피할 때도 구찌는 꾸준히 온라인과 소셜 미디어를 활용했다. 구찌는 럭셔리 브랜드 중 가장 많은 인스타그램 팔로워를 보유하고 있고 브랜드 해시태그를 적극적으로 사용하며 다양한 UCC_{User Created} _{Contents} 캠페인을 펼치고 있다. 첫 번째 캠페인 #GucciGram을 통해 구찌의 디자인과 상징적인 패턴, 모티프에 대한 개인의 해석을 소셜 미디어를 통해 공유하도록 했고 이는 대중들의 성공적인 반응을 이끌어 냈다.

둘째, 재미 요소를 결합한 다양한 애플리케이션 기능을 개발하여 소비자와의 접점을 극대화하였다. 구찌에게 영감을 준 장소들을 방문한 이용자에게 한정판 컬렉션을 구매할 수 있는 기회를 주는 구찌 플레이스_{Gucci Places} 여행 애플리케이션, 구찌 애플리케이션_{Gucci app}, 구찌 게임 등을 개발하였다. 더불어 애플리케이션 내에서 제품을 가상으로 착용해볼 수 있는 AR 서비스를 제공하며, 소비자 참여 형식의 마케팅을 실행하고 있다_{그림 3-7}.

그림 3-7
구찌 ACE
SNEAKERS
(AR 기술)

셋째, 럭셔리 브랜드로서의 높은 가격을 유지하되, 스니커즈 등의 신규 라인업을 강화하여 가격 폭을 확대했다. 지불이 용이한 가격대의 신발과 의류 라인을 강화하여 밀레니얼 세대가 선호하는 패스트 패션과 럭셔리 잡화 및 아이템을 함께 매칭하는 '하이로우 룩'_{High-low looks}을 가능하게 했으며 결과적으로 고객층을 확대할 수 있었다.

4) 지속가능 전략

구찌는 환경, 사회, 경제, 문화적 측면에서 다양한 지속가능 전략을 펼치고 있다. 구찌는 케어링에서 개발한 EP&L을 도입한 최초의 럭셔리 브랜드 중 하나로 탄소 중립을 가장 최우선 순위에 두고, 전 공급망에 걸친 탄소 배출 감축을 위해 지속가능한 대체재를 활용하고, 효율을 높이기 위해 노력하고 있다. 2018년에는 2015년 대비 전체 공급망에서 탄소 발자국을 16%나 감축하는 성과를 보여, 2025년 목표치를 달성할 수 있을 것으로 예상된다. 구찌는 디지털 EP&L도 함께 출시하여 온라인으로 데이터를 공유하여, 해당 오픈 소스 플랫폼을 통해 패션 부문 및 기타 산업에서 긍정적인 변화와 협력을 촉진할 수 있을 것을 기대하고 있다. 즉, 투명성을 중요하게 고려하며 2025년까지 원료에 대한 추적성을 100% 달성하기 위해 노력하고 있다.

또한 구찌는 지속가능한 원재료를 개발하기 위해 힘쓰고 있다. 모회사 케어링의 디자인팀이 설립한 MIL_{Materials Innovation Lab}은 재료 공급 업체와 협력하여 각 재료의 추적성을 높이고 환경에 부정적인 영향을 덜 끼치는, 보다 지속가능하고 혁신적인 재료의 소싱을 강조하고 있다. 또한 이미 보유하고 있는 소재에 대해서도 지속가능 수준을 확인하고 있다. 구찌는 이를 활용하여 2020년 구찌 오프 더 그리드_{Off the Grid} 라인을 출시했다. 이는 환경적 책임을 다하기 위해 탄생한 구찌의 첫번째 자원 순환성 라인으로, 여러 제품들은 솔벤트 프리_{solvent free; 무용매} 재활용 폴리에스테르, 재생 나일론(폐그물, 카펫, 기타 재활용품), 그리고 제조 과정에서 발생한 섬유 조각을 모아 만든 에코닐_{ECONYL}로 제작되었다_{그림 3-8}.

그림 3-8
구찌의 오프 더
그리드 캠페인

더불어, 사람과 지구를 위한 구찌의 약속을 담은 '구찌 이퀼리브리엄'_{Gucci Equilibrium} 공식 웹사이트와 인스타그램을 개설하였다. 사회적, 환경적 지속가능성을 위한 디지털 플랫폼으로 전 세계와 인류의 미래를 위한 긍정적인 변화를 추구하

그림 3-9
구찌
이퀼리브리엄
로고

는 구찌의 메시지를 강조하고 소비자와 브랜드가 다양한 경험과 아이디어를 공유하는 장으로서의 역할을 한다_{표 3-10, 그림 3-9}.

표 3-10 구찌의 지속가능 전략　　　　　　　　　　　　　　　　　　　　　　　　　　　85

측면	실천 범주	지속가능 전략	내용
환경적	친환경 소재 사용과 자원 보호	재활용 소재를 활용한 Off The Grid 컬렉션	• Gucci Circular Lines의 첫 번째 컬렉션인 Off The Grid에서 만들어진 제품은 재생 나일론인 에코닐 등 재활용, 오가닉, 바이오 기반의 지속가능한 소재 사용
		친환경, 재활용 패키징 사용	• FSC 인증 혹은 다른 환경 인증 마크를 받은 지류 사용 • 심플한 디자인: 인쇄 도수를 줄이는 등 쇼핑백 제작 과정이 환경에 끼치는 영향 감소
	전 과정 관리	신제품을 시즌리스로 출시	• 기존 시스템을 파괴하고 시즌리스(사계절의 구별이 없는) 방식으로 신제품 출시를 진행하겠다고 선언 • 알레산드로 미켈레는 프리폴(초가을), 봄·여름, 가을·겨울, 리조트 룩 등 매년 계절에 맞춰 5번에 걸쳐 발표했던 신제품 출시 방식을 2번으로 축소하겠다고 발표
	자원의 효율적 이용	Gucci Scrap-less	• 구찌 스크랩 레스(Gucci Scrap-less)는 가죽 산업의 환경적인 특성을 바꾸기 위해 가죽공정업체와 협력하여 버려지는 가죽의 양을 최소화 • 제조 과정에서 물, 에너지 및 화학물질 사용량을 절감하며, 사용 가능한 가죽만을 공장으로 운송해 온실 가스 배출량을 감소
	기후 변화 대응	REDD+	• 2018년부터 온실가스 배출량을 상쇄 • 글로벌 상쇄를 위한 REDD+(삼림 벌채 및 산림 파괴로 인한 배출 감소)프로젝트는 기후 변화를 완화하고 지역 사회에 긍정적인 영향을 창출하며 야생 동물과 그 서식지를 보호
사회적	인권보호, 공정노동	세계 난민 지원	• 공공 미술로 사회적인 기여에 앞장서는 비영리 단체 아툴루션(Artolution)과의 협업을 통해 전 세계 난민 및 소외된 지역 사회 지원
	사회 공헌, 사회적 윤리 실천, 기부 활동	North America Changemakers Scholarship	• 구찌 체인지메이커스 임팩트 펀드(Gucci Changemakers Impact Fund)를 통해 다양한 패션 산업 형성에 관심이 있는 학생들을 Gucci Changemakers Scholars와 Guccci Changemakers로 지원
		FUR FREE	• 2018년 봄/여름 컬렉션부터 동물 모피 사용 중단을 위해 '모피 반대 연합(Fur Free Alliance)'에 가입
		야생동물 보호기금	• 2020년 전 세계의 자연, 생물 다양성 및 기후 위기를 해결하기 위한 유엔 개발 계획(UNDP, United Nations Development Programme)의 자금 조달 프로그램인 더 라이언즈 셰어 펀드(The Lion 's Share Fund)에 가입
경제적	경영 및 기술혁신	구찌 Art lab 설립	• 제품 개발을 위한 시제품 제작 및 샘플링 진행, 혁신적 프로세스와 기술에 초점을 맞춘 자체 실험 센터 구축 • 생산 부서 내 900명을 채용함으로써 일자리 창출
		지속가능한 재료 개발을 위한 MIL (Materials Innovation Lab) 설립	• 공급업체와의 협력을 통해 지속가능하고 혁신적인 소재 개발 • 약 3,000개 이상의 지속가능한 재료 보관 및 공급
	기업의 투명성	지속가능성 보고서 발간	• 모회사 케어링을 통해 지속가능성 보고서를 주기적으로 발간
		환경 손익 계산서 EP&L 활용	• 모회사 케어링이 개발한 환경 손익 계산서(EP&L)를 사용 • 전체 공급망을 따라 온실 가스 배출, 대기 및 수질 오염, 물 소비, 토지 사용 및 폐기물 생산을 측정한 다음, 사회에 대한 대략적인 비용을 금전적으로 계산하고 이를 토대로 환경 변화를 이끌어냄 • Gucci Digital EP&L을 출시하고 온라인 데이터를 공유
		추적성	• 2025년까지 원료에 대한 추적성을 100% 달성하고 모회사 케어링의 원료 및 제조 공정 표준과 100% 일치시키기 위한 노력
	지역 사회 경제 기여	COVID-19 크라우드 펀딩	• 구찌는 두 개의 크라우드 펀딩 캠페인에 각각 100만 유로씩 기부함으로써 글로벌 커뮤니티와 함께 COVID-19 종식을 위해 노력

표 3-10 계속

측면	실천 범주	지속가능 전략	내용
문화적	정신적 가치 존중	인간과 환경을 생각하는 디지털 플랫폼 "구찌 이퀼리브리엄" (Gucci Equilibrium) 개설	• 사회적 책임과 환경 보호 정책 지원을 위해 새롭게 인스타그램 계정을 개설하고, '구찌 이퀼리브리엄(Gucci Equilibrium)' 공식 웹사이트를 리뉴얼 • 이퀼리브리엄은 사람과 지구를 위한 긍정적인 변화를 이끌어내기 위한 구찌의 약속으로, 환경적 영향을 줄이고 자연을 보호하며 포용성과 존엄성을 최우선 • 사회적, 환경적 지속가능성을 위한 디지털 플랫폼은 전 세계와 인류의 미래를 위한 긍정적인 변화를 추구하는 구찌의 메시지를 강조하고 다양한 경험과 아이디어를 공유하는 장
	상생과 화합, 다문화 인정, 다양한 인종 존중	차별 예방 교육 프로그램	• 차별 예방 교육을 통해 직원 교육 • 전 세계 5,300명 이상의 직원을 대상으로 다양성 및 포용성에 대한 교육, 인종 및 LGBTQIA+커뮤니티가 직면한 문제에 대한 직장 토론 (총 10,000시간 이상 참여)
		소녀와 여성의 인권 강화 운동	• 전 세계 소녀들과 여성들의 인권을 강화하고 성폭력에 대처하기 위해 #StandWithWomen 캠페인을 통해 모은 자금으로 모든 여성들의 안전, 건강, 인권에 대한 지원
		인도 지역경제 활성화 I Was a Sari	• 사회적 기업 '아이 워즈 어 사리(I was a Sari)'를 통해 순환 경제 프로젝트 진행 • 쓰고 남은 가죽 및 패브릭 소재를 재활용하여 하나뿐인 수공예 자수 디자인으로 재탄생시키는 업사이클링(upcycling)을 진행 • 뭄바이의 소외된 지역사회 출신 여성들은 재활용한 소재를 인도 전통 의복 '사리'로 재탄생시키는 다양한 훈련을 통해 그들과 그들 가족의 미래를 위한 수입원을 창출해낼 수 있는 새로운 기술을 전수받으며, 장인 및 자수공으로 거듭나고 있음
	리세일	리세일 플랫폼 '더 리얼리얼'과의 협업	• 미국 최대 명품 리세일 플랫폼 '더 리얼리얼(The RealReal)'과 파트너십을 체결 • 2020년 연말까지 구찌 전용 재판매 홈페이지를 운영 • 소비자가 구매할 때마다 글로벌 산림보호 비영리단체인 '원 트리 플렌티드'에 수익의 일부를 기부하여 나무를 심을 계획

5) 차별화 전략

구찌는 크리에이티브 디렉터 알레산드로 미켈레의 다양한 마케팅 전략을 통해 강력한 브랜드 이미지를 구축하였다. 밀레니얼 세대 사이에서 멋있다는 의미인 "It's Gucci"라는 신조어는 MZ세대 사이에서의 구찌의 위치를 가늠할 수 있게 한다. 구찌는 젊은 세대들이 열광하는 구찌라는 문화를 만들기 위해 그룹 내에서 30세 미만의 직원들로 구성된 그림자 위원회Shadow committee를 만들었다. 고위 경영진과 함께 토론했던 주제들을 젊은 직원들과 나누며, 그들의 의견을 적극적으로 수용하여 제품 디자인과 마케팅에 반영하고 있다안재형, 2019.

구찌는 여러 방면에서 럭셔리 브랜드의 트렌드를 선도하고 있는데, 특히 지속가능 전략 부분에서 이러한 경향을 찾아볼 수 있다. EP&L 보고서, Gucci

Equilibrium, Chime for Gucci 등을 통해 지속가능 전략을 공유하여 소비자들에게 구찌의 방향성을 알리는데 힘쓰고 있다. 또한 구찌는 미국의 중고 명품 거래 플랫폼 더 리얼리얼The RealReal과 파트너십을 체결하여 중고 명

그림 3-10
구찌 &
더 리얼리얼
캠페인

품 거래 플랫폼이 가지는 원형 순환 구조 모델에 공감하고 탄소 발자국을 줄이고자 하는 노력을 보이고 있다. 구찌는 더 리얼리얼을 통해 발생한 판매 금액을 비정부 기관 '원 트리 플랜티드'One tree Planted에 기부하며 지속가능 실천을 위한 자선 활동에도 나서고 있다그림 3-10.

또한, 구찌의 크리에이티브 디렉터 알레산드로 미켈레는 1년에 5회 진행하던 구찌 패션쇼를 2회로 줄일 것을 발표하고, 계절에 구애받지 않는 시즌리스 컬렉션을 선보일 것을 선언했다. 이러한 행보는 패션 업계 자체에서 큰 반향을 일으켰지만, 구찌가 기존의 출시 관행을 거부하고 새로운 시스템을 채택하자, 다른 브랜드들도 이러한 구찌의 행보를 따르는 모습을 보여주고 있다.

4. LVMH

1) LVMH 역사

프랑스의 LVMH루이비통 모엣 헤네시: Louis Vuitton Moët Hennessy 그룹은 1987년 세계적인 럭셔리 브랜드 루이비통과 코냑과 샴페인으로 유명한 모엣 헤네시가 합병하며 창립되었다. 그룹의 총 책임자인 베르나르 아르노Bernard Arnault는 그룹의 최대 주주이자 회장 겸 CEO로서, 여러 유명 럭셔리 브랜드들을 인수하며, 럭셔리를 대중화시켰다. 현재 LVMH 그룹은 5개 카테고리의 총 75개 브랜드들로 구성되어 있으며, 각 브랜드들은 장인 정신을 기반으로 한 현대적인 디자인의 제품을 생산하고 있다.

2020년 446억 5,100만 유로의 매출을 올렸고, 영업 이익은 83억 500만 유로였다Financial Documents, 2021. 카테고리별 수익 비율을 살펴보면 패션 및 레더 굿즈가 47%로 가장 큰 비중을 차지하고 있고 다음으로 유통업 23%, 향수, 화장품 12%, 와인, 증류수 11%, 시계, 주얼리 7%로 이루어져 있다. 또한 150,000명의 직원과 함께 5,003개의 매장을 운영하고 있다표 3-11, 3-12, 3-13, 그림 3-11.

표 3-11 LVMH 프로필

설립 연도	1987년	보유 브랜드	루이비통, 디올, 지방시, 셀린느 등
산업 분야	럭셔리 제품, 리테일(소매)	매장 수	5,003개(2020)
창업자	알랭 슈발리에(Alain Chevalier), 헨리 라 카미에(Henry Racamier)	매출액	446억 5,100만 유로(2020)
CEO	베르나르 아르노(Bernard Arnault)	웹사이트	www.lvmh.com
본사	프랑스, 파리	주식상장 여부	유로넥스트 파리
직원 수	15만 명(2020)		

표 3-12 LVMH 내 패션, 액세서리 브랜드

브랜드	국가(인수 연도)	브랜드	국가(인수 연도)
크리스찬 디올(Christian Dior)	프랑스(1984)	제니스(Zenith)	스위스(1999)
루이비통(Louis Vuitton)	프랑스(1987)	에밀리오 푸치(Emilio Pucci)	이탈리아(2000)
지방시(Givenchy)	프랑스(1988)	펜디(Fendi)	이탈리아(2001)
벨루티(Beluti)	프랑스(1993)	위블로(Hublot)	스위스(2008)
겐조(Kenzo)	프랑스(1993)	불가리(Bvlgari)	이탈리아(2011)
프레드(Fred)	프랑스(1995)	모이나 파리(Moynat Paris)	프랑스(2011)
셀린느(Celine)	프랑스(1996)	로로 피아나(Loro Piana)	이탈리아(2013)
로에베(Loewe)	스페인(1996)	리모와(Rimowa)	독일(2016)
마크 제이콥스(Marc Jacobs)	미국(1997)	스텔라 매카트니(Stella McCartney)	미국(2019)
쇼메(Chaumet)	프랑스(1999)	티파니앤코(Tiffany & Co.)	미국(2020)
태그 호이어(Tag Heuer)	스위스(1999)		

표 3-13 LVMH 역사

연도	역사
1987	• 샴페인 생산자인 모에 샹동(Moet & Chandon)과 코냑 생산자인 헤네시(Hennessy)가 합병한 후, 패션 하우스 루이비통(1854년 설립)과 모에 헤네시의 합병을 통해 결성
1989	• 베르나르 아르노(Bernard Arnault)가 회장 겸 CEO 취임
1992	• LVMH 내, 환경 관련 부서 설립
1999	• LVMH는 프리츠커상 수상 건축가 크리스티앙 드 포잠박(Christian de Portzamparc)이 설계한 건물에 뉴욕에 본사 설립
2002	• 헤네시, 크리스찬 디올 퍼퓸(Parfums Christian Dior), 뵈브 클리코(Veuve Clicquot)가 첫 번째 탄소 평가(Bilan carbone®)를 수행
2006	• 예술, 문화, 유산을 지원하는 Foundation Louis Vuitton 파리에 오픈
2008	• 파리에서 열리는 피카소와 마스터즈 전시회(Picasso and the Masters exhibition) 개최
2010	• 센트럴 세인트 마틴스(Central Saint Martins)와 제휴하여 연구 보조금을 장학금으로 후원
2013	• LVMH Young Fashion Designer Prize 창설
2014	• 현대 미술품을 소장하기 위해 건축가 프랭크 게리가 디자인한 Foundation Louis Vuitton을 프랑스 파리에 개관 • 새로운 세대에 독특한 기술과 능력을 전수할 수 있는 직업 훈련 프로그램인 'Excellence'를 개시
2015	• 프랑스 건축가 크리스티앙 드 포잠박(Christian de Portzamparc)이 디자인한 서울의 새로운 디올 플래그십 오픈 • 이탈리아 북부 페라레에 새로운 신발과 가죽제품 제조 시설을 설립
2016	• 1898년 쾰른에서 설립된 트렁크 및 가죽 제품 제조업체 리모와(Rimowa) 인수
2018	• 패션 모델의 인권에 관한 헌장 공표
2019	• 1976년 설립돼 24개국에서 운영 중인 호텔 그룹 벨몬드(Belmond) 인수 • Secours Populaire와 파트너십을 맺고 프랑스 6개 도시에서 취약한 상황에 처한 여성을 지원하기 위한 "Un Journée Pour Soi(당신을 위한 날)"이니셔티브 개시 • 다양성 및 포용성을 촉진하고자 하는 의지 표명
2020	• 두바이에서 첫 번째 LVMH Watch Week 개최 • 코로나19 퇴치를 위해 손 소독제, 마스크 및 가운을 제작하여 기부활동 진행

2) 브랜드 아이덴티티

LVMH는 변함없는 장기적 비전에 우선 순위를 두는 공동체 정신과 깊이 헌신하는 그룹 아이덴티티를 바탕으로 소비자와 소통한다. 동시에 각 브

그림 3-11
LVMH 로고

랜드의 독자성과 자율성을 존중하며 그들에게 필요한 개발을 지원한다. LVMH는 창조성에 대한 열정을 바탕으로 브랜드별 고유한 콘셉트를 보여주고 있으며 예술과 문화 육성에 꾸준히 투자하고 있다.

예로, LVMH 회장 베르나르 아르노는 디자이너의 직관과 소신을 중요하게 여겨 재료 구매, 생산, 광고 콘셉트, 모델 등 모든 권한을 디자이너에게 부여하고 있다. 또한 프랑스 파리에 설립된 루이비통 재단_{Louis Vuitton Foundation}은 대중이 예술 작품을 즐길 수 있도록 한다_{표 3-14}.

표 3-14 LVMH 내 브랜드 아이덴티티

루이비통(Louis Vuitton)	• 여행을 중심으로 모험정신, 창조물의 대담성, 디자인에 있어서의 완벽함 추구
로에베(Loewe)	• 가죽과 현대 공예의 중요성 강조 • 2013년, 조나단 앤더슨의 위트를 더한 새로운 시각적 아이덴티티
펜디(Fendi)	• 수년에 걸쳐 로마 뿌리와 깊은 연관이 있는 장인정신과 혁신 구현 • 전통, 실험, 대담한 창의성
셀린느(Celine)	• 프랑스 귀족의 감성과 전통
지방시(Givenchy)	• 캐주얼 시크, 귀족적 우아함, 여성스러움의 재해석 • 정교함, 신중함, 우아함 겸비
크리스찬 디올(Christian Dior)	• 우아함과 여성스러움의 관습을 혁명적으로 변화 • 여성의 뚜렷한 실루엣 표현, 조형적인 아름다움 강조
로로 피아나(Loro Piana)	• 고급스럽고 희소성있는 원단 및 재료 원료 사용

3) 브랜드 전략

LVMH는 지속적인 브랜드 인수, 합병으로 럭셔리 그룹으로서의 독자적인 포트폴리오를 구축하고 있다. 1984년 크리스찬 디올을 인수한 것을 시작으로, LVMH는 60여 개 브랜드를 인수·합병했다. 역사와 전통이 깊은 럭셔리 브랜드의 특성상, 브랜드를 새로 만드는 것 보다 인수합병이 훨씬 시너지가 클 것이라고 판단했기 때문이다. 브랜드별 개성을 존중하여 각 브랜드가 독립적으로 움직이도록 지원하고 있다.

또한 LVMH는 매년 젊은 패션 디자이너를 위한 LVMH 상을 수여하는 등 젊은 디자이너와 유망한 인재를 지원한다. 마린 세르_{Marine Serre}가 2017년 베스트 영 패션 디자이너 상_{Best Young Fashion Designer Prize}을 수상하며, 신예 스타 디자이너로 급부상했다. 마린 세르는 그녀만의 창조적인 디자인 뿐만 아니라, 환경을 생각하는 비전까지 갖추며 소비자들의 호평을 받고 있다. 이처럼 LVMH는 패션 산업의 선두주

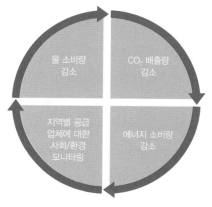

자로서 미래의 창의적인 인재 육성에 힘쓰고 있다.

LVMH는 럭셔리 브랜드 이미지를 훼손시키지 않고, 소비자에게 럭셔리에 대한 꿈과 환상을 심어주는데 주력하고 있다. 상류 사회에 대한 이야기를 통해 중산층이 상류층의 라이프스타일을 선망하도록 하는 전략은 LVMH의 핵심 성공 비결로, 소비자 신분 상승 욕구를 자극해 럭셔리 브랜드를 대중화 시켰다는데 그 의의가 있다.

4) 지속가능 전략

LVMH는 설립 이후 지속가능한 개발을 전략적 우선 과제로 삼고, 기업의 윤리적 책임과 국제적으로 수행해야 할 역할을 확립해왔다. LVMH의 환경 정책은 그룹 활동의 모든 측면에 걸쳐 지속적으로 전개되고 있다. 1992년 환경 부서를 창설했고, 2012년에는 환경오염과 기후 변화에 대처하는 공통 비전과 주요 우선 순위를 담은 프로그램 Life를 만들었다. 제품의 설계 단계부터 수명 주기 전반에 걸쳐 제품의 탄소 발자국을 줄이는 것을 목표로 하였다. 개정판 Life 2020에서는 지속가능한 인증을 받은 원자재 및 공급업체에 대한 사용을 늘리며, 공급 업체의 환경 및 사회적 책임을 증진시키고 원료 및 제품에 대한 투명성을 보장하고자 하였다표 3-15, 그림 3-12.

그림 3-12
LVMH의
지속가능
방향성

또한 LVMH는 대내외적인 파트너십을 통해 지속가능한 발전을 위해 노력하고 있다. 기후변화 문제를 해결하기 위해 2019년 유네스코와 5년 파트너십을 체결하였다. 이 프로그램의 주된 목표는 생물 다양성을 보존하는 것으로, 이 협약을 통해 LVMH는 MAB(인간과 생물권, Man and Biosphere)[1] 연구 프로젝트를 후원

---

1 MAB: 유네스코의 주요 프로그램 중 하나로서 지속가능한 개발 목표를 달성하기 위한 국제 협력의 틀을 제공

표 3-15 LVMH의 지속가능 전략

1992	Environment Department	• 환경 부서 창설
2007	EllesVMH	• 성별 다양성 프로그램에 대한 교육, 코칭, 멘토링 및 지원 • 직책, 조직의 모든 수준에서 여성의 전문적 발전을 장려
2012	Dîner des Maisons engagées	• 겸상세포빈혈을 가지고 태어나는 아이들을 위한 기금 조성, 새로운 치료법 제공을 위한 노력
2015	LIFE in Stores	• 기존 조명에 비해 전력소비를 평균 30% 절감하는 LED 조명 도입 • LIFE in Stores Awards 수상을 통해 환경 발자국을 줄이기 위한 노력
2016	The Environment Academy	• 직원들에게 천연자원의 보호에 대해 알리고, 교육하는데 초점 • 환경관리 시스템 운영, 환경법 강의, '공급자와 함께 환경 성과 구축'세션 제공
2017	MAISON/0	• 영국의 예술대학인 센트럴 세인트 마틴스와 파트너십 체결 • 장학금 제공, 학교 내 다중이용공간인 LVMH 강의극장 설립 • 패션, 소재 등 분야에서 창의적인 지속가능 개발 프로젝트
2018	We Care For Models	• 홈페이지 wecareformodels.com 개설 • 패션모델 및 이들의 웰빙에 관한 현장 지원
2020	Life 360	• LIFE2020(LVMH Initiative for the Environment) 프로그램 구축 • 2020년까지 모든 제품의 환경 성능 향상, 생산 및 유통 체인에 걸친 최고 표준 적용, 모든 현장의 환경 성과 지표 개선, CO_2 감소 목표 설정 • 유네스코와 제휴, 인간과 생물 다양성 프로그램 지원 • 상품 재활용, 업사이클링, 대체재료 사용 등을 통한 순환 경제 추구

하고 그룹 내 패션 브랜드들은 유니세프 전문가들로부터 지속가능 소재 및 생산
에 대한 조언을 듣는다.

그룹 내 여러 브랜드들은 각자의 방식으로 지속가능한 패션을 선보인다. 루이
비통은 2021 SS 맨즈 컬렉션 주제를 업사이클링으로 전개하였다. 루이비통 크리
에이티브 디렉터 버질 아블로는 버려지는 과잉 재고에 새로운 디자인 요소를 가
미해 루이비통만의 독특한 가치를 창출했다. 로에베Loewe는 2019 Eye, Loewe,
Nature의 전 제품에 친환경 공정 제도를 도입하고 브랜드 자체의 지속가능성 평
가 제도를 통해 패키지 100%, 의상 61%, 슈즈 53%의 달성률을 발표했다. 하지
만, LVMH 그룹 내 다른 패션 브랜드들은 지속가능 전략의 실천이 미비한 편이다.
패션 브랜드의 지속가능성을 사람, 지구, 동물 기준으로 평가하는 Good On You

그림 3-13
Good On You
서비스에서의
디올과
지방시 평가

Dior   Givenchy

☹ ☺ ☺ ☺ ☺   ☹ ☺ ☺ ☺ ☺
Rated: Not good enough   Rated: Not good enough

서비스에 따르면 디올과 지방시는 낮
은 점수인 'not good enough'를 받아
지속가능성에 대한 실천이 부족하다고
평가받고 있다그림 3-13, 표 3-16.

표 3-16 LVMH 내 브랜드의 지속가능 전략

93

로에베 (Loewe)	• 친환경, 재활용 소재를 사용한 지속가능 컬렉션 '테크니컬 맨즈웨어 2020 S/S' 발표 • Loewe 브랜드 내, 자체 지속가능성 점수 제도 제작 • 주요 문제에 대한 인식을 높이고 공급업체의 규정 준수를 확인하기 위해 모든 바이어들을 대상으로 지속가능한 교육 실시 • 사용한 가방, 옷걸이 등을 매장에서 수거하여 사회 단체 Afanias에 기부
스텔라 매카트니 (Stella McCartney)	• 지속가능한 소재를 사용한 컬렉션을 지속하여 출시(e.g. 아디다스와 협업해 '바이오패브릭 테니스 드레스'출시: 물, 설탕 등과 같은 재생 가능한 성분으로 만든 단백질 기반의 셀룰로스 혼방사와 마이크로 실크로 제작, 100% 자연분해 가능) • 구글 클라우드를 이용한 데이터 분석과 기계 학습을 통해 패션 브랜드가 환경에 미치는 영향을 보다 정확하게 측정 가능
디올 (Dior)	• Better Cotton Initiative(BCI)의 회원이지만, 원재료 낭비를 최소화한다는 구체적인 활동 공유 필요 • 브랜드 자체 운영으로 발생하는 온실가스 배출을 줄이기 위한 목표를 설정했지만, 정확한 공급망 목표는 설정하지 않음 • 각 분야에서 뛰어난 활약을 보이는 여성들과의 만남을 다룬 짧은 비디오 시리즈 #diorstandswithwomen 공개
지방시 (Givenchy)	• 친환경 재료의 사용이 적음 • 브랜드 자체 운영으로 발생하는 온실가스 배출을 줄이기 위한 목표를 설정했지만, 관련한 구체적인 활동 공유 필요

5) 차별화 전략

LVMH 그룹은 1992년부터 지속가능성을 최우선 관심사로 두고 각 브랜드들을 이끌어왔다. 2019년 스텔라 매카트니의 지분을 소수 인수하면서, 스텔라 매카트니가 경험했던 지속가능성에 대한 중요한 가치를 LVMH 그룹 내 브랜드들과 공유하였다.

또한 LVMH에서 출시한 브랜드 '메종데 스타트업'Maison des Startups은 2017년 말부터 6개월 간격으로 스타트업 기업 50개를 선정하여 지원하고 있다. 스타트업의 선정 기준 7가지는 인공지능Artificial intelligence; AI, 사물인터넷Internet of Things; IoT, 가상현실Augmented reality; AR/증강현실virtual reality; VR, 리테일/이커머스, 블록체인/위조방지, 개인화/콘텐츠, 원자재/지속가능성이다. 특히 지속가능성은 LVMH가 관심을 두는 분야로 친환경 섬유 원단, 위조 방지 인식 프로그램을 제작하는 기업을 주로 선정하고 있다.

LVMH는 고가 제품의 진품 여부를 입증하기 위해 블록체인 기술을 활용하고 있다. 소비자는 암호화 진품 증명 플랫폼 아우라AURA를 통해 해당 제품의 원자재부터 제조 및 유통에 이르기까지의 모든 제품 생산 단계에서의 정확한 정보를 얻을 수 있으며, 기업은 제품 관리, 보증, 위조 방지 등을 파악하고 디자인권을 보호

할 수 있다. LVMH는 이와 같이 럭셔리 브랜드가 디지털로 전환하며 나타날 수 있는 위험 요소를 블록체인 기술을 통해 최소화하고 있다. LVMH 그룹은 경쟁사를 포함한 모든 럭셔리 브랜드가 희망할 시 아우라 플랫폼을 사용할 수 있게 하였다. 현재는 루이비통, 크리스찬 디올 퍼퓸, 불가리 등의 브랜드에서 해당 서비스를 사용하고 있다.

다음에서 LVMH를 대표하는 브랜드 루이비통의 사례를 자세히 살펴보고자 한다.

5. LVMH의 루이비통(Louis Vuitton)

1) 브랜드 역사

창업자 루이비통 말레티에Louis Vuitton Malletier는 1854년 파리에 포장 전문 가게를 열었다. 여행객들이 개인 소지품을 안전하게 운반할 수 있는 방법을 의뢰하자, 루이비통은 방수 처리한 트리아농 캔버스천을 사용하여 가볍고 바닥이 평평한 트렁크를 개발했다. 해당 디자인의 인기와 함께 여행용 트렁크의 모조품이 많아지자, 1888년 베이지색과 갈색의 바둑판 무늬에 루이비통이 새겨진 다미에 캔버스를 제품에 적용하여 차별화하였다.

그 후, 루이비통의 아들 조르주 비통이 L과 V가 겹쳐진 이니셜, 꽃, 그리고 별문양이 그려진 모노그램 캔버스를 개발하였고 이는 지금의 루이비통의 대표적인 특징으로 자리잡았다. 이후, 귀족 상류층을 매료시키며 본격적인 럭셔리 시장 진출의 발판을 마련하였다. 1987년 루이비통사와 모에 헤네시사의 합병으로 인해 LVMH 그룹이 탄생하였고, 루이비통은 프랑스 문화와 가치를 깊이 있게 전달하며 전통적인 럭셔리 브랜드의 선두자로서 역할을 해오고 있다.

2018년 버질 아블로Virgil Abloh가 맨즈웨어의 크리에이티브 디렉터로 임명되며, 많은 대중들과 미디어로부터 폭발적인 관심을 받았다. 그는 루이비통 내의 첫 흑인 디자이너인 동시에 역사적으로 배척되어 왔던 스트리트 브랜드의 수장이었기 때문이다. 그 전까지도 스트리트 브랜드와의 협업을 진행하면서 전통적인 이미지에서 조금씩 탈피하고자 했던 루이비통이었지만, 스트리트 브랜드의 수장을 브랜드 디렉터로 선정한 것은 이례적이었다.

버질 아블로는 스트리트 패션을 주도하고 있는 아티스트들을 모델로 세우고, 패션 세계에 입문하는 학생들에게 기회를 주고자 2,000명의 게스트 중 1,000명을 파리의 패션 스쿨 학생들로 채우는 등 혁신적인 행보를 이어갔다. 기존의 럭셔리가 소수에게만 제공되는 패션이었다면, 버질 아블로의 루이비통은 럭셔리 산업 자체의 대중화가 사람들에게 긍정적인 영향을 줄 수 있다는 신념을 바탕으로, 각자의 개성을 존중하고 표현할 수 있는 브랜드로 변모하고 있다 표 3-17, 3-18, 그림 3-14, 그림 3-15.

표 3-17 **루이비통 프로필**

설립 연도	1854년	직원 수	비공개
산업 분야	소매	매장 수	비공개
창업자	루이비통 말레티에 (Louis Vuitton Malletier)	매출액	1조 467억 원 (루이비통 코리아, 2020)
CEO	마이클 버크(Michael Burke, 2012)	웹사이트	www.louisvuitton.com
본사	프랑스, 파리	주식상장 여부	LVMH 소속 상장

표 3-18 **루이비통 역사**

연도	역사
1854년	• 파리에 있는 뇌브 데 카퓌신 거리(Rue Neuve des Capucines)에서 루이비통(Louis Vuitton)에 의해 설립
1858년	• 트리아농 캔버스로 된 가볍고, 바닥이 평평한 트렁크를 제작하였고, 해당 디자인이 성공적인 인기를 끌면서 타 여행용 가방 제작사들이 루이비통의 디자인을 모방하기 시작
1867년	• 파리에서 열린 만국 박람회에 참가
1876년	• 베이지와 갈색 줄무늬를 이용한 디자인으로 변경
1885년	• 영국 런던 옥스퍼드 거리에 첫 해외 매장 오픈
1886년	• 루이비통의 아들인 주르주 비통(Georges Vuitton)은 혁신적인 러기지 잠금 시스템을 도입
1888년	• 모조품에 대한 대응을 위해 루이비통 상표를 등록해 "marque L. Vuitton déposée"라는 대표 로고 제작 및 "다미에 캔버스" 출시
1890년	• 텀블러 자물쇠 발명
1892년	• 회사를 설립했던 루이비통이 사망 후, 아들 조르주 비통에게 회사 경영권 승계 • 처음으로 여행용 트렁크 가방 외에 다른 가방을 만들기 시작
1893년	• 시카고 만국 박람회에서 회사 제품 전시

표 3-18 계속

연도	역사
1896년	• 조르주 비통의 구상으로 루이비통은 모노그램 캔버스를 출시하여 세계적인 특허로 등록 • 이미테이션 상품 유통 방지를 위해 세계 최초로 모노그램 무늬 이용
1913년	• 샹젤리제(Champs-Élysées)에 세계에서 가장 큰 여행용품 가게 루이비통 매장 개점
1930년	• Keepall 디자인 가방 도입
1932년	• Noé 디자인 가방 도입
1936년	• 조르주 비통 사망 후, 그의 아들인 개스턴 루이비통(Gaston-Louis Vuitton 승계)
1970년	• 개스턴 루이비통 사망 후, 그의 사위 헨리라카미에(Henry Racamier)가 회사 인수 • 루이비통이 급속도로 성장하게 된 시기
1977년	• 연 매출 7,000만 프랑 달성
1978년	• 일본 도쿄와 오사카에 첫 매장 오픈
1983년	• 대만 타이페이와 한국 서울로 매장을 확대하며 아시아에 입지 확장
1984년	• 뉴욕과 파리 주식 시장에 상장
1985년	• Epi 디자인 출시
1987년	• 루이비통 사와 모엣 헤네시 사의 합병으로 LVMH 그룹 탄생
1989년	• 전 세계 130개의 루이비통 매장 운영
1997년	• 루이비통의 크리에이티브 디렉터로 마크 제이콥스(Marc Jacobs) 영입
2001년	• 마크 제이콥스와의 협업으로 그래피티 특징의 한정판 루이비통 라인 출시
2002년	• 시계 라인인 탕부르(Tambour) 컬렉션 출시
2003년	• 무라카미 타카시(Murakami Takashi)와의 협업으로 한정 제품 출시 • 러시아 모스크바와 인도 뉴델리에 매장 오픈
2004년	• 창립 150주년 기념
2005년	• 미국 건축가 에릭 칼슨(Eric Carlson)이 디자인한 매장을 샹젤리제에 다시 오픈
2006년	• 다미에 아주르 캔버스, 네버폴, 갈리에라, 알마, 스피디 등 다양한 디자인의 가방 출시 • 루이비통 재단의 미술관(Foundation Louis Vuitton) 프랑스 파리에 설립
2009년	• 맞춤형 특별 주문 서비스인 몽 모노그램(Mon Monogram) 출시
2010년	• 런던에 가장 럭셔리한 루이비통 매장 오픈
2011년	• 레디투웨어 맨즈 디렉터로 킴존스(Kim Jones) 영입
2013년	• 크리에이티브 디렉터로 니콜라 제스키에르(Nicolas Ghesquière) 임명
2016년	• 70년만에 향수라인 출시
2018년	• 맨즈 컬렉션 디렉터로 버질 아블로(Virgil Abloh) 임명
2019년	• 루이비통 재단 미술관에서 인상파 작가 전시회 진행
2020년	• 코로나19 사태에 대응하기 위해 마스크와 의료용 가운을 제작하여 기부활동 진행

그림 3-14
버질 아블로의
첫 2019 S/S
맨즈 컬렉션

2) 브랜드 아이덴티티

창조성과 기능성, 그리고 혁신은 19세기 중반 이래 루이비통에게 끊임없는 원동력이 되어왔다. 디자인 선구자였던 루이비통은 끊임없이 유행을 예견하고, 진화하는 라이프 스타일을 선도했다. 루이비통 하우스의 노하우와 명성 있는 디자이너들과의 조우를 통해 루이비통은 새롭고 독창적인 모양과 소재, 제품을 개발했다.

루이비통은 창의적이고, 우아하며 실용적인 제품을 통해 '여행을 통한 예술'Art of Travel이라는 창립자의 정신을 계승하고 있으며, 이러한 브랜드의 전통을 유지하기 위해서 장인 정신을 기반으로 건축가, 예술가, 디자이너들의 전문성을 키워왔다.

그림 3-15
루이비통 로고

모노그램은 루이비통의 브랜드 아이덴티티를 나타내는 디자인으로 다양한 아이템에 응용된다. 모노그램의 성공은 타 브랜드들이 자신들의 로고를 제품의 장식 기조로 사용하게 만들었고, 모노그램은 현재까지도 럭셔리 브랜드 가방의 가치와 전통을 보여주는 상징이 되고 있다그림 3-16.

그림 3-16
루이비통의
모노그램

3) 마케팅 전략

루이비통은 다양한 아티스트들과 꾸준히 협업해왔다. 아티스트 쿠사마 야요이,
무라카미 다카시 등과의 협업을 통해 제작된 제품 라인들은 큰 성공을 거두었다.
최근에는 미국 프로농구 NBA와 게임 리그 오브 레전드_{League of Legend}와도 파트너
십을 맺으며 밀레니얼 세대들의 이목을 끌었다. 루이비통은 협업 프로젝트를 단
순한 홍보성 전략이 아닌 하나의 완성된 작품으로 표현하고 있다. 협업하는 브랜
드나 디자이너의 장점을 살리고, 시너지를 극대화할 수 있는 방안을 고려하기 때
문에 소비자들의 긍정적인 평가를 받고 있다_{그림 3-17}.

루이비통×NBA

그림 3-17
루이비통
협업 컬렉션

루이비통×
리그 오브 레전드

그림 3-18
루이비통 향수
커스터
마이제이션
서비스

　　루이비통은 'Make it Yours'라는 온라인 커스
터마이제이션 프로그램을 제공한다. 자신만의
개성 있는 제품을 찾는 소비자들을 위해 원하는
패치, 색상 등을 선택할 수 있도록 하며, 클릭 한
번에 완제품의 모습을 화면으로 확인할 수 있는
것이 특징이다. 이에 그치지 않고, 루이비통은

2020년 향수 커스터마이제이션 서비스를 출시하여 사용자의 취향, 생활 습관, 향수에 대한 취향 및 습관을 반영한 개인화된 후각 서비스를 제공하고 있다. 주문한 향수는 수작업으로 제작된 모노그램 트렁크 케이스에 담겨진다그림 3-18.

4) 지속가능 전략

LVMH 내 대표 패션 브랜드인 루이비통은 구찌와 마찬가지로, 환경, 사회, 경제, 문화적 측면에서 지속가능성을 추구하고 있다. 재료 선택부터 제조, 생산, 운송, 매장, 건축물까지 모든 방면에서 지속가능성을 고려하고 이에 대한 투명성을 유지하기 위해 세부적인 사항을 홈페이지에 공개하여 브랜드 이해관계자들이 확인할 수 있도록 한다. 루이비통은 지속가능성을 위해 2025년까지 크게 네 가지 목표를 세웠다표 3-19.

첫 번째 목표는 기후변화 대응을 위해 제품 생산과 물류 현장 내 '100% 재생 에너지를 사용하는 것'이다. 이미 전 세계 매장 내 조명을 LED로 교체해 2020년 에너지 소비량을 2013년 대비 30% 감소시켰다그림 3-19.

그림 3-19
태양 전지판
설비를 갖춘
샌 디마스
아틀리에
(미국, LEED®
Gold 2020)

두 번째 목표는 '사회적 책임을 위한 제품 공정'을 실현하는 것이다. 2020년 기준 루이비통이 사용하는 원료의 70%는 환경 인증 절차를 밟고 있다. 루이비통은 개별 소재의 출처나 공급 과정을 엄격하게 관리하며, 친환경 소재 및 재활용 소재의 사용을 장려하고 있다. 특히 가죽 소재의 경우 78%가 가죽 무두질 부분에서 가장 엄격한 환경 기준인 LWGLeather Working Group 인증을 받았다. 패딩 충전재용 페더와 다운의 80%는 사육장부터 가공 과정까지 추적할 수 있는 프랑스의 통합 공급망을 활용한다. 쇼핑백과 포장 용품도 FSCForest Stewardship Council 인증을 받은 재활용 섬유를 사용하는 한편, 지속가능한 면 생산을 목표로 하는 비영리 기관인 BCI

그림 3-20
루이비통
패키징

에서 생산한 면으로 더스트 백을 만든다_{그림 3-20}.

세 번째는 '친환경 디자인 프로세스'의 도입이다. 프로토타입을 만들 때 3D 프린팅 기술을 도입해 공정상에 발생하는 잔여 폐기물을 줄였다. 2018년부터 헤리티지 레더 프로젝트_{Heritage Leather Project}를 통해 기존에 보유하고 있던 가죽 재고의 사용을 늘려 재활용률을 높이고 있다. 이와 같이 원자재 사용을 최적화하는 노력 외에도 패션쇼 등 각종 행사에서 사용한 구조물, 조명, 의자 등이 재활용될 수 있도록 다양한 문화 기관과 자선 단체에 기부하고 있다.

마지막 목표는 '지역 커뮤니티 지원'이다. 루이비통은 2016년부터 유니세프와 장기 파트너십을 맺어 아동의 생명과 권리를 보호하기 위한 기금 모금에 힘쓰고 있다. 2020년 2월 루이비통 남성복 크리에이티브 디렉터 버질 아블로가 디자인한 실버 락킷_{Silver Lockit} 팔찌[2]를 공개하였고 #makerpromise 캠페인을 통해 판매 수익금 일부를 유니세프 기금으로 활용하였다. 이는 의미있는 소비를 가능하게 하여 루이비통이 단순 명품을 판매하는 브랜드 이상이라는 이미지를 부여한다_{그림 3-21}.

그림 3-21
루이비통
Silver Lockit
Bracelet

---

2 루이비통의 시그니처인 잠금장치에서 영감 받아 제작한 약속의 증표를 의미하는 팔찌

창업가 루이비통의 끝없는 도전 정신을 시작으로 루이비통의 모태가 되는 아니에르Asnières 공방에서 이어져오는 장인 정신, 아티스트와의 협업을 통한 끊임없는 영감, 미래 세대를 위해 지속가능한 지구 환경을 물려주기 위한 노력이 지금의 루이비통이라는 럭셔리 브랜드의 가치를 만들고 있다.

표 3-19 루이비통 지속가능 전략

차원	실천 범주	지속가능 전략		내용
환경적	친환경 소재 사용 및 자원 보호	지속가능한 원자재	가죽	• 생산되는 가죽의 78%는 가장 높은 환경 표준인 LWG를 취득 • 가죽 공급업체와 함께, 지속적으로 혁신적인 태닝 방법을 연구 • 악어 가죽의 80%는 세계 최초 악어 인증인 LVMH 악어 표준에서 감사 또는 인증을 받은 농장에서 생산
			모피	• 모피의 78%는 Furmark® 인증을 받은 농장으로부터 사용
			울	• 2020년 말까지 루이비통이 사용하는 울의 100% 추적 및 검사 실시 • 2020 Mens F/W에서는 100% 책임 울 표준 인증을 받은 특수 실을 최초로 사용
			깃털과 오리털	• 공급의 80%는 프랑스에 있는 완전히 통합된 공급망에서 공급되며, 사육 농장에서 깃털 가공까지의 추적성을 보장 • 깃털과 오리털 100%는 책임있는 다운 소재 인증인 RDS(Responsible Down Standard) 획득
			목재	• 트렁크 제조에 사용되는 목재 중 90%는 FSC 및 산림 인증 승인 프로그램(Program for Forest Stewardship Council)에서 생산
			면	• 면화의 50%는 2019년부터 BCI(Better Cotton Initiative) 또는 GOTS(Global Organic Textile Standard)의 인증을 받음
			폴리에스테르	• 사용하는 85%의 폴리에스테르가 2021년까지 글로벌 재활용 표준 인증(GRS)을 받기 위해 전환 중
			비스코스	• 공급된 비스코스의 82%는 2020년 유럽 에코라벨 인증을 취득
			금	• 시계 및 주얼리에 사용된 금의 100%는 2012년부터 책임감 있는 보석 위원회 인증(Responsible Jewelry Council-certified) 취득
			다이아몬드	• 시계 및 주얼리에 사용된 다이아몬드의 100%는 책임 있는 보석 위원회 인증(Responsible Jewelry Council-certified) 및 킴벌리 프로세스 인증(Kimberley Process-certified) 취득
		지속가능한 패키징		쇼핑백과 박스는 100% 재활용이 가능하며 100% FSC(Forest Stewardship Council)인증을 받아 제작(40%는 재활용)
		재활용	패션쇼 등 이벤트 설치에 사용 되는 소재 재사용 및 재활용	• 2019년 주요 이벤트 및 설치에 사용된 소재의 96%가 재사용 또는 재활용

표 3-19 계속

차원	실천 범주	지속가능 전략	내용
환경적	친환경 소재 사용 및 자원 보호	재활용	리필 가능한 향수병 사용	• 루이비통 향수는 조각으로 맞춤 제작이 가능 → 원자재 사용 최적화 • 매장에서 리필이 가능한 독특한 병은 향수병의 수명 연장 가능
		업사이클링	업사이클링 컬렉션 출시 (Be mindful collection)	• 2019년에 출시된 루이비통 업사이클링 컬렉션 'Be Mindful': 실크 스카프를 기타 액세서리로 재활용
	친환경적인 상품 생산	책임감 있는 소싱	• 2025년까지 100% 책임 있는 원자재 조달 • 2030년까지 일회용 플라스틱 0% 사용
	전 과정 관리	공급업체 및 제조업체와의 협력	• 화학물질의 사용을 규제(2014~): 원료와 최종 제품을 모두 테스트하여 규정 준수를 지속적으로 검증
	자원의 효율적 이용	생산 및 물류 현장에서의 100% 재생 에너지 사용	• 2025년까지 생산 및 물류 현장에서 100% 재생 에너지 사용 • 2025년까지 100% LED 조명 사용
			• Green it(2020~): 디지털 기술과 관련된 에너지 소비 배출량을 감소시키기 위한 사전 예방 프로그램 개발
		가죽 재고 사용 장려 프로젝트 Cuirs Patrimoine (Heritage Leather) Project	• 원자재 사용 최적화를 위해, 2018년 이후의 컬렉션에서는 기존 가죽 재고를 사용할 것을 권장
		전문적인 제품 수리	• 전 세계에 제품 수리시설을 11개 마련하여, 제품 수명 연장에 도움
	기후 변화 대응	탄소 의존적 운송 감소	• 전기 및 천연 가스 차량을 사용하여 운송 에너지 효율 향상
사회적	인권보호, 공정노동	EllesVMH 프로그램을 통한 여성의 발전 장려	• 2007년 출시된 EllesVMH는 코칭, 멘토링, 교육 또는 여성의 진로 강조와 같은 이니셔티브를 통해 모든 직책 또는 경험 수준에서 여성의 전문성 개발을 지원하는 것을 목표로 함 • 2013년, LVMH와 루이비통은 유엔 여성 권한 강화 원칙에 서명하여 전 세계 여성의 권리와 발전을 지원 → 양성평등 실천 계획 시행 • 2018년 루이비통의 승진자 74%는 여성이 차지
		UNICEF와 아동보호 관련 파트너십 체결	• 2016년 루이비통과 유엔아동기금(UNICEF)은 취약한 어린이들을 지원하기 위한 글로벌 파트너십을 체결(아동 권리 보호, 생명 보장 등)
	사회 공헌, 사회적 윤리 실천, 기부 활동	Silver Lockit 팔찌 컬렉션을 통해 유니세프 기금 마련	• 2016년 시작된 Silver Lockit 팔찌는 유니세프 기금 마련을 위해, 특별히 디자인하여 매년 다양한 색상과 디테일로 새로이 출시 (2016년 이후, 유니세프를 위해 천만 달러 이상을 모금)
		LV World Run 모금	• 2019년 전 세계 루이비통 직원들은 유니세프 기금을 모으기 위해 'LV World Run for Unicef'에 참여
		LVMH Carbon fund	• 2016년 LVMH 탄소 기금 출범 • 온실 가스 배출에 금전적 가치를 두는 것이 모든 사람들이 가스 배출 감소에 더 많은 책임을 지도록 장려할 것이라는 생각을 바탕으로 자금 지원

표 3-19 계속　　　　　　　　　　　　　　　　　　　　　　　　　　　103

차원	실천 범주	지속가능 전략	내용
경제적	경영 및 기술혁신	3D 프로토타이핑 (3D Prototyping)	• 모델 스캔부터 시제품 제작까지 모든 단계에 걸쳐, 3D 프로토타이핑 기술을 도입하여 원자재 사용 감소
	기업의 투명성	다양성 & 포용성 지수 공유 (Diversity and Inclusion index; D&I)	• LVMH 그룹 전반에 걸쳐 2018년부터, 다양성 & 포용성 지수 공유
		Green architecture	• 2017년부터 지속가능한 건축에 대한 가장 까다로운 환경 인증을 목표로 지속적으로 개선
문화적	상생과 화합, 다문화 인정, 다양한 인종 존중	LGBTQI+에 대한 차별 반대	• 2019년, LGBTQI+ 차별에 반대하는 UN 행동 표준에 서명하였으며, LGBTQI+ 직원들을 위한 포용적인 기업 문화 구축 노력
		무의식적 편견과 고정관념 방지를 위한 교육 프로그램 제공	• 2018년부터 무의식적 편견과 고정관념 방지를 위한 교육 프로그램 제공 • 의사결정 과정에 대한 편견, 고정관념, 작업장 내의 다양성의 가치에 대한 인식 제고를 목표
		장애인 직원 고용 및 육성	• 2020년 기준, 장애인 직원 400여 명이 전 세계 루이비통에서 근무 • 꾸준히 장애인 직원 고용에 전념해 왔으며, 지속적인 육성 실시

5) 차별화 전략

루이비통은 여러 아티스트들과 협업한 리미티드 에디션을 통해 브랜드 이미지를 상승시켰다. 럭셔리 패션 브랜드들이 예술에서 영감을 받아 함께 작업하는 일은 여러 차례 있어왔지만, 루이비통은 밀레니얼 세대를 겨냥한 스트리트 브랜드와의 협업을 통해 고급 문화와 스트리트 문화를 절묘하게 조화시켰다는 점에서 주목받고 있다.

대표적인 예로는 슈프림SUPREME과의 협업을 들 수 있다. 이 협업 컬렉션은 판매 방법 또한 색달랐다. 사전 공지 없이 팝업 스토어 개장 당일에 루이비통의 공식 소셜 미디어를 통해 일정을 기습으로 공지한 것[3]이다. 이 협업을 기다리던 고객들은 당일 루이비통 매장 앞에서 긴 줄을 서야했다. 1인당 구매 가능한 제품 개수를 한정하고 해당 시즌에만 유효한 제품이라는 희소성을 부여하며 구매 욕구를 자극했다. 이러한 루이비통의 협업은 소비자층을 확대하는 계기가 되었고, 감각

3　이러한 판매 전략은 '드롭(drop)'이라고 불리며 협업으로 진행된 리미티드 에디션이나 적은 수량의 컬렉션을 선정된 일부 매장 또는 소셜 네트워크를 통해 기습적으로 투하(판매)하는 방식으로 진행된다.

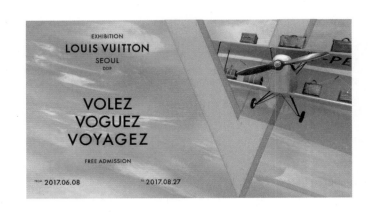

그림 3-22
국내에서 열린
루이비통
전시회 포스터
(2017)

적이고 젊은 브랜드 이미지를 생성하는 긍정적인 결과를 가져왔다.

　루이비통은 예술에 관심이 높으며, 이에 대한 많은 투자를 하고 있다. 실제로 문화, 예술 마케팅을 통해 엄청난 성과를 내고 있는데, 루이비통의 전시회는 이의 대표적인 예시이다그림 3-22. 루이비통은 전시회에서는 제품 판매 대신 루이비통의 가치를 선보인다. 브랜드 스토리를 전달하고 브랜드 가치를 고객과 공유하는 것을 목표로 삼고 있다.

요약

1. 환경과 지속가능성에 대한 소비자 의식이 증가함에 따라 럭셔리 브랜드 역시 지속가능한 제품 개발 및 경영 전략 수립에 대응하고 있다. 케어링, LVMH, 버버리, 프라다, 샤넬과 같은 럭셔리 브랜드들은 브랜드의 지속가능성 목표를 설정하고 다양한 정책을 실행하고 있다.

2. 케어링은 그룹 내 럭셔리 브랜드들이 각자의 소비자와 시장을 지키면서 서로 영향을 주고받지 않는 시스템을 갖고 있으며, 디지털 유통 채널을 개발하고 옴니 채널 플랫폼으로 발전했다. 지속가능성을 추구하는 분명한 입장을 밝혔으며 그룹과 브랜드가 지속가능성을 추구하도록 여러 전략을 활용한다.

3. 케어링의 환경적 손익계산서 EP&L(Environmental Profit and Loss)은 기업의 환경 영향을 평가하는 방법이다. 기업의 패션 제품 제작 과정의 환경적 영향력을 측정하여 이를 보완하고 기술 향상을 이룰 수 있도록 한다. 또 EP&L 보고서를 투명하게 공개하는 등 Kering 그룹의 브랜드들이 지속가능성을 추구하도록 장려한다.

4. LVMH는 일찍이 지속가능한 개발을 우선 과제로 삼아 이를 위한 정책을 확장해오고 있다. 그룹 내의 환경 정책을 실행하고 유네스코와 같은 외부 단체와의 파트너십을 통해 지속가능성의 가치를 지키기 위해 노력한다. 또한 그러한 전략을 그룹 내의 기업끼리 공유함으로써 같은 가치를 좇는다.

5. 두 그룹 모두 제품 머천다이징의 전 단계에서 지속가능성을 고려하고 있으며, 기존 명품 브랜드의 이미지를 이어가면서도 여러 기술과 정책을 도입하여 환경적 책임을 인식한다. 케어링이 소재의 변화를 추구하는 한편, LVMH는 원자재 사용 감소를 목표로 한다. 그러나 그룹 내 브랜드에 같은 EP&L을 적용시켜 환경 영향력을 측정하는 케어링에 비해 LVMH는 지속가능성 기준이 통일되지 않았고 실천이 미미하다.

6. 구찌는 디지털 친화적인 밀레니얼 세대를 타깃으로 하여 온라인으로 소비자와 소통하고자 한다. 온라인 웹사이트와 소셜 미디어를 이용할 뿐 아니라 소비자가 참여할 수 있는 기능을 포함한 구찌 애플리케이션을 개발하였다. 지속가능성을 추구하는 브랜드로서 케어링의 EP&L을 도입하여 전 공급망에 걸쳐 탄소 발자국을 감소하기 위해 노력하며, 지속가능한 원재료를 개발하고 자원 순환성 컬렉션 라인을 선보인다.

7. 루이비통은 지속가능성을 위한 네 가지 목표를 설정했는데, 재생 에너지 사용, 사회적 책임을 위한 제품 공정, 친환경 디자인 프로세스의 도입, 그리고 지역 커뮤니티 지원이 그것이다. 여러 아티스트들과 협업하여 감각적이고 젊은 브랜드 이미지를 구축했으며 브랜드의 제품보다 가치를 전파하는 마케팅 전략을 취한다.

생각해 볼 문제

1. 지속가능성을 추구하는 럭셔리 브랜드와 함께 발전할 패션 분야와 산업 분야에 대해 생각해보자.(e.g. 저탄소 섬유 가공 산업)

2. 럭셔리 브랜드의 지속가능성 정책에 대한 소비자의 반응과 평가를 알아보자.

3. 지속가능성을 추구하는 새로운 방식과 재료로 생산된 제품의 사례를 조사해보자.

4. 구찌와 루이비통에서 지속가능성의 목표를 내세우며 출시된 제품에 대한 소비자 경험과 인식을 알아보자.

참고문헌

구찌코리아. https://www.gucci.com/kr/ko/

루이비통코리아. https://kr.louisvuitton.com/kor-kr/homepage

선민재, & 김준석 (2020). 럭셔리 브랜드와 친환경 속성에 대한 소비자의 관점에 관한 연구-Z 세대의 럭셔리 패션 브랜드에 대한 태도를 중심으로. 브랜드디자인학연구, 18(2), 123-136.

안재형. (2019. 1. 31). 길거리 패션도 접목 확 젊어진 명품 브랜드. 매일경제. https://www.mk.co.kr/news/culture/view/2019/01/65294/

유한빛. (2021.4.17). 명품도 양극화...루이비통·에르메스 뜨고, 생 로랑·페라가모 지고. 조선비즈. https://biz.chosun.com/site/data/html_dir/2021/04/16/2021041602057.html

Allison, I. (2019. 3. 27). LVMH, 명품 제조·유통 이력 블록체인에 기록한다. Coindesk Korea. https://www.coindeskkorea.com/news/articleView.html?idxno=42599

Bloomberg (2019, September 22). Gucci Faces Backlash for Straitjackets at Milan Show. The Business of Fashion. https://www.businessoffashion.com/articles/fashion-week/gucci-faces-possible-backlash-for-straitjackets-at-milan-show

Gucci Equilibrium. https://equilibrium.gucci.com/

Guccio Gucci.Catwalk Yourself. http://www.catwalkyourself.com/fashion-biographies/guccio-gucci/

Information on Gucci. VB. https://vb.com/gucci/

James, R. (2019, July 15). Digital Marketing for Luxury Brands 2019-2020. Digital Clarity. https://www.digital-clarity.com/blog/digital-marketing-for-luxury-brands-2019-2020/

Kering. https://www.kering.com/en/

Kering. (2021). Activity report-2020. https://keringcorporate.dam.kering.com/m/68ef7bdcca533a4e/original/KERING-RA2020-EN.pdf

Kering. (2020, November 6). Exane Circular Economy Conference. https://keringcorporate.dam.kering.com/m/5a1d698dc6a36a4d/original/-ESG-Investor-Presentation-Exane-Circular-Economy-Conference-November-6-2020.pdf

Kering. Progress Report 2017-2020. https://www.kering.com/en/sustainability/crafting-tomorrow-s-luxury/2017-2025-roadmap/progress-report-2017-2020/

Kering. Sustainability Progress Report 2017-2020. https://progress-report.kering.com/home/discover-create/

Kering. 2019 Universal Registration Document. https://keringcorporate.dam.kering.com/m/1eee8a6e64959f3/original/2019-Universal-Registration-Document.pdf

Kim, Y. (2020, December 8). LOUIS VUITTON LAUNCHES ULTRA-LUXE PERFUME. Hypebae. https://hypebae.com/2020/12/louis-vuitton-perfumes-fragrances-bespoke-customization-service-monogram-trunk-case-price

Louis Vuitton. Forbes https://www.forbes.com/companies/louis-vuitton/?sh=1535f0816dbe

LVMH. https://www.lvmh.com/

LVMH. (2021.1). 2020 Financial Documents. https://r.lvmh-static.com/uploads/2021/01/documents-financiers-2020_va_v2.pdf

LVMH. (2021.1). Group Presentation. https://r.lvmh-static.com/uploads/2021/01/lvmh_group-presentation_en_january-27th-2021.pdf

LVMH. LVMH 2019 Annual Report. https://r.lvmh-static.com/uploads/2020/04/lvmh_rapport-annuel-2019_gb.pdf

LVMH. 2020 Social and Environmental Responsibility Report. https://r.lvmh-static.com/uploads/2021/04/ac_en_
lvmh_reng20_all-accessible.pdf

Mower, S. (2017, May 29) Gucci Resort 2018. Vogue Runway. https://www.vogue.com/fashion-shows/
resort-2018/gucci

Prada Group. (2019, June). Prada Presents the Re-nylon Project. https://www.pradagroup.com/en/news-
media/news-section/re-nylon-project.html

Rauturier, S. (2020, December 16). How Ethical Is Louis Vuitton?. Good on you. https://goodonyou.eco/how-
ethical-is-louis-vuitton/

Sabanoglu, T. (2021, March 19). Value of the global personal luxury goods market 1996-2020. Statista.
https://www.statista.com/statistics/266503/value-of-the-personal-luxury-goods-market-worldwide/

Santamaria, B. (2017, October 17). Burberry Foundation partners with Elvis & Kresse to address
leather waste. Fashion Network. https://us.fashionnetwork.com/news/burberry-foundation-partners-with-
elvis-kresse-to-address-leather-waste,880901.html

Zargani, L. (2020, October 5). Gucci Partners With The RealReal. WWD. https://wwd.com/fashion-news/
designer-luxury/gucci-the-realreal-1234618857/

표, 그림 출처

표 3-1 Fashionnet. (2021.1.8). [2021 글로벌 패션 트렌드] Post Corona, New Normal 07. http://www.
fashionnetkorea.com/kofoti/kofoti/main/cmmboardReadView.do?bid=259770&code=10C3

Vogue Business Data & Insights Team. (2020, December 9). Luxury's increased focus on
sustainability. Vogue Business. https://www.voguebusiness.com/companies/luxurys-increased-focus-on-
sustainability

표 3-2 Kering. 2020 Financial Document. https://keringcorporate.dam.kering.com/m/57a7ad2619884844/original/
KERING_Document_Financier_2020_Production_UK.pdf

표 3-3 Kering. 2020 Financial Document. https://keringcorporate.dam.kering.com/m/57a7ad2619884844/original/
KERING_Document_Financier_2020_Production_UK.pdf

표 3-4, 3-5 Kering. https://www.kering.com/en/

Kering. (2021). Activity report-2020. https://keringcorporate.dam.kering.com/m/68ef7bdcca533a4e/original/
KERING-RA2020-EN.pdf

표 3-6, 3-7 Kering. Progress Report 2017-2020. https://www.kering.com/en/sustainability/crafting-tomorrow-s-
luxury/2017-2025-roadmap/progress-report-2017-2020/

표 3-8 GUCCI. https://www.gucci.com

Kering. 2020 Financial Document. https://keringcorporate.dam.kering.com/m/57a7ad2619884844/original/KERING_
Document_Financier_2020_Production_UK.pdf

표 3-9, 3-10 GUCCI. https://www.gucci.com

표 3-11 LVMH. https://www.lvmh.com/

LVMH. LVMH 2020 Annual Report. https://r.lvmh-static.com/uploads/2021/03/lvmh_rapport-annuel-2020-va.pdf

표 3-12, 3-13, 3-14 LVMH. https://www.lvmh.com/

표 3-15, 3-16 LVMH. https://www.lvmh.com/

　　　　LVMH. LVMH 2019 Annual Report. https://r.lvmh-static.com/uploads/2020/04/lvmh_rapport-annuel-2019_gb.pdf

표 3-17, 3-18 Louis Vuitton. https://us.louisvuitton.com/

표 3-19 Louis Vuitton. https://us.louisvuitton.com/

　　　　LVMH. LVMH 2019 Annual Report. https://r.lvmh-static.com/uploads/2020/04/lvmh_rapport-annuel-2019_gb.pdf

그림 3-1 Fashionnet. (2021.1.8). [2021 글로벌 패션 트렌드] Post Corona, New Normal 07. http://www.
fashionnetkorea.com/kofoti/kofoti/main/cmmboardReadView.do?bid=259770&code=10C3

　　　　Vogue Business Data & Insights Team. (2020, December 9). Luxury's increased focus on
sustainability. Vogue Business. https://www.voguebusiness.com/companies/luxurys-increased-focus-on-
sustainability

그림 3-2 프라다 코리아. https://www.prada.com/kr/ko/

　　　　프라다. 프라다 리나일론 #1-애리조나. https://www.prada.com/kr/ko/pradasphere/special-projects/2019/prada-
re-nylon-1.html#component_gallery_mo_909415946

그림 3-3 Chanel. https://www.chanel.com/us/

　　　　Chanel. Climate Report. https://www.chanel.com/us/climate-report/

그림 3-4 Kering. https://www.kering.com/en/

그림 3-5 Kering. Our 2018 EP&L Results. https://kering-group.opendatasoft.com/pages/report/

그림 3-6, 3-8, 3-10 GUCCI. https://www.gucci.com

그림 3-7 박소정. (2019.07.11). "구찌 신발, 집에서 신어보세요"... 명품 브랜드 마케팅, AR을 입다. BrandBrief.
http://www.brandbrief.co.kr/news/articleView.html?idxno=2162

그림 3-9 Gucci Equilibrium. https://equilibrium.gucci.com/

그림 3-11 LVMH. https://www.lvmh.com/

그림 3-12 LVMH. LVMH 2019 Annual Report. https://r.lvmh-static.com/uploads/2020/04/lvmh_rapport-annuel-2019_
gb.pdf

그림 3-13 Dior. good on you. https://directory.goodonyou.eco/brand/dior

　　　　Givenchy. good on you. https://directory.goodonyou.eco/brand/givenchy

그림 3-14, 3-17, 3-18, 3-19, 3-21, 3-22 Louis Vuitton. https://us.louisvuitton.com/

그림 3-15 ⓒ Thitidapha Thabthim/Shutterstock.com

그림 3-16 www.Shutterstock.com

그림 3-20 ⓒ Worapol Kengkittipat/Shutterstock.com, ⓒ Helen89/Shutterstock.com

연구노트
지속가능 메시지 광고 연구: 럭셔리 브랜드와 패스트 패션 브랜드의 비교

유튜브가 빠르게 성장하며 온라인 동영상 광고는 지속가능한 마케팅을 위한 중요한 도구로 자리 잡고 있다. 광고를 통해 브랜드의 환경적인 책임을 보여주는 것은 소비자들에게 긍정적인 브랜드 이미지를 만들어 주기 때문이다.

환경에 대한 메시지의 유형은 다양한 소비자 반응을 불러일으킬 수 있다. 소비자들이 환경 친화적 속성에 대한 구체적인 정보를 선호한다고 알려져 있다. 즉, 패션 브랜드의 환경에 대한 실질적인 메시지가 설득력이 있어야 한다는 뜻이다. 그러나 소비자들은 자신이 갖고 있는 환경에 대한 의식 수준 정도에 따라 다른 태도를 보인다. 따라서 본 연구에서는 소비자들의 환경에 대한 의식 수준에 따라 온라인 패션 동영상 광고가 담고 있는 환경적 메시지에 대한 태도가 달라질 것이라 보았고, 메시지가 소비자에게 주는 영향을 확인하고자 하였다.

지속가능성을 기준으로 브랜드를 평가하는 'Knights'와 'Ranka'의 순위에 따라 럭셔리 그룹 케어링의 스텔라 매카트니와 H&M이 선정되었다. 자극물은 두 브랜드가 각각 동일한 구체적, 추상적 메시지를 담고 있는 것으로 제작되었다. 구체적 메시지에는 해당 제품이 화학 물질과 물을 적게 사용하여 환경적 영향을 최소화한 재료로 만들어졌다는 점을 강조하면서 패션 브랜드가 환경보호

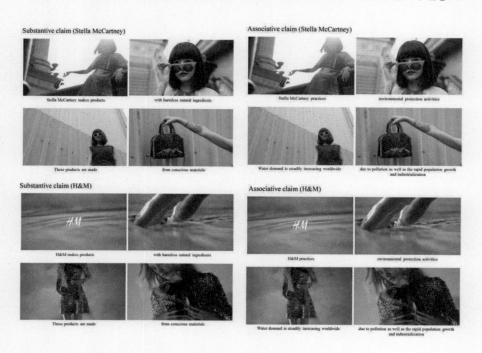

에 어떻게 기여하는지에 대한 구체적인 정보를 제공했다. 추상적 메시지는 해당 브랜드가 인구증가, 도시화, 산업화 등으로 인한 파괴로부터 환경을 보호하기 위해 노력하고 있다는 점을 강조하였지만, 환경 보호에 대한 기여에 대해서는 직접적으로 언급하지 않았다.

실험 결과, 환경에 대한 관심이 높은 참가자들이 실질적인 환경 메시지를 내포한 럭셔리 브랜드의 영상에 더욱 긍정적인 반응을 보였다. 하지만 여기서 주목할 점은 패스트 패션 브랜드의 경우에도, 실질적이고 구체적인 메시지에 소비자들이 호의적인 반응을 나타냈다는 것이다. 트렌디한 욕구를 충족시키기 위해 합리적인 가격의 패스트 패션 제품을 구매하더라도 환경에 관심이 있는 소비자는 상세한 정보를 담고 있는 구체적이고 실질적인 환경 메시지에 대해 긍정적인 반응을 보였다. 한편, 소비자들은 럭셔리 브랜드와 패스트 패션 브랜드 모두 지속가능하지 않다고 느꼈지만, 럭셔리 브랜드가 환경에 끼치는 부정적인 영향은 크게 인지하지 못하는 것으로 보여졌다. 이는 럭셔리 브랜드 자체가 갖는 독특하고 희소한 이미지가 환경 오염에 대한 사실을 합리화했기 때문이다. 이렇듯, 유튜브와 같은 웹사이트의 온라인 동영상 광고는 지속가능한 브랜드 이미지를 구축할 수 있는 방법과 제품 구매율을 증진시킬 수 있는 방향을 제시한다. 따라서, 패션 마케팅 담당자들과 광고주들은 동영상 광고에서 맹목적으로 추상적인 환경 메시지를 전달하는 것보다 실질적인 환경 메시지에 초점을 맞춰야 한다.

또한 환경 문제에 대한 소비자 인지 정도에 따른 커뮤니케이션 전략을 수립해야 한다. 환경에 대한 관여가 높은 소비자일수록 구체적인 환경 메시지에 반응하며, 낮은 소비자일수록 추상적인 환경 메시지에 반응하기 때문이다. 본 연구에 대한 자세한 내용은 아래의 원문에서 확인이 가능하다.

출처

Teona, G., Ko, E., & Kim, S. J. (2020). Environmental claims in online video advertising: effects for fast-fashion and luxury brands. *International Journal of Advertising*, 39(6), 858-887.

기존 패션위크는 패션쇼와 실제 제품을 구매하는 시기가 차이가 있고, 과잉 생산과 재고 등의 문제점으로 비판받아 왔다. 물론 패션위크는 전 세계 패션인들의 교류, 아이디어의 파생, 브랜드 이미지의 다각화를 가능하게 하지만 1년에 4번, 그것도 한 해 전에 이루어지는 패션위크는 누구를 위한 것인가라는 근본적인 질문은 지속적으로 제기되어 왔다. 또한, 최근 소비자들은 유행없이 꾸준히 입을 수 있는 옷을 선호하는 경향을 보인다.

한편, COVID-19으로 인해 오프라인 패션쇼가 디지털 패션쇼로 전환되었다. 디지털 패션쇼는 디자이너 각자의 개성을 살린 새로운 형식으로 창조되며, 단순히 제품만 보여주는 것이 아니라 어떤 식으로 제품이 만들어졌는지 등의 이야기를 담은 내러티브식으로 소개된다. 더불어, 디지털 패션쇼의 가장 큰 장점은 시공간 제약 없이 진행되어 휴대폰, 태블릿 등 디지털 기기를 통해 전 세계 유명 디자이너의 제품을 쉽게 볼 수 있다는 것이다. 이처럼 패션쇼의 디지털화는 기존 패션쇼의 단점을 보완하여 다양한 고객층을 확보할 수 있는 새로운 비즈니스 모델로서의 첫 발걸음을 내딛고 있다. 디지털 패션쇼는 고객 경험을 높여줄 것이며 COVID-19 종식 후에도 새로운 트렌드로 자리잡을 것이 분명하다.

그림 1

디지털 패션쇼는 크게 VR, AR, 3D 패션쇼로 구분된다. 혼합 현실(Mixed Reality) 등의 기술을 적용하여 고객 관여를 높일 수 있으며, 모든 소비자들은 제품을 상세하게 확인할 수 있다. 또한 패션쇼와 구매를 연동하여 MOT(Moment of Truth)를 포착하는 것도 중요하다. 즉, 디지털 친화적인 고객들을 타깃으로 하여 새로운 시장으로 확장할 수 있는 수단으로 패션쇼를 활용해야 할 것이다.

그림 2

출처

윤혜수, & 고은주. (2021). 7대 디지털 패션위크의 비교분석 연구. *패션비즈니스*, 25(3), 36-50

그림 1. geralt. Pixabay. https://pixabay.com/photos/fashion-catwalk-woman-tablet-news-3931912/

그림 2. GUCCI. www.gucci.com

SUSTAINABLE FASHION

CHAPTER ——————

지속가능패션 브랜드

4

CHAPTER 4
지속가능패션 브랜드

환경 문제는 단기간에 쉽게 해결되지 않는다. 특히 2020년 COVID-19의 여파로 인해 전 세계적으로 기후 위기에 대한 환경 문제 인식은 더욱 높아졌다. 시장 수요가 감소했으며, 이에 따른 공장 폐쇄 등 공급망 중단 등으로 지속 가능성은 패션 산업뿐 아니라 산업 전체의 이슈가 되었다.

그러나 패션 산업의 현실은 재사용을 위해 수집된 의류의 비율 중 새 의류를 만드는 데 사용되는 비율은 1% 미만이다. 실제로 2000년 초반부터 약 15년간 패션 산업의 의류 생산량은 '패스트 패션'의 출현과 더불어 생산량이 두 배로 증가한 반면 사람들이 의류를 착용하는 시간은 40% 감소했다2017 New Textile Economy, Ellen Mcarthur Foundation.

사회와 환경 문제에 관심을 갖고 있는 소비자들은 지속가능하고 윤리적인 패션을 요구하고 있다. 특히 '가치'를 '비용'보다 중요하게 생각하는 밀레니얼 세대가 급부상함에 따라 패션 산업은 이제 환경을 보호함과 동시에 지속가능한 시스템

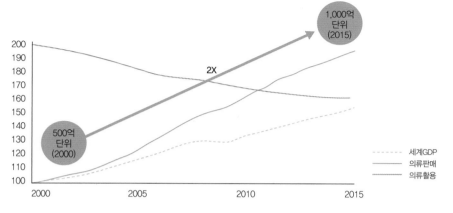

을 지향하는 것이 필수가 되고 있다. 글로벌 패션 기업들은 지속가능한 패션에 대해 COVID-19 이전부터 고민해왔고, 국내 패션 기업들에게도 영향을 끼치고 있다. 점차 많은 패션 기업들이 환경적, 사회적, 경제적 측면에서 '지속가능경영'을 선언하고 친환경 제품을 출시하고 있다.

본 장에서는 지속가능성 추구의 3가지 기준인 트리플 보텀 라인Triple Bottom Line; TBL(기업의 경제 수익성, 환경적 건전성, 사회적 책임성)과 문화적 지속가능성에서 두각을 나타낸 글로벌 패션 브랜드, 스타트업 브랜드, 그리고 국내의 지속가능 패션 브랜드 유형별 사례를 포함하였다. 우선, 글로벌 지속가능패션 브랜드로 파타고니아와 H&M을 다루었다. 대표적인 지속가능패션 브랜드인 파타고니아는 친환경 프리미엄 아웃도어 브랜드로서 소비자와의 파트너십을 강조하며 고객과 환경에 대한 진정성과 기업이 가져야 할 사회적 책임을 보여준다. H&M은 순환 패션을 완성하는 가치 사슬에 초점을 맞춘 지속가능 브랜드 전략을 통해 패스트 패션의 한계성을 극복하며 차별화를 추구하고 있다. 판게아, 세이브더덕 등 지속가능패션 브랜드 스타트업 기업들은 그들만의 특화된 혁신 기술을 기반으로 소비자와 소통한다.

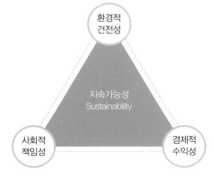

국내의 지속가능패션 브랜드 중에서는 의류 폐기물로 새로운 제품을 만드는 업사이클 브랜드 래코드가 있다. 이 외에도 블랙야크가 인수한 미국의 지속가능한 아웃도어 브랜드 나우는 자연과 도시가 공존하는 지속가능한 라이프스타일 패션과 문화 마케팅에 주력하고 있다. 플리츠마마는 폐페트병에서 짜낸 원사로 가방을 만들고 다양한 협업으로 브랜드를 확장하며 지역 자원의 순환 경제 구축에 기여하고 있다.

생산 과정에서 다양한 화학 재료와 접착제 등이 사용되어 재활용이 쉽지 않은 신발 산업에서는 올버즈와 베자가 신발이 환경에 미치는 영향을 줄이기 위해 독자적인 소재를 개발하고 고객과 소통하며 성장하고 있다.

분류	브랜드	분류	브랜드
글로벌 패션 브랜드	파타고니아, H&M	국내 지속가능패션 브랜드	래코드, 나우, 플리츠마마
지속가능패션 스타트업 브랜드	판게아, 세이브더덕	지속가능 슈즈 브랜드	올버즈, 베자

1. 파타고니아

1) 브랜드 역사

미국의 아웃도어 브랜드 파타고니아는 등산용품, 스키, 서핑 등 익스트림 스포츠 제품을 생산·판매하는 브랜드이다. 아름다운 자연환경을 다음 세대에게 물려줄 수 있도록 최선의 노력을 한다는 비전을 가지고 환경친화적인 소재로 인체에 가장 편안한 의류를 제작하고 있다. 엔진을 써야하는 인위적인 동력을 사용하지 않고 사람과 자연이 순수하게 관계를 맺는 활동 속에서 느끼는 기쁨을 추구하는 것이 파타고니아의 지향점이라고 이야기하고 있다. 일시적인 지속가능성 이행이 아닌 장기적인 목표를 가지고 지속가능성을 실천하고 있다. 약 40여 년 동안 의류의 기능성, 견고성, 제조과정의 단순화, 쉬운 세탁법을 제품의 철학으로 삼아 발전해 왔으며, 1992년 지구의 환경에 대한 성명서를 토대로 전 제품의 공정에서 환경오염의 최소화를 추진했다. 이어 1993년 페트병을 재활용한 섬유로 제품을 만들기 시작했다. 재생 폴리에스테르는 일반 폴리에스테르보다 비싼 가격에도 불구하고 자원을 절약할 수 있으며, 면 생산 시의 환경적 악영향을 줄일 수 있다는 장점이 있다.

친환경 프리미엄 아웃도어로 알려진 파타고니아는 전체 매출의 1%를 기부하는 '지구를 위한 1% 캠페인'을 1985년부터 지속적으로 실천하고 있다. 샌프란시스코에서 시작된 파타고니아는 파도가 높은 날에는 직원들이 서핑을 즐길 수 있는 기회를 제공하는 등 직원의 행복이 곧 기업의 행복이라고 여기는 브랜드이다. 2006년 발간된 창립자 이본 쉬나드의 저서《파타고니아, 파도가 칠 때는 서핑을(Let My People Go Surfing)》이 2020년에 개정증보판으로 발간되면서 그의 경영 철학을 많은 사람들에게 전달하고 있다. 'Buy less, buy used'의 전략을 실시하고 온라인 리테일러 이베이와 협업을 통한 중고상품 판매의 장을 열어 새로운 소비문화를 구축했

그림 4-1a
파타고니아
창립자 이본
쉬나드의 저서,
《파타고니아,
파도가 칠
때는 서핑을》

다. 2011년에는 포춘지의 '세계에서 가장 멋진 회사'The Coolest Company on the Planet에 선정되었다. 파타고니아는 2019년 기준 연간 8억 달러 규모의 매출을 올리고 있으며 파타고니아 코리아의 2019년 매출(4월 회계 기준)은 450억 원이다. 최근 3년간 연평균 35%의 성장률을 보이고 있는데 이는 전 세계 지사 중 가장 빠른 성장 속도이다심상대, 2020.

표 4-1a 파타고니아 프로필

설립 연도	1973년	전개 브랜드	파타고니아
산업 분야	의류	매장 수	30여 개(미국), 48개(한국, 2020)
창업자	이본 쉬나드	매출액	8억 달러(2019)
CEO	로즈 마카리오	웹사이트	www.patagonia.com
본사	미국 벤투라	주식상장 여부	비상장
직원 수	1,547명(2019)		

표 4-1b 파타고니아의 역사

연도	역사
1957년	• 프랑스계 캐나다 출신 등반가 이본 쉬나드(Yvon Chouinard)가 직접 등반 장비를 제조하고 동료에게 판매
1964년	• 이본 쉬나드와 톰 프로스트(Tom Frost) 파트너십 및 상업적 생산 시작
1970년	• 쉬나드 장비사는 미국의 가장 큰 등반 장비 공급자 및 환경 파괴자로 알려짐
1973년	• 이본 쉬나드와 톰 프로스트가 파타고니아(Patagonia) 창립
1976년	• 첫 의류 생산
1984년	• 해외 시장 진출
1985년	• 지구를 위한 1% 캠페인 실천 및 환경보호, 생태계 보존 사업 추진
1986년	• 샌프란시스코에 의류매장 오픈
1988년	• 보스턴 매장 오픈
1993년	• PET 재생원단 '신칠라(Synchilla)' 원단 사용
1996년	• 생산 직원의 안전을 위해 모든 의류 제품에 유기농 면 사용
1997년	• 온라인 매장 오픈
1998년	• 성인 의류의 폐기 원단을 이용한 유아용 의류를 제작
1999년	• 보온복 개발

표 4-1b 계속

119

연도	역사
2000년	• 제품 출시부터 입고까지 과정의 발자취를 추적하는 웹사이트 'Footprint Chronicles' 시작
2005년	• 재활용 자원으로 제품 생산, 업사이클 프로그램 시작
2005년	• 창립자 이본 쉬나드의 저서 '파도가 칠 때는 서핑을(Let My People Go Surfing)' 발간
2006년	• 미국의 경제위기에도 불구하고 판매 수익 두 배 증가
2008년	• 'Buy less, Buy used' 출시 • 미국의 추수 감사절 시즌 뉴욕타임스(New York Times)에 'Don't buy this jacket'이라는 그린 마케팅 시작
2011년	• 이본 쉬나드의 저서 '리스판서블 컴퍼니(The Responsible Company)' 발간 • 'Buy Less' 마케팅으로 파타고니아 매출 상승 효과 • 비콥(B Corp) 인증으로 사회 및 환경적 영향과 책임 및 투명성에 대해 엄격한 기준을 적용하는 영리 기업으로 인정받음
2012년	• 한국에 정식 출시
2013년	• 블랙프라이데이 매출의 100%를 환경 단체에 기부하여 총 1천만 달러를 기부
2016년	• 입던 중고 상품을 크레딧을 받아 새 상품으로 교환할 수 있는 프로그램 시작. 중고 상품은 원웨어(Worn Wear) 웹사이트에서 수선 및 판매 • 직원 복지를 위해 가족, 출산휴가 정책을 대폭 수정
2017년	• 미국 정부로부터 감세 받은 천만 달러를 환경을 보호하고 기후 위기에 대처하는 해결책을 찾기 위한 단체에 기부할 것으로 발표
2020년	• 이익을 위해 증오를 확산시키는 것을 중단하는 Stop Hate for Profit 운동에 동참하여 페이스북과 인스타그램 광고를 중단함

2) 브랜드 아이덴티티

창립자 이본 쉬나드의 철저한 환경보호주의를 기업의 경영철학으로 삼고 있으며, 이는 제품의 디자인 콘셉트에도 그대로 반영되고 있다. 파타고니아는 등반장비를 만들던 작은 회사에서 출발해, 지금은 전 세계적으로 클라이밍, 서핑, 트레일러닝, 산악자전거, 스키-스노보드, 플라이낚시 관련 제품을 판매하며 이 스포츠들은 모두 엔진이 존재하지 않는 조용한 스포츠라는 점을 강조하고 있다. 그리고 이 스포츠들의 보상은 메달이나 순위, 관중의 환호가 아닌, 힘겹게 얻어낸 개인적인 영광의 순간과 자연과의 교감을 최우선적으로 고려한다. 이것이 파타고니아가 추구하는 '알피니즘'Alpinism이며 여기서 브랜드 아이덴티티를 추구하고 있다. 그러나 기후 변화가 심각해지면서 이 '알피니즘'도 사라질 위기에 처하게 되었다. 이처럼 파타고니아는 환경, 기후 변화 문제를 인식한 이후 환경 유해물질을 최소한으로 배출하면서 최고의 제품을 만드는 것을 기업의 책임이자 의무로 여긴다. 여기서 최고의 제품이란 기능이 뛰어나야 하고, 수선이 용이해야 하며, 무엇보다 내구성이 월등해야 함을 의미한다. 환경에 피해를 주지 않기 위해 몇 세대에 걸쳐 입을 수 있는 제품을 만드는 것을 우선으로 한다.

파타고니아는 외관의 포장을 중시하기보다는 최고의 품질, 환경친화적인 소재와 디자인, 편안함을 브랜드의 콘셉트로 삼고 있다. 아르헨티나의 파타고니아 지역에서 브랜드명을 따왔는데, 이곳은 쉬나드의 놀이터로 불리는 주된 스포츠 활동 지역이었다. 로고 디자인은 아르헨티나 남부 파타고니아에 위치한 피츠로이 Fitzroy 산의 스카이라인에서 디자인 영감을 얻어 이루어졌다. 최고의 제품을 구축하고 불필요한 피해를 방지하며 환경위기에 대한 해결책을 구현하는 비즈니스를 운영하는 것이 파타고니아의 브랜드 사명이다. 기업 경영에서 환경적 영향력을 최소화하기 위한 비즈니스 철학과 환경적 참여를 통해 사회에 이로운 역할을 하며 미래에 필요한 요소를 검토하여 환경을 보존하는 것을 브랜드 비전으로 삼는다. 즉, 장기적으로 브랜드 경영에서 환경, 사회, 경제에 해를 입히지 않는 것을 궁극적인 목적으로 삼아 모든 제품 기획과 생산과정에 반영하고 있다.

그림 4-1b
파타고니아 로고

3) 브랜드 전략

파타고니아는 "우리의 터전인 지구를 되살리기 위해 사업을 하고 있으며 그것이 파타고니아의 존재 이유"라는 브랜드 비전을 명확하게 이야기하고 있다. 이를 통해 제품의 우수성과 환경적 영향력을 가장 중요한 경영 방침으로 삼고 있다는 것을 재확인할 수 있다.

파타고니아의 의류는 다기능이며 오래 입을 수 있는 제품들이다. 아웃도어 웨어에 걸맞은 수분 배출, 보온과 보호 성능을 지닌 우수한 품질을 자랑하고 있다. 약 60%의 재활용 폴리에스테르로 제작된 점퍼는 견고성과 높은 품질로 제품의 수명주기가 긴 것이 특징이다. 고품질의 제품을 친환경 원료만 사용하여 100%

재활용이 가능하도록 생산하기 때문에 가격은 높은 편이다.

파타고니아는 제품의 우수성과 지속적인 환경적 참여로 국내외 소비자들에게 신뢰를 얻어 세계적으로 70여 개국에 매장이 있으며 2013년에는 한국에도 합작 법인 형태로 진출하여 2020년 12월 기준, 매장 48개가 운영되고 있다. 오프라인 매장은 매장의 인테리어를 럭셔리하게 장식하거나 비싼 입지에 입점하려고 노력하지 않는다. 재건축 건물에 입점하거나 인테리어도 재활용 제품으로 활용하고 있어 브랜드의 환경보존 철학을 반영한 유통 전략을 고수하고 있다. 매장 내부는 낡은 오두막 분위기로 만들어 소비자가 환경에 접근해있다는 점을 강조한다.

파타고니아의 특징은 일반적인 마케팅을 하지 않는 브랜드라는 점이다. 이는 성장을 거부하는 마케팅 콘셉트로, 물건을 사라고 압박하는 소비주의에 반대해 소비자를 불필요하게 설득하지 않고 기업의 생각에 공감하도록 한다. '친환경 평상복 순환 제안'과 같이 낡은 옷을 새 제품으로 다시 만들어 쓰레기 양을 줄이고 자원이 순환되도록 하는 궁극적인 목적을 제시하여 의류를 지속가능하게 사용하도록 하는 고객과의 파트너십을 강조한다. 2011년 뉴욕타임스에는 획기적인 캠페인이 실렸는데, 이 광고에는 'Don't buy this jacket'이라는 카피가 있었다. 미국에서 가장 많은 소비가 이루어지는 블랙프라이데이의 무분별한 소비와 낭비 문화를 비판하는 것이었다. 2013년에는 "이미 소유한 것을 기념하는 파티"A Party to Celebrate What You Already Own 행사를 진행하였다. 파타고니아 매장에서 음악과 간단한 다과를 즐기면서 자신의 중고 상품을 수선할 수 있게 하여 무분별한 소비문화를 지양하며 건전하고 지속가능한 방향으로 마케팅하였다.

그림 4-1c
파타고니아의
2011년과
2013년
블랙프라이데이
광고

4) 지속가능 전략

지속가능성 이행의 대표적인 브랜드인 파타고니아는 환경, 경제, 사회, 문화적 영역에 맞는 지속가능 전략을 추구하는 것을 가장 중요한 기업경영방침으로 두고 있다. 환경적 영향력을 최소화하고 이를 소비자에게 투명하게 공개하여 브랜드의 가치와 신뢰도를 높이고 있으며, 높은 품질의 제품을 제공하여 대대손손 물려 입을 수 있는 역발상적인 마케팅을 펼쳐 올바른 소비를 유도하고 매출액의 1%를 기부하는 경제적, 사회적 책임에 참여하고 있다.

또한 노동 권리와 인권 보호를 위해 공급자와의 협력 관계를 준수하는 규정을 지키고 있다. 사람의 가치와 권리를 중요시하는 기업 문화를 만들어 직원들이 자발적으로 열심히 일하고 사회에 기여한다는 사명감을 가지도록 한다. 파타고니아에서 근무하는 자녀를 가진 여성 근로자를 위해 돌봄 센터를 운영하고 있으며 회사 버스로는 아이들의 방과 후 수업을 위해 학교로 데려다 주기도 한다. 또한 아이를 입양하는 직원들을 위해 입양비를 회사에서 부담하기도 한다.

파타고니아의 환경보호에 대한 대표적인 노력은 다음과 같다. 첫째, 상품 생산에 사용되는 자재와 품질에 해가 가지 않게 하며, 환경파괴적인 요소를 최소화하는 것, 둘째, 환경적 영향력을 줄이기 위해 불필요한 소비를 부추기지 않는 것, 셋째, 공정한 노동과정을 보장하는 것, 넷째, 환경과 사회적 책임의 투명성을 들 수 있다. 파타고니아는 자원의 재생을 실천하는 대표적인 브랜드로 알려져 있다. 상품에 사용되는 자재에서 환경파괴적인 요소를 최소화하기 위해 친환경 제품 라인에는 유기농 면, 마, 울을 사용하고 있다. 면 생산에 사용되는 농약을 줄이기 위해 1996년부터 모든 스포츠웨어에 쓰이는 소재를 100% 유기농 면으로 바꾸고 사용자뿐만 아니라, 지구, 대기, 물 자원에 유해한 성분을 줄이고 있다. 지속가능성과 그린 마케팅이 이벤트성으로 끝나는 것이 아니라 기업의 모든 활동에서 이루어지고 있다. 진정한 비즈니스의 성공은 기업의 이해관계자뿐만 아니라 소비자와 젊은 세대가 지구를 위한 환경적 활동을 동참하도록 유도하는 것이라 여기고 있기 때문이다. 이러한 활동의 일환으로 파타고니아 코리아에서는 2020년에 '송악산, 그냥 이대로 놔둡서'라는 환경 캠페인을 전개하였다. 이번 캠페인은 자연적,

역사적 보전가치를 지닌 아름다운 제주 송악산의 개발 추진을 저지하기 위해 파타고니아 코리아가 제주 지역의 환경 단체들과 함께 기획했다.

그림 4-1d
파타고니아
코리아의
제주 송악산
환경 캠페인

그리고 공정한 공급자로 사회적 책임을 준수하기 위해 공정노동협회에 소속되어 노동자들의 권리와 근무환경 개선을 우선으로 하고 있다. 파타고니아는 자체 공장을 소유하지 않으나 협력업체와의 지속적인 관계와 신뢰를 형성하여 인권 및 노동자의 권리를 보장하고 있다. 파타고니아의 지속가능성 이행과정은 투명하게 소비자와 이해관계자들에게 공개된다. 또한 풋프린트 크로니클Footprint Chronicles이라는 프로그램을 통해 환경과 사회적 책임에 대한 이해도를 높이고 있는데, 제품의 생산부터 소비자에게 전달되는 전 과정의 환경적 영향을 추적할 수 있어 기업의 메시지 전달과 구매 결정에 도움을 준다.

또한 환경과 사회에 대한 가치와 책임을 실천하기 위해 파타고니아의 연간 성과를 상세하게 기술한 사회환경보고서Annual Benefit Corporation Report를 매년 발행하고 있다. 이를 통해 소비자는 물론 환경과 사회 문제에 대한 고민이 필요한 기업과 단체들에게 영향력을 주면서 진정성 있는 환경 철학을 실천하고 있다.

파타고니아 브랜드가 아니더라도 어떤 의류 제품이든 무상으로 수선해주는 원웨어Worn Wear 캠페인 역시 주목할 만하다. 새 옷을 구매하기 보다는 기존 옷을 수선해 오래 입을 것을 권장하는 브랜드의 철학을 담은 프로그램이다. 무료로 진행되는 이 서비스는 낡거나 헌 물건을 고친다는 단순한 의미를 넘어서 수선해서 입는 것이야말로 지구를 지킬 수 있는 것이라는 메시지를 전달한다. 국내

patagonia works

Annual Benefit Corporation Report

Fiscal Year 2019
May 1, 2018 - April 30, 2019

그림 4-1e
파타고니아의
2019년
사회환경보고서

에서도 이 캠페인은 지정된 오프라인 매장에서 진행 중이며, 원웨어 트럭 투어라는 팝업 형태로 매월 장소를 변경하면서 진행되기도 한다.

원웨어 캠페인의 일환으로 수만 벌의 중고의류를 재구성해 새로운 아이템으로 탄생시킨 리크래프티드Recrafted 컬렉션을 선보이기도 했다. 업사이클로도 활용되지 못하고 버려지는 의류를 마지막으로 점검하여 재활용소재를 선별한 것이다. 2019년 미국 콜로라도 주 매장에서 처음 선보인 보인 이후 2020년 한국에서도 선보였다. 다운재킷, 베스트, 스웨터 등으로 구성된 이번 컬렉션은 더 이상 수선할 수 없는 중고 의류들을 파타고니아의 리노 수선 센터Reno Repair Center에서 선별하여 새로 디자인하고 재작업하는 과정을 거쳤다.

파타고니아는 1985년부터 지금까지 환경단체를 지속적으로 지원하면서 사내 투자 펀드인 틴셰드 벤처Tin Shed Ventures를 만들어 환경 분야 소셜 벤처 생태계 활성화에도 기여하고 있다. 환경 위기에 대한 솔루션을 제공하며 영리 목적의 비즈니스 역시 건강한 지구를 위한 활동이 될 수 있음을 보여주기 위해 노력하고 있다. 특히 주요 투자 영역 중 하나로 식품 사업에도 진출하여 지속가능성의 의미를 확대하고 있다. 2012년 캐나다 브리티시 컬럼비아주 스키나강의 토착 원주민들의

그림 4-1f
파타고니아
원웨어 캠페인

그림 4-1g(좌)
파타고니아
리크래프티드
컬렉션

그림 4-1h(우)
파타고니아의
롱루트 맥주

전통적인 방식으로 포획한 야생 연어로 만든 어포를 시작으로 2015년에는 100% 목초만 먹이고 인도적인 방법으로 도축한 버펄로 육포, 2016년에는 해마다 밭갈이를 할 필요가 없어 탄소 배출을 크게 줄일 수 있는 다년생 개량 밀을 주원료로 사용한 롱루트Long Root 맥주를 출시하였다.

5) 브랜드 차별성

파타고니아는 고객과 환경에 대한 진정성이 얼마나 중요한지, 기업이 가져야 할 사회적 책임이 무엇인지 알려준다. 환경보호를 위해 옷을 만드는 다소 생소한 브랜드이다. '우리 재킷을 사지 말라', '더 적게 사라'고 광고하지만, 금융위기 때조차도 계속 성장해 왔다. 이는 바로 기업의 사명에 소비자가 공감했기 때문이다. 브랜드 철학은 브랜드의 모든 활동에 반영되어 제품의 생산, 품질, 제품의 수명주기 이후까지 관리하는 지속가능성의 장기적인 목표를 실행하고 있다. 클래식한 제품의 디자인은 세월이 지나도 변치 않는 스타일과 높은 품질을 유지하고, 착용감과 편안함에 초점을 맞추어 세대를 잊고 다양한 연령대를 만족시키고 있다. 브랜드의 모든 것을 공유하여 소비자의 높은 신뢰를 쌓고 사회와 환경적 실천의 이행을 통해 브랜드의 가치를 끊임없이 형성해내고 있다. 재활용 소재의 활용도를 높여 원자재 사용에서 나오는 환경오염물질을 줄이려는 노력도 계속해 나간다.

쉬나드의 저서에서도 언급된 것처럼 '우리에게 주어진 가장 중요한 권리는 책임질 권리'라는 문구는 다시 한 번 새겨볼 만하다. 파타고니아는 착한 기업도 성공할 수 있다는 것을 잘 보여주고 있다. 직원들이 자부심을 갖고 일할 수 있는 회사로 만들겠다는 의지와 그에 따른 기업의 활동을 지속적으로 보여주고 있으며, 신념을 지키며 사업을 할 수 있는 원동력이 무엇인지 보여주고 있다.

요약

1. 파타고니아는 친환경 프리미엄 아웃도어 브랜드로서 기업이 환경에 미치는 영향을 최소화하고 높은 품질의 오랫동안 입을 수 있는 제품을 생산하고자 한다.

2. 파타고니아의 알피니즘은 엔진이 없는 스포츠 액티비티에서 노력으로 얻어낸 개인의 영광과 자연과의 교감을 우선시하는 가치를 의미한다. 기후 변화로 알피니즘이 사라질 위기에 처해 파타고니아는 환경을 보호하며 내구성이 뛰어난 제품 제작을 목표로 삼았다.

3. 파타고니아의 마케팅 전략은 지속가능성을 위한 기업의 생각에 소비자들이 공감하도록 하고 고객과의 파트너십을 강조한다.

4. 환경을 보호하며 고객과 소통하기 위한 전략으로, 여러 새 제품의 구매를 지양하고 낡은 제품을 수선하여 오래 입도록 하기 위한 원웨어 캠페인과 폐기처분 직전의 옷을 재활용한 리크래프티드 컬렉션 등을 진행했다.

생각해 볼 문제

1. 일반적이지 않은 파타고니아의 마케팅 사례와 전하려는 메시지를 조사해보자.

2. 높은 가격대의 파타고니아 제품을 매력적으로 만드는 요인에 대하여 논의해보자.

2. H&M

1) 브랜드 역사

'트렌디한 패션을 합리적으로 선보인다'Fashion and quality at the best price는 기업 모토를 가진 스웨덴의 H&M은 브랜드 가치만 21조 6,000억 원에 달하며2019년 기준, 일본 유니클로, 스페인 자라와 함께 3대 글로벌 SPA 패스트 패션 업계로 언급된다.

H&M의 창립자인 얼링 페르손Erling Persson은 2차 세계대전 이후 활황을 맞은 미국으로 여행을 떠났을 때 백화점에서 영감을 받았다. 이후 스웨덴으로 돌아와 1947년 여성의류 제조업체 '헤네스'Hennes를 설립했다. 헤네스는 합리적인 가격에 품질이 좋은 옷을 판매하여 중산층 소비자에게 인기를 얻었다. 1968년에는 사냥용품 업체 '모리츠 위드포스'Mauritz Widforss를 인수해 남성복을 출시했다. 이때 두 회사의 이름을 합친 '헤네스 앤드 모리츠'H&M가 탄생했다.

1964년 노르웨이에서 시작하여 북유럽 국가를 중심으로 매장을 오픈했고, 1974년에 스톡홀름 거래소에 상장되었다. 1976년 영국 런던에 북유럽 외 첫 해외 매장을 내며 해외 진출을 본격화했으며 1982년 창립자의 아들인 스테판 페르손Stefan Persson이 회사를 물려받은 뒤 해외 시장을 본격적으로 확장했다.

H&M은 1990년대 후반부터 의류 제조와 유통을 일원화하여 빠르게 유행을 반영한 패스트 패션의 열풍과 함께 인기를 끌었으며, 세계 여러 나라에 진출했다. 특히 2000년 미국과 스페인 시장 진출은 H&M이 글로벌 패션 기업으로 도약할 수 있는 계기가 되었다. 당시 뉴욕 매장은 고객이 많아 안전 요원이 입장을 통제할 정도였다.

H&M은 2020년 기준 전 세계 70여 개국에 5,065개의 점포를 보유하고 있다. 매출액은 2020년 기준 163억 유로로 전 세계에서 독일의 비중이 가장 높고, 이어서 영국, 프랑스, 중국 순이다.

표 4-2a H&M의 브랜드 프로필

설립 연도	1947년	보유 브랜드	H&M, 코스, 앤아더스토리즈, 아르켓, 위크데이, 몽키 등
산업 분야	의류, 패션, 리테일(소매)	매장 수	5,065개(2019)
창업자	얼링 페르손	매출액	163억 유로(2020)
CEO	스테판 페르손 회장, 헬레나 헬메르손 CEO(2020~)	웹사이트	www.hm.com
본사	스웨덴 스톡홀름	주식상장 여부	1974년 스톡홀름 증권거래소
직원 수	17만 7,000명(2020)		

표 4-2b H&M의 브랜드 역사

연도	역사
1947년	• 스웨덴 베스테로스에 여성 의류 전문점 헤네스(Hennes) 오픈
1952년	• 스톡홀름(Stockholm)에 헤네스 매장 오픈
1968년	• 사냥 용품 업체 '모리츠 위드포스(Mauritz Widforss)' 인수, 남성복 출시 • 그 후 헤네스 앤드 모리츠(H&M)로 브랜드명 변경
1974년	• 스톡홀름 증시에 H&M 상장
1976년	• 영국 런던 매장 오픈
1982년	• 창업자 2세 스테판 페르손에게 경영권 인계 • 글로벌 매장 진출 본격화
1998년	• 프랑스 첫 H&M 매장 오픈 • 이커머스(E commerce, 온라인 전자 상거래) 시작
2000년	• 미국 뉴욕 첫 H&M 매장 오픈
2004년	• 칼 라거펠트(Karl Lagerfeld), 스텔라 매카트니(Stella McCartney), 마돈나(Madonna), 지미 추(Jimmy Choo), 랑방(Lanvin) 등 유명 패션 디자이너 및 브랜드와의 컬래버레이션 시작
2007년	• 홍콩에 아시아 첫 H&M 매장 오픈 • 프리미엄 SPA, COS 출시
2008년	• 스웨덴 패션업체 FaBric Scandinavien AB의 지분 60%를 매입 후, 2010년 잔여 지분 5억 5,200만 스웨덴 크로나에 매입 – Cheap Monday, Monki, Weekday를 각기 다른 콘셉트로 운영(Cheap Monday는 2019년 폐쇄) • 일본 첫 H&M 매장 오픈
2009년	• H&M Home 출시
2010년	• 한국과 터키에 첫 H&M 매장 오픈
2011년	• 재활용 & 친환경 소재의 컨셔스 컬렉션(Conscious Collection) 출시 • 직원을 위한 H&M 인센티브 프로그램 운영

표 4-2b 계속 129

연도	역사
2012년	• 패션 학과 졸업생과 젊은 디자이너를 지원하기 위한 H&M 디자인 어워드(Design Award)[1] 개최 시작(연 1회) • Higg Index[2] 가입
2013년	• 여성 라이프 스타일 패션 브랜드 앤아더 스토리즈(& Other Stories) 출시, 세계 패션 대도시를 중심으로 20개의 매장 전개
2015년	• 스웨덴 최대 중고 패션 판매 플랫폼 셀피(Sellpy)에 투자, 70% 지분 보유 • 규모의 순환 패션을 위한 신소재 개발 지원 프로그램인 H&M 글로벌 체인지 어워드 개최 시작
2017년	• 지속가능성에 기반한 프리미엄 SPA 브랜드 아르켓(Arket) 출시, 런던 1호점 오픈
2019년	• 2019년 4월 중고 의류와 빈티지 제품 판매 프로젝트 발표 • 지속가능성 하이퍼 로컬 스토어, 베를린의 미떼 가튼 H&M(Mitte Garten H&M) 오픈 • 7년 연속 다우존스 지속가능 경영지수 포함, 세계에서 가장 지속가능한 기업 상위 10% 제품 품질, 인권 및 환경 보고 등 업계 최고의 지속가능성 점수로 다우존스 유럽 지수 등재 • FTSE4GOOD 지수[3] 시리즈 기업 선정 • 2019 오가닉 면 및 RDS 인증 다운[4] 사용 1위(소재 변화 인사이트 보고서)
2020년	• 지속가능 경영 부문 책임자 출신의 첫 여성 최고경영자(CEO) 헬레나 헬메르손 선임, 지속가능 경영 강화 • 2020.5 텍스타일 익스체인지(Textile Exchange)[5]가 선정한 '프리퍼드 코튼(Preferred cotton)[6] 소싱 1위 기업' • 2020년 하반기 독일 셀피(Sellpy) 서비스 시작, 중고 패션 비즈니스 시도, 오스트리아와 스웨덴까지 확장 • 업사이클 프로젝트, 데님 리디자인 • 2020년 패션 레볼루션(Fashion Revolution)[7] 패션 투명성 지수 Top10 1위(73%) • 코퍼레이트 나이츠(Corporate Knights)[8] 2020 글로벌 100에 27위 선정

1 H&M 디자인 어워드(H&M Design Award): 2012년부터 개최된 수상 제도로 패션 졸업생과 젊은 디자이너를 발굴한다. 우승자는 스웨덴 스톡홀름에 있는 H&M 본사에서의 인턴십과 25,000유로의 상금을 받는다.

2 히그 인덱스(Higg Index): 히그 인덱스는 지속가능한 의류 연합(SAC, Sustainable Apparel Coalition)에서 제정한 지수로, 공급망 전체에서 패션 기업의 환경 및 사회적 지속가능성 성과를 측정하고 평가하기 위한 표준이다.

3 FTSE4GOOD 지수: 2001년 FTSE그룹이 시작한 일련의 윤리적 투자 주식 시장 지수이다. 영국, 미국, 유럽 및 일본 시장을 포함하여 기업의 사회적 책임 기준에 따라 포함되는 다양한 주식 시장 지수가 있다.

4 RDS 인증 다운: RDS(Responsible Down Standard) 인증 다운은 채취에서부터 제품에 사용되기까지 모든 유통 과정이 추적되고, 거위나 오리의 사육과 도축 등 다운 생산 과정에서의 인도적이고 윤리적인 정당성을 인증하는 제도이다.

5 텍스타일 익스체인지(Textile Exchange): 텍스타일 익스체인지는 원료에서 최종 제품에 이르기까지 지속가능성 주장을 검증하는 방법을 업계에 제공하는 일련의 표준을 개발하고 관리하는 비영리단체이다. 유기물 함량 표준(OCS), 글로벌 재활용 표준(GRS), 재활용 클레임 기준(RCS), 책임있는 다운 표준(RDS), 책임있는 울 표준(RWS), 책임있는 모헤어 표준(RMS), CCS(콘텐츠 클레임 표준)을 개발해 관리하고 있다.

6 프리퍼드 코튼(Preferred cotton): 프리퍼드 코튼은 오가닉 면, 재활용 면 및 더 나은 면 이니셔티브(BCI, Better Cotton Initiative)를 통해 공급되는 면이 포함된다.

7 패션 레볼루션(Fashion Revolution): 패션 레볼루션은 전 세계 100여 개국에 팀을 두고 있는 비영리 글로벌 운동단체이다. 패션 공급망의 투명성을 높이는 데 초점을 둔 패션 산업의 개혁을 위한 캠페인을 진행한다. 패션 투명성 지수는 패션 레볼루션이 2016년부터 주요 패션 브랜드를 대상으로 수행해온 리서치로, 정책과 실현 노력, 경영 방식, 공급망 투명성, 문제 개선도, 사회적 쟁점 관심도의 다섯 가지 항목으로 대형 브랜드가 얼마큼 환경, 사회 관련 정보를 공개하고 있는지 평가한다. 세계 250여 개 브랜드와 점포를 대상으로 동물 복지, 생분해성, 화학 약품, 기후, 결사의 자유, 남녀 평등, 생활 임금, 생산자 투명성, 폐기 및 재활용, 노동 환경 등 220가지 지표를 바탕으로 조사가 이뤄졌다.

8 코퍼레이트 나이츠(Corporate Knights): 코퍼레이트 나이츠는 캐나다 토론토에 본사를 둔 미디어, 리서치 및 금융 정보 제품 회사로서 가격에 사회적, 경제적, 생태적 비용 및 혜택이 완전히 통합된 경제 시스템을 홍보하는 데 중점을 두고 있으며, 시장 참가자는 자신의 행동의 결과를 명확하게 인식하고 있다.

그림 4-2a
H&M의 로고

2) 브랜드 아이덴티티

H&M

H&M의 브랜드명은 'Hennes & Mauritz AB'의 약자이다. 창립 당시 사용했던 이름인 헤네스Hennes와 1968년 인수한 사냥 용품의 브랜드명 모리츠Mauritz를 합쳐서 헤네스 앤드 모리츠Hennes & Mauritz가 되었고 현재는 이의 약자인 H&M을 사용하고 있다.

H&M은 저렴한 제품을 대량생산하여 출시하던 패스트 패션의 이미지에서 탈피하여 다양한 멀티 브랜드 포트폴리오 전략을 구사하고 있다.

합리적인 가격과 품질로 최신의 패션 감각을 선보이는 H&M을 비롯하여 2007년 출시한 '코스'COS는 컨템포러리Contemporary 프리미엄 SPA로 포지셔닝했다. '코스'는 미니멀한 디자인과 장인 정신, 정교하고 높은 품질 기준으로 기존 SPA와는 차별화 된다. 2015년과 2016년 코스는 네타포르테Net-a-porter 그룹의 남성 럭셔리 패션 플랫폼인 '미스터 포터'Mr. Porter와 '모던 트래블러'The Modern Traveller를 테마로 협업 컬렉션을 제작하며 미스터 포터의 브랜드 가치를 공유했다.

2008년에는 스트리트 캐주얼 브랜드 '칩 먼데이'Cheap Monday, 데님 소재 특화 브랜드 '위크데이'Weekday, 컬러풀한 그래픽 브랜드 '몽키'Monki 등 다양한 고객층을 아

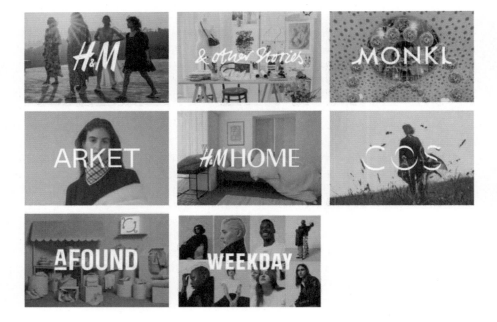

그림 4-2b
H&M그룹
보유 브랜드

우르는 브랜드들을 출시했다.

2013년 출시한 '앤아더 스토리즈'& Other Stories는 패션과 라이프스타일을 접목한 새로운 여성 패션 브랜드로 이슈가 되었다.

'아르켓'Arket은 2017년 SPA의 한계를 극복하고 지속가능성을 지향하는 브랜드로 출발했다. 환경보호와 생산 노동자에 대한 처우 개선 등 기존 SPA와 반대되는 철학을 제시한다. 친환경 코튼, 재활용 캐시미어 등 지속가능한 상품을 꾸준히 선보이며 소비자에게 생산처의 공급자와 정보를 제공하는 투명한 상품 전략을 펼치고 있다. 또한 아르켓의 지속가능한 이미지와 어울리는 타사 제품도 함께 판매하고 있다.

H&M은 각각의 브랜드가 다양한 소비자라이프 스타일을 반영하여 전 세계에 폭넓은 소비자 층을 보유하고 있다. 또한 패스트 패션 기업으로 시작한 H&M은 지속가능성을 내세운 친환경 패션, 나아가 순환 패션을 위한 전략을 세우고 있다.

3) 브랜드 전략

(1) 체계적인 멀티 브랜드 전략과 시즌별 컬래버레이션

'더 빨리, 저렴하게'라는 구호로 패스트 패션계를 주도하던 H&M은 2007년 단일 브랜드 정책을 중단하고, 프리미엄 SPA 브랜드인 코스cos를 출시하며 멀티 브랜드 전략을 선언했다.

그 후 2013년 여성 라이프스타일 패션 브랜드 앤아더 스토리즈& Other Stories와 2017년 지속가능성에 기반을 둔 아르켓Arket을 이어 출시했다. 기존 H&M은 중저가 전략을 그대로 유지하는 동시에 차별화된 여러 브랜드를 선보이며 시장을 확장했다.

또한 유명 디자이너들과 협업하는 '시즌별 컬래버레이션'은 H&M의 대표적인 브랜드 전략이다. 컬래버레이션 전략은 '패션의 가치는 값으로 결정할 수 없다'는 H&M의 철학을 잘 표현하고 있다. 2004년 샤넬의 수석 디자이너 칼 라거펠트와의 협업을 시작으로 스텔라 매카트니, 빅터앤롤프, 지미 추, 베르사체, 모스키노 등 최고의 디자이너들과 매년 작업하고 있다.

칼라거펠트(2004)

꼼데가르송(2008)

랑방(2010)

발망(2015)

겐조(2016)

에르뎀(2017)

그림 4-2c
H&M의
컬래버레이션

지암바티스타발리(2019)

산드라 만수르(2020)

(2) 디지털화

과거 H&M의 성장 전략은 오랫동안 오프라인의 점포망 확대를 통한 성장에 집중되어 있었다. 그러나 이커머스의 매출이 급증하며 디지털화의 중요성을 인지한 2017년부터 매출 목표 기준을 '점포 수'에서 '매출액'으로 변경하였다.

2019년에는 오프라인 매장의 확대를 줄이고 멀티 브랜드를 출시하면서 이커머스에 집중했다. 또한 1조 2,000억 원 중 50%를 디지털 트랜스포메이션에 투자하고, 고객이 온라인에서 구매한 상품을 오프라인에서 수령할 수 있는 클릭 앤 컬

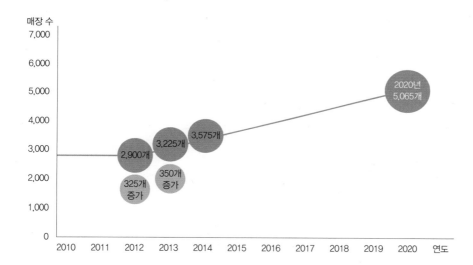

그림 4-2d
H&M 매장 수
확대 현황

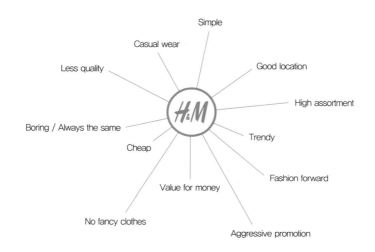

그림 4-2e
H&M의
브랜드 콘셉트

렉트_{Click-and-collect} 서비스를 강화하였다. 2020년 H&M은 COVID-19으로 인해 급격하게 변화한 고객 행동에 대응하기 위하여 디지털화 전략의 실천을 가속화하였다. 디지털 투자와 매장 포트폴리오의 다양화, 통합된 채널 전략을 통해 혁신의 속도를 높였다.

(3) 지속가능성

H&M의 7가지 지속가능 공약에 따르면 H&M은 지속가능성 가치를 더한 제품을 생산하여 의식있는 소비자에게 제공하고, 책임있는 파트너와 함께 일하며 윤리적인 기업으로서 사회에 기여하고자 한다. 또한 탄소 배출량을 감소시키는 등 환경 변화에 올바르게 대처할 수 있도록 노력하고 소비재 사용을 감소시키는 재활용, 재사용 등을 통해 낭비를 줄이는 것을 목표로 한다. 이 외에도 책임감 있는 천연자원의 사용으로 물이나 토양, 공기와 종 보존에 힘쓴다. 이처럼 H&M은 지속가능성을 바탕으로 환경을 보호하고 윤리적인 행동을 추구하고 있다. H&M의 비전은 모든 행동이 사회적·경제적·환경적으로 지속가능하게 실행되어야 한다고 설명한다.

표 4-2c H&M의 지속가능 공약

대공약	세부공약
의식있는 소비자에게 제품 제공(provide fashion for conscious customers)	지속가능한 제품을 만든다.
책임있는 파트너 선택(choose and reward responsible partners)	H&M의 가치를 공유하는 파트너와 함께 한다.
윤리적 행동(be ethical)	항상 진실되고 책임감 있게 행동한다.
기후 변화 고려(be climate smart)	효율적 에너지를 사용하고 이산화탄소 배출량을 줄여 다른 기업에 영감을 준다.
소비재 낭비 최소화(reduce, reuse, recycle)	매립되는 폐기물을 제로화한다.
책임감 있는 천연자원 사용(use natural resources responsibly)	천연자원을 절약한다.
강한 공동체의식(strengthen communities)	우리가 경영하는 지역 공동체의 발전을 위해 기여한다.

4) 지속가능 전략

H&M은 빠르게 변화하는 패션 산업에 대응하기 위해 지속가능성 전략의 목표를 "변화하자"_{Let's Change}로 설정했다.

(1) 의식있는 혁신(Let's Innovative & Let's be Conscious)

H&M은 1999년 오가닉 코튼_{Organic Cotton}을 첫 출시한 이래 2019년 전체 코튼 상품 중 57%에 오가닉 코튼을 적용하고 있고, 사용 소재의 57%, 코튼 제품의 95%는 재생 혹은 지속가능한 방법으로 생산되었다. 따라서 H&M은 2019년 재활용 혹은 지속가능한 방식으로 만들어진 면의 사용 목표치의 97%를 달성했다. 또한 2030년까지 오가닉 코튼의 사용과 지속가능한 소재의 사용을 100%로 확대할 계획이다. H&M은 2020년 5월 미국의 글로벌 비영리 단체인 텍스타일 익스체인지_{Textile Exchange}로부터 프리퍼드 코튼_{Preferred cotton} 소싱 1위 기업으로 선정되었다.

• 친환경 소재를 적용한 컨셔스 익스클루시브_{Conscious Exclusive} 라인 패스트 패션은 짧은 상품 제작 및 출시 주기로 제품 제작부터 폐기에 이르기까지 환경오염을 야기한다는 지적이 끊임없이 제기되어 소비자들이 외면하기 시작했다.

　H&M은 이러한 소비자 의식 변화에 발맞추어 2009년 재생 및 친환경 소재를 적용한 컨셔스 익스클루시브 라인을 출시했다. 컨셔스_{Conscious}는 '의식있는'이라는 뜻을 가지고 있다.

그림 4-2f
2020 S/S H&M
컨셔스 컬렉션

지속가능한 소재 적용 확대

H&M은 파인애플 잎에서 추출한 부산물로 만든 천연 가죽인 피냐텍스Pinatex[9], 와인 생산 후 남은 포도 찌꺼기를 활용한 비건 가죽 비제아Vegea[10], 오렌지 부산물로 만든 오렌지 섬유[11] 등 지속가능한 소재를 사용한 의류 및 패션 잡화를 선보이며 친환경 신소재를 지속적으로 테스트하고 있다.

재생가능한 식물성 셀룰로오스로 만든 라이오셀, 재활용 울, 린넨, 재활용 폴리에스테르, 재활용 폴리아미드, 재활용 플라스틱, 재활용 데님 등 다양한 지속가능한 소재를 사용하고 있다.

2015년부터는 책임있는 다운 기준인 RDSResponsible Down Standard에 근거하여 동물복지 원칙을 준수하는 인증 농장의 버진 다운Virgin Down만을 사용하고 있다.

2020년 해양 플라스틱 쓰레기 문제 해결의 일환으로 인도네시아의 섬에서 페트병을 수거해서 만든 "보틀투패션"Bottle2Fashion 아동복 컬렉션을 선보였다. H&M은 인도네시아와 함께 2025년까지 해양 플라스틱 쓰레기를 70%까지 줄이려는 목표를 가지고 있다.

그림 4-2g
H&M이 인도네시아와 함께 한 "보틀투패션" 아동복

9　피냐텍스(Pinatex)는 영국 업체 아나나스 아남(Annanas Anam)이 개발한 파인애플 잎에서 섬유질을 추출해 고무 성분을 제거한 뒤 숙성시켜 만든 천연 가죽이다. 섬유질을 모아 펠트(felt · 양모 등을 압축해 원단으로 만드는 것)처럼 찍어내고 무두질하면 동물 가죽과 비슷하게 단단해진다. 기존 가죽보다 가볍고 부드러우며 방수기능과 통기성이 뛰어나다. H&M, 푸마, 휴고 보스 등이 피냐텍스로 재킷과 신발 등을 만들었고, 테슬라는 자동차 시트 가죽으로 사용했다.

10　비제아(Vegea)는 이탈리아 밀라노의 패션 기업이 개발한 가죽 대체재이다. 와이너리에서 와인 제작 후 매년 태워 없애는 포도 찌꺼기를 눌러 붙인 후 섬유질과 기름을 뽑아내고 가공한다. 업체에 따르면 연간 260억 리터씩 생산되는 와인에서 발생하는 70억kg의 포도 찌꺼기를 활용하면, 연간 최대 30억 m²의 와인 가죽을 만들 수 있다. 2017년 H&M의 글로벌 체인지 어워드에서 1위를 차지해 30만 유로의 개발 자금을 지원받았다.

11　오렌지 섬유(Orange Fiber)는 이탈리아의 아드리아나 산타노치토(Adriana Santanocito)와 엔리카 아레나(Enrica Arena)가 시칠리아 지역에서 발생하는 매년 7억 톤 가량의 오렌지 부산물을 원단으로 개발했다. 2014년 '오렌지 파이버'의 첫 시제품이 제작된 후 현재는 대량생산이 가능한 단계이다. 이탈리아 명품 브랜드 페라가모는 2017년 '오렌지 파이버 컬렉션'이라 명명한 오렌지 섬유로 만든 스카프를 출시했다.

2020년 엘렌 맥아더Ellen MacArthur 재단은 수질 오염과 에너지 낭비 등 환경에 큰 영향을 주는 청바지 생산 방식을 변화시키기 위해 폐기물, 오염 등 유해한 관행과 관련된 새로운 순환 경제 지침을 발표했다. 또한 의류 내구성, 소재, 재활용 가능성 및 추적성에 대한 최소 요구사항을 설정했다.

이에 H&M 그룹과 전 세계의 여러 주요 패션 브랜드, 제조 및 원단 생산 공장은 "Let's redesign Denim"데님을 재설계하자이라는 공동 비전으로 도전 과제를 설계했다. H&M은 데님 원단을 유기농 면과 재활용 면을 혼합하여 제작했다. 또한 폴리에스터 대신 텐셀을 사용하여 모든 의류의 재활용이 쉽도록 하였다.

향후 이 컬렉션은 남성 컬렉션뿐만 아니라 다른 라인으로 확장될 계획이다.

그림 4-2h
2020 F/W
H&M 남성
데님 리디자인
컬렉션과
H&M×LEE
재활용
데님 라인

시즌리스, 타임리스 개념 도입한 H&M 스튜디오 컬렉션

그림 4-2i
시즌리스 개념의 H&M 스튜디오 컬렉션

H&M은 변화하는 소비자 흐름을 반영한 지속가능 라인으로 '시즌리스Seasonless, 타임리스Timeless' 개념의 H&M 스튜디오 컬렉션Studio Collection 을 출시했다. 2020년 COVID-19 상황 속에서 디지털 컬렉션으로 해당 라인을 선보이며 탄소 발자국을 줄였다.

(2) 클린업(Let's Clean Up)

H&M은 유해한 화학물질, 일회용 포장 등을 배제하고 보다 지속가능한 방법으로 제품을 제작, 생산, 운송 및 포장하는 방법을 연구하고 있다.

1995년, H&M은 유해한 화학 물질 제한 목록인 '선별된 화학물질'Screened Chemistry 을 작성했다. 이러한 기준을 마련한 최초의 패션 기업인 H&M은 디자인 단계부터 유해물질을 제한해 무독성 소재를 사용하고 있다. 즉, 의류를 세탁하거나 염색, 인쇄할 때 H&M의 공급 업체들은 자체 화학 물질 기준을 충족한 원료를 사용해야 한다.

또한 재사용이 가능한 재활용 패키지의 사용을 원칙으로 하나, 비닐 포장의 경

그림 4-2j
H&M의
재활용 제지를
사용한 라벨

우 2025년까지 재활용 가능한 재료로 전환할 계획이다. 동시에 환경에 유해한 플라스틱 포장을 사용하지 않기 위해 앨런 맥아더Ellen McArthur 재단의 플라스틱 제로 공약에 동참하고 있다. 이 외에도 팩포굿Pack4Good [12] 활동을 지원하여 멸종

---

12 팩포굿(Pack4Good) 캠페인: 산림보호 비즈니스 솔루션 회사 캐노피(Canopy)에서 20여 년 전부터 진행하는 산림보호 캠페인이다.

위기에 처한 숲을 보호하고 있다.

H&M은 제품 운송에 전체 온실가스 배출량의 2~3%가 차지한다는 사실을 인지하고 배송 단계에서 탄소 배출을 줄이기 위해 노력하고 있다. 2050년까지 화석 연료 사용 제로를 목표로 전동차, 바이오 연료 사용 등을 도입하여 탄소 배출량을 20% 가량 줄이고자 한다. 네덜란드 30개 도시에서는 H&M 온라인 구매 제품을 자전거로 배달하는 등 자연 친화적인 운송 시스템을 시도하고 있다.

(3) 재활용, 재판매(Let's Take Care)

H&M은 2019년 4월 중고 의류와 빈티지 제품을 판매하겠다고 발표한 후 현재 다양한 프로젝트를 진행 중이다. 2015년부터 스웨덴의 최대 중고 판매 플랫폼 셀피 Sellpy에 투자하고, 70%의 지분을 확보해 지속가능한 비즈니스에 주력하고 있다. 셀피는 셀피백Sellpy Bag에 더 이상 입지 않는 옷을 담아 셀피로 보내면 상품 촬영부터 판매까지 모든 프로세스를 대행하는 서비스 비즈니스 모델로 2020년 하반기 독일에서 출시되어 2021년 유럽 20개국에 진출하였다. 판매되지 않은 제품은 회수 또는 기부할 수 있도록 하여 재활용에 대한 시스템까지 구축하였다. 이러한 서비스를 통해 순환 경제를 실천하고 소비자들이 지속가능한 소비를 할 수 있도록 적극적인 지원을 하고 있다.

또한 H&M은 2020년 스톡홀름, 비엔나, 런던, 파리의 플래그십 스토어에 옷을 수선할 수 있는 코너를 만들어 리폼까지 사업을 확장하고 있다.

그림 4-2k
스웨덴의
중고 재판매
플랫폼 셀피
by H&M

(4) 투명성(Let's be Transparent)

H&M은 공급자와 관련된 사회적·환경적 영향을 투명하게 공개하여 지속가능성을 실천하고 있다. 캠페인 그룹 패션 레볼루션이 해마다 세계 250여 개 패션 및 어패럴 브랜드와 리테일러를 대상으로 공개하는 패션 투명성 지수Fashion Transparency Index에서 H&M은 2019년 5위, 2020년 1위에 올랐다.

TOP 10 SCORES IN 2020(%)

H&M (H&M Group)	73%
C&A	70%
Adidas/Reebok	69%
Esprit	64%
Marks&Spencer	60%
Patagonia	60%
The North Face/Timberland/Vans/Wrangler (VF Corp)	59%
Puma	57%
ASOS	55%
Converse/Jordan/Nike (Nike Inc.)	55%

5 HIGHEST SCORING BRANDS

Adidas	64%
Reebok	64%
Patagonia	64%
Esprit	62%
H&M	61%

out of 250 possible points

그림 4-2|
2019년, 2020년
패션 레볼루션의
패션 투명성
지수 순위

(5) 공정성(Let's be Fair)

H&M은 자사 제품을 생산하는 공장 1,200여 개의 임금 관리 시스템을 개선해 UN의 기업과 인권 이행 원칙을 준수하고 근로자들이 공정한 임금을 받도록 하였다. 또한 보다 지속가능한 방법으로 일할 수 있도록 정기 방문, 감사 및 교육을 실시하고 있다. 이러한 노력으로 에티스피어Ethisphere®[13]가 선정하는 세계에서 가장 윤리적인 기업에 9차례 선정되었다.

---

13 에티스피어(Ethisphere® Institute): 에티스피어는 2006년 설립되어 기업 윤리 기준을 정의 및 측정하고, 우수 기업을 인정하며, 기업 윤리 모범 사례를 장려하는 미국의 영리 기업이다.

(6) 포용성(Let's be For All)

H&M은 패션을 통해 인간의 다양성을 포용하고자 한다. 따라서 양성 평등, 여성 권리, 보디 포지티브 Body Positive와 같은 포용성 이념에 뜻을 같이 하는 단체와 이니셔티브를 지원하고 있다.

또한 H&M 프라이드 컬렉션을 통해 성소수자 평등에 관련된 "유엔 자유 & 평등"[14] UN Free & Equal 캠페인에 협력하고 있다.

그림 4-2m
"유엔 자유 & 평등" 캠페인

(7) 순환패션(Let's Close the Loop)

2040 기후친화적 가치 사슬 완성

H&M은 2040년까지 환경 이익적(Climate Positive: 대기 중의 이산화탄소를 추가로 제거함으로써 환경적 이익을 주는) 상태의 기후 친화적 가치 사슬을 완성하는 것을 목표로 한다. 온실가스를 흡수하는 혁신 기술에 지원하여 탄소 발생 제로화를 추구한다. 또한 기후 변화에 대응하기 위해 재생 에너지를 적극 활용하여 100% 재생 전기 전환을 목표로 한다. 2016년부터 전 세계 H&M 매장의 96%가 재생 전기를 사용하고 있다. 이러한 노력의 결과로 H&M은 2019년 기업 환경경영 수준을 평가하는 CDP Carbon Disclosure Project 조사에서 최고 등급인 'CDP Climate A List'를 받았다.

의류 수거 프로그램

H&M은 2013년부터 소비자의 헌 옷을 수거하여 패션 폐기물을 줄이는 의류 수거 프로그램인 '가먼트 컬렉팅' Garment Collecting을 시작했다. 소비자는 해당 프로그램

---

14 유엔 자유 & 평등(UN Free & Equal) 캠페인: 유엔 자유 & 평등 캠페인은 유엔 인권 사무소가 이끄는 글로벌 홍보 캠페인으로 성평등, 동성애에 관한 선입견에 맞서 자유롭고 평등한 세상을 지원하는 캠페인이다.

에 옷을 기부하고 다음 쇼핑 때 사용할 수 있는 할인 쿠폰을 받는다. 수거된 의류는 가장 가까운 처리 공장으로 보내져 수작업으로 분류되고 등급이 매겨지는데, 이때 폐기물을 하나도 발생시키지 않는 것이 목표이다.

수거된 의류는 네 가지로 분류된다. 다시 입을 수 있는 의류는 전 세계 중고시장에 유통한다. 착용할 수 없는 옷은 청소포와 같은 제품으로 개조되고 재생 조차 불가능한 옷감은 원사로 재활용하여 자동차 업계에서 댐핑제 혹은 절연 소재 제품으로 활용된다. 재착용과 재사용, 재활용이 모두 불가능한 경우에는 에너지원으로 사용된다. H&M은 수거한 의류 1kg당 0.02유로를 자선단체에 기부한다.

2019년 H&M은 가먼트 컬렉팅을 통해 29,005톤의 의류를 수거했다. 이는 2018년 대비 40% 증가한 수치로 약 1억 4,500만 개의 티셔츠에 상응하는 양이다.

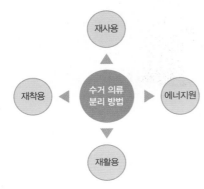

그림 4-2n
H&M의 의류
수거 프로그램
가먼트 컬렉팅
수거의류
분리방법

표 4-2d H&M의 100% 순환성과 재생성을 위한 항목별 변화 및 타깃(2015~2018)

항목	2015	2018	목표
전체 소재 사용에서 지속가능적으로 소싱한/재활용한 소재	20%	57%	2030년까지 100%
재활용/지속가능 코튼의 사용	34%	95%	2020년까지 100%
재활용을 위해 수거한 가먼트	12,341톤	2만 649톤	2020년까지 매년 2만 5,000톤
주요 매장 쓰레기의 재활용 시스템을 설치한 매장	61%	63%	100%
H&M 내에서 수자원 효율성을 가진 시설	37%	63%	2020년까지 100%
유해물질 발생제로 기준의 서플라이어 공장	75%	87%	100%
H&M 내에서 재생가능 전기 사용	78%	96%	100%
전년 대비 H&M 내 탄소 발생 변화	−56%	−11%	2040년까지 환경이익적 상태로 (Climate positive)
전력 변화(매장 운영 시간 동안의 Kwh/sqm)	자료없음	−8.2%	2030년까지 −25%

H&M은 2015년부터 글로벌 체인지 어워드Global Change Award를 통해 매년 순환 패션 스타트업을 지원하고 있다. 2017년 H&M의 글로벌 체인지 어워드에서는 포도 찌꺼기에서 추출한 소재로 가죽을 만든 와인가죽 비제아Vegea가 1위로 선정되어 30만 유로의 개발 자금을 지원받았다. 2020년에는 총 175개국 5만 9,000명의 참가자 중 브라질의 지속가능한 코튼 '인크레더블 코튼'이 1위로 선정되었다. 인크레더블 코튼은 생명공학 기반의 실험실에서 물을 사용하지 않고 재배한 면으로 기존의 면화 생산 대비 10배 빠르게 자란다. 인크레더블 코튼으로 셔츠를 4장 생산하면 약 9,200리터의 물을 절약할 수 있다.

그림 4-2o
2020년
글로벌 체인지
어워드 수상자
'인크레더블
코튼'

재활용 시스템 룹(Looop)

2020년 H&M은 스웨덴 스톡홀름 드로트닝가탄Drottninggatan 매장 한편에 의류 파쇄와 재활용 과정을 소비자에게 보여주는 재활용 시스템인 룹을 설치했다. 비영리 H&M 재단이 홍콩 섬유 및 의류 연구소HKRITA와 홍콩 기반의 원사 업체인 스피너 노베텍스 텍스타일Novetex Textiles과 함께 제작한 기계이다. 화학 물질 없이 작동하는 룹은 소비자가 직접 재활용 과정을 관찰하며 자신의 오래된 옷을 재활용하는 데 참여할 수 있도록 독려 및 유도하는 마케팅 목적으로 활용된다.

그림 4-2p
H&M 스웨덴 스톡홀름 매장의 재활용 시스템 룹(Looop)

표 4-2e H&M의 지속가능 전략

전략: "Let's Change"	세부내용: 변화하는 H&M의 핵심가치 표명
의식있는 혁신 (Let's Innovative & Let's be Conscious)	• 1999년 오가닉 코튼 첫 출시(2019년 57% 비중, 2030년 100% 목표) • H&M 컨셔스(Conscious) 라인에서의 유기농 면과 재활용 면의 적용 범위 확대 • 2020년 5월 텍스타일 익스체인지(Textile Exchange) 선정 '프리퍼드 코튼(Preferred cotton) 소싱 1위 기업' • 친환경 소재[오렌지 섬유, 피냐텍스(파인애플 잎에서 추출한 천연 가죽), 비제아(포도 찌꺼기를 활용한 가죽)]에 투자하고 개발하여 친환경 소재 의류, 잡화 등 출시 • 지속가능 소재의 적용 확대(라이오셀, 재활용 울, 린넨, 재활용 폴리에스테르, 재활용 폴리아미드, 재활용 플라스틱, 재활용 데님 등) • 리뉴셀(Re:newcell) 지원 및 투자 • 업사이클링 프로젝트 '데님 리디자인(Jeans Redesign)'을 통해 2020 FW 남성복 출시, 확장 계획 • 2015년부터 RDS 인증 농장의 버진 다운(Virgin Down) 사용 • H&M 스튜디오의 시즌리스, 타임리스 라인
클린업 (Let's Clean Up)	• 무독성 소재, 유해물질이 제한된 소재 등 선별된 화학물질(Screened Chemistry) 채택 • 재활용 패키지 사용, Pack4Good 활동 지원 • 앨렌 맥아더(Ellen McArthur) 재단의 플라스틱 제로 공약 동참 • 자연친화적 운송-네덜란드 30개 도시를 대상으로 온라인 구매 제품을 자전거로 배달하는 등 자연친화적 운송을 도입하여 이산화탄소 배출 20% 감소
재활용, 재판매 (Let's Take Care)	• 중고의류 판매 플랫폼 셀피(Sellpy)에 투자 • 제품의 수선 및 리폼 장려하여 스톡홀름, 비엔나, 런던, 파리 플래그십 스토어 수선실 설치
투명성 (Let's be Transparent)	• 공급자를 공개하는 등 사회, 환경적 영향에 대한 투명성 실천 • 패션 레볼루션의 패션 투명성 지수 순위 2년 연속 10위권 진입
공정성 (Let's be Fair)	• H&M의 전 세계 생산 및 공급 기업 1,200여 개의 임금 관리 시스템 개선 • Ethisphere 선정, 세계에서 가장 윤리적인 기업 9차례 진입
포용성 (Let's be For All)	• 양성 평등, 여성 권리, 보디 포지티브(Body Positive) 관련 단체 및 이니셔티브 지원 협력 • UN Free & Equal 캠페인 지원
순환패션 (Let's Close the Loop)	• 2040년까지 기후 친화적 가치 사슬 완성(탄소 발생 제로화)을 목표 • 2019년 기업의 환경경영 수준을 평가하는 CDP(Carbon Disclosure Project) 조사에서 최고 등급인 'CDP Climate A List'에 선정 • 온실가스를 흡수하는 혁신 기술에 지원 • 재생 에너지를 적극 활용하여 100% 재생 전기로 전환하는 것이 목표 • 2013년부터 H&M 의류 수거 프로그램인 가먼트 컬렉팅(Garment Collecting)을 운영하여 수거된 의류를 중고 시장에 유통하거나 폐기. 소비자에게는 할인 쿠폰으로 보상하고 수거 의류 1kg당 0.02유로를 자선 단체에 기부 • 2015년부터 글로벌 체인지 어워드(Global Change Award)를 통해 패션 기술 브랜드 및 비즈니스(e.g. 와인 가죽 비제아) 지원

5) 브랜드 차별성

패스트 패션은 이제 성장기를 지나 성숙기를 맞아 이전과 많은 부분이 달라졌다. 소비자들은 오래 입어도 질리지 않는 시즌리스 디자인과 친환경 소재에 눈을 돌리기 시작했다. 패션에 대한 의식 수준도 높아져 자원을 재활용하는 업사이클 패션, 제조 공정 및 소재 사용에서 윤리적 과정을 추구하는 패션 등에 대한 관심이 높아짐에 따라 H&M도 이에 대응한 지속가능 경영에 초점을 맞추고 있다. 특히 3대째 이어온 가족경영에서 탈피하여 2020년 지속가능 경영 부문 책임자 출신의 헬레나 헬메르손Helena Helmersson을 CEO로 선임하여 지속가능 경영에 대한 의지를 표명했다.

또한 H&M은 오프라인 매장은 줄이고 디지털 트랜스포메이션Digital transformation; DT 에 투자하여 이커머스 사업을 확장하고 멀티 브랜드를 통한 라이프 스타일 콘텐츠로 고객을 유치하고 있다.

H&M은 순환 패션을 추구하는 지속가능 브랜드 전략을 통해 저렴한 상품을 양산하는 기존 SPA의 한계를 극복하고 코스COS, 아르켓Arket, 앤아더 스토리즈& Other Stories 등을 통해 브랜드 철학과 지속가능성에 대한 차별화를 추구하고 있다.

또한 H&M의 중고 판매, 대여 등 다양한 실험과 투자는 그들의 지속가능성에 대한 의지의 진정성을 보여준다. H&M은 자사의 사회적 책임 이행이 고객의 행동 변화로까지 이어지기를 희망하고 있다.

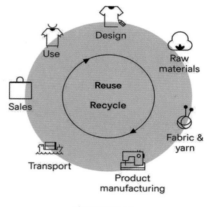

자료: H&M Group

그림 4-2q
H&M의
순환 모델

요약

1. 전 세계적인 SPA 브랜드로서 중저가의 고품질 제품을 판매하며 시즌별 리미티드 컬래버레이션을 통해 기업의 인지도를 높인다. 글로벌 브랜드로 자리 잡으며 오프라인 매장보다 디지털화와 이커머스에 중점을 두고 투자한다.

2. 지속가능성을 추구하며 친환경 제품 라인을 출시하고 있다. 또한 친환경 소재 사용, 폐기 의류 수거 등 여러 친환경 정책을 통해 패스트 패션으로 인한 환경 문제를 해결하고자 한다. 이러한 과정과 결과를 오프라인 매장을 통해 소비자와 공유하며 소비자의 니즈와 쇼핑 행태의 변화에 따른 새로운 오프라인 리테일 트렌드를 시도한다.

생각해 볼 문제

1. H&M 기업의 여러 브랜드와 각각의 특징은 무엇인가?

2. 다른 SPA 브랜드와 차별적인 H&M만의 전략을 논의해보자.

3. H&M과 유명 디자이너의 시즌별 컬래버레이션의 사례를 조사해보고, 가장 큰 인기를 끌었던 컬래버레이션에 대해 이야기해보자.

3. 판게아

1) 브랜드 역사

혁신 기술에 뿌리를 둔 지속가능한 '첨단 자연주의'Hightech Naturalism 의류 브랜드인 판게아Pangaia는 2018년 12월 '책임있는 생산과 소비로의 세계 전환을 가속화'하기 위한 글로벌 집단이 출시한 친환경 라운지웨어 브랜드이다. 라운지웨어, 액티브웨어와 같이 일상생활에 필수인 의류를 만드는 과학자, 기술자 및 디자이너 집단에 의해 설립되었다. 판게아는 혁신 소재 개발을 우선한 제품 출시로 지속가능성 패션의 우수성을 보여주고자 하는 최초의 하이브리드 회사다.

회사의 핵심인 퓨처 테크 랩(Future Tech Lab: 소재 과학 및 기타 패션 기술 분야의 스타트업에 투자하는 별도의 회사)에서 브랜드 출시 전 2년 동안 개발에 집중했다. 사람과 지구를 위해 더 나은 소재와 제품을 디자인하고 개발하려는 판게아의 의지와 일치하는 정신을 가진 예술가 및 디자이너와 협력하여 만들고 있다. 연구자, 창작자, 디자이너, 고객 및 협력자, 투자자 등이 지구를 먼저 생각한다는 같은 생각을 가진 글로벌 그룹으로 조직한 것이 특징이다.

지속가능하고 재활용 가능한 요소를 혁신적인 기술과 생명 공학에 기반하여 지속적으로 개발하는 연구 집단이 이들의 기반이 되어 글로벌 오픈 소스 플랫폼 조성을 목표로 한다. 제품의 자체 제조 공정을 직접 소유하지 않으며 소재의 연구 개발 초점에 뿌리를 두고 있다. 2018년 단일 아이템의 드롭 상품으로 브랜드를 출시했다. 친환경 위시리스Wash-less 의류를 표방하여 플라스틱 페트병을 재활용

표 4-3a 판게아의 브랜드 프로필

설립 연도	2018년 12월	보유 브랜드	판게아
산업 분야	의류	매장	온라인 기반
창업자	과학자, 기술자, 디자이너 등 글로벌 집단	매출액	7,500만 달러(2020)
본사	영국 런던	웹사이트	www.thepangaia.com
직원 수	비공개	주식상장 여부	비상장

표 4-3b 판게아의 브랜드 역사

연도	역사
2018년	• 2018년 12월 판게아 온라인 출시, 드롭 상품 구성
2019년	• 아동복 출시
2020년	• Just Water x pangaia 컬래버레이션 • 판게아 체인지 메이커스(Pangaia Change makers) 프로젝트 • 지구를 생각하는 Mother Earth Collection 출시 • 파자마, 재활용 캐시미어 출시

그림 4-3a
판게아의
대표상품 중
하나인
후드 티와
조거팬츠

한 소재와 GOTS[1]가 인증한 유기농 면화를 사용했다.

판게아의 첫 번째 드롭 상품은 티셔츠, 후드 티, 트랙 팬츠로 구성했다. 티셔츠는 해초가 함유된 천연 식물 염료의 유기농 면제품으로, 페퍼민트 오일로 마감하여 최대 10번까지 빨래를 하지 않아도 신선한 티셔츠를 입을 수 있도록 기획했다. 후드 티와 트랙 팬츠는 플라스틱 페트병을 재활용한 소재로 제작했다.

2) 브랜드 아이덴티티

그림 4-3b
판게아의
브랜드 로고

 PANGAIA

판게아Pangaia의 'Pan'은 모든 것을 포함하는 통합을 의미하고 'Gaia'는 어머니, 지구Mother, Earth를 뜻한다. 자연에서 발견되는 대칭에서 영감을 얻어 숫자 7에서 브랜드 정체성을 찾았다. 7글자, 주 7일, 무지개의 7색, 지구에 영향을 미치는 7개의 행성 등을 모티프로 제품과 색상 전개 등에 일관성 있게 적용하고 있다. 로고는 판게아의 이니셜 P를 7개의 원으로 구성하여 전 세계 사람들을 연결시키는 의미를 내포하고 있다.

---

1 GOTS(GLOBAL ORGANIC TEXTILE STANDARD): GOTS는 국제적으로 인정받는 유기농 섬유 표준이다. 2006년에 도입된 이래 GOTS는 실용적인 타당성을 입증했으며 유기 섬유 소비 증가와 산업 및 소매 부문의 통합 처리 기준에 대한 수요로 뒷받침된다.

판게아의 미션과 비전은 일상적인 라이프스타일 제품을 통해 획기적인 섬유 혁1

신과 기술을 제공하여 협력하는 것이며, 판게아의 모든 기술은 의류 및 자연 산업의 환경문제를 해결하는 것을 목표로 하고 있다. 혁신 기술에 기반한 지속가능한 소재의 한 제품과 경험을 디자인하고자 한다.

그림 4-3c
판게아 로고의
의미

3) 브랜드 전략

(1) 이원화된 비즈니스 모델

판게아 비즈니스 모델의 수익원은 2가지 형태로 이루어져 있다. 첫 번째, 고객을 직접 상대하는 D2C_{Direct to Consumer} 형태로 전자 상거래 매장을 통해 제품 판매를 중심으로 하며 두 번째, B2B로는 섬유 판매, 재료 라이선스 및 재료 R&D를 위한 브랜드 파트너십을 통해 수익을 창출하고 있다. 일반적으로 한 가지 형태를 중점으로 하는 패션 비즈니스 모델에서 진보한 변화는 기술 분야의 핵심 전략을 보유하고 있기에 가능하다.

(2) 기술이 축적된 지속가능한 소재를 적용한 라운지웨어

모든 의류의 로고 및 프린트는 수성 PVC 무함유 잉크를 사용하여 이루어지며 제한 물질 목록도 준수하는 것을 원칙으로 했다. 모든 판게아 제품은 생분해성 바이오 기반 플라스틱 대체품인 TIPA® 포장으로 제작되어 퇴비 통에서 180일 만에 생물학적으로 분해된다.

판게아의 아만다 파크스_{Amanda Parkes} 최고 혁신 책임자는 지속가능한 신소재를 생성할 수 있는 새로운 응용 프로그램에 대한 기회를 제공하는 글로벌 재료 연구를 2년동안 탐구하며 얻은 통찰력을 공유하고, 기술 섬유 및 재료 과학에 대한 배경과 패션 산업에 대한 이해를 활용했다.

(3) 지속가능성 인플루언서와 협업

저스트 워터(Just Water)×판게아(Pangaia)

2020년 지속가능성 철학을 가진 두 회사가 사회 환원과 공유 가치 시스템을 함께 만들기 위해 제이든 스미스의 친환경 물 회사인 저스트JUST와 협업했다. 수익금은 UN 글로벌 목표 10(불평등 감소), 16(평화, 정의 및 강력한 제도) 인종 차별에 대한 정의 구현과 글로벌 COVID-19 구호 작업을 지원하는 글로벌 기금 모금 캠페인인 #투게더펀드#TOGETHERFUND[2]× WJSFF[3]로 전달했다.

컬래버레이션 캡슐 컬렉션은 해초 섬유 티셔츠, 후드 티, 트랙 팬츠, 반바지와 조거 팬츠 같은 판게아의 상징적인 상품 9종을 중심으로 키즈 라인과 함께 구성했다.

제품이 친환경 염료, 유기농 면화, 재활용 시스템 등 지속가능한 방식으로 어떻게 만들어졌는지 설명하는 공동 브랜딩에 대한 라벨 작업도 진행했다.

그림 4-3d
저스트 워터
×판게아

판게아 체인지 메이커스(#PangaiaChangemakers)

2020년 판게아는 각 분야에서 사회의 삶을 지속가능한 방식으로 변화시키고자 하는 인플루언서들을 선정하는 '판게아 체인지 메이커스'#PangaiaChangemakers 프로젝트를 진행했다. 남은 음식물이나 유효기간이 얼마 남지 않은 식재료로 요리하는 '제로 웨이스트'Zero Waste 비건 요리사인 영국의 막스 라만나Max La Manna를 첫 번째 체인지 메이커스로 선정했다. 요리를 통한 제로 웨이스트에 대한 팁을 알려주며

2　#투게더펀드(#TOGETHERFUND): 미국에서 설립된 인종차별 방지, 타인을 위한 리더십, 풀뿌리 참여 및 가치를 보장하기 위해 노력하는 사회단체

3　WJSFF: WJSFF(Will & Jada Smith Family Foundation)은 할리우드 배우 윌 스미스와 그의 아내 제이다 스미스가 "우리의 손길로 더 나이진 세상"을 만드는 것을 목표로 1996년에 설립되었다. WJSFF는 개인 및 집단 권한 강화에 초점을 맞춘 이니셔티브의 성장을 가속화하기 위해 수백만 달러의 자원을 투자했다.

가치 소비를 실천하고 환경개선에도 기여하는 막스 라만나를 선정해 판게아의 브랜드 철학을 전달하도록 했다. 런던의 그래픽 디자이너 에미엘 듀발Emiel Dubal, 기후변화 운동을 실천하는 뮤지션 레오 홀닥Leo Holldak, 요가 강사이자 채식주의자인 세레나 리Serena Lee 등 총 7명의 인플루언서가 판게아의 체인지 메이커스로 활동하고 있다.

그림 4-3e
판게아 체인지
메이커스

4) 지속가능 전략

(1) 첨단 기술에 기반한 지속적인 소재 혁신

판게아는 원사, 섬유에서 포장에 이르기까지 해당 분야에서 가장 진보된 과학자, 연구원 및 기술자와 협력하고 있으며 유럽의 미래 지향적인 공장 및 제조업체와 협력하여 직원들은 엄격한 윤리 기준에 따라 일하고 있다. 새로운 지속가능한 기술과 관행을 패션 및 의류 산업에 도입함으로써 궁극적인 목표는 사람들에게 보다 나은 미래를 제시하는 것이다.

자연친화 소재(Natural & Organic), C-Fiber™

판게아의 제품은 100% 가까이 자연 친화적이다. 원단에서 실, 지퍼, 포장 등 부자재에 이르기까지 지속가능하거나 윤리적인 공급망을 통해 조달받는다.

브랜드의 대표상품인 해초 섬유 티셔츠는 60%의 해초와 40%의 유칼립투스 펄프에서 추출한 유기농 면으로 구성된 바이오 기반 섬유인 C-FIBER™로 만들어졌다. 해초의 재생 부분만 수확하고 지속가능한 셀룰로오스와 결합하였고 천연 항균 기능이 있는 페퍼민트 오일로 처리하여 땀 냄새를 제거한다. 페퍼민트가

그림 4-3f
판게아의 해초
섬유 티셔츠와
페퍼민트 오일
트리트먼트

땀에 있는 박테리아를 죽이기 때문에 10번 이상 세탁 없이[Wash-less] 입을 수 있다는 장점을 가지고 있다.

해초는 자연적으로 풍부한 재생 자원으로 완전한 재생을 위해 아이슬란드에서 4년마다 수확한다. 유칼립투스 펄프는 인증된 FSC[4] 산림에서 공급받은 후 라이오셀[Lyocell][5] 직물로 변환된다. 생성된 섬유는 매립, 퇴비화 및 해양 환경에서 생분해된다. 크루 넥, 후드 티셔츠, 긴팔 티셔츠와 같은 판게아의 기본 아이템 모두 C-Fiber™로 제작된다.

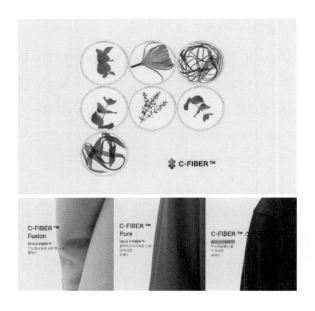

그림 4-3g
C-FIBER™의
소재 및 종류

4   FSC(Forest Stewardship Council)는 1993년 독일에서 설립된 국제 삼림 관리 협의회로 목재를 채취, 가공, 유통하는 전 과정을 추적하고 관리하는 친환경 인증 단체이다.

5   라이오셀(Lyocell)은 레이온의 한 형태로 나무에서 섬유를 추출해 만든 천연 섬유로 리오셀이라고도 부른다. 펄프를 용해시킨 다음 건식 제트 습식 방사로 재구성한 셀룰로오스 섬유로 구성된다. 섬유는 의류 및 기타 용도로 직물을 만드는 데 사용된다.

촉감에 따라 C-FIBER™ Pure(100% C-FIBER™; 실키하고 부드러운 촉감), C-FIBER™ Fusion(54% C-FIBER™; 부드럽고 보송보송한 퍼지 촉감) 및 C-FIBER ™(20% C-FIBER™; 부드러운 면 촉감)으로 개발해 제품에 적용하고 있다.

물 절약, 탄소 중립 및 100% 생분해성으로 순환의 특성을 가지고 있다. C-Fiber™는 이탈리아를 중심으로 한 유럽 전역에서 윤리적으로 운영되는 공장에서 생산하고 있다.

플라워 다운(FLWDWN, Flower Down)

판게아가 특허를 낸 플라워 다운Flower Down기술은 농업 폐기물에서 생산된 꽃을 수확해 패딩 재킷을 만들었다. 꽃의 씨앗을 꿰매어 나비와 같은 종의 서식지를 만들고 다시 한 번 비재생성 폐기물을 첨단 공정을 사용하여 수집 및 처리한다. 이러한 기술을 개발하기 위해 10년이 소요되었으며 플라워 다운은 꽃의 열기능을 보존하고 생성할 수 있는 첨단 셀룰로오스 에어로 젤로 강화된 야생화의 폐기물을 사용한다. 첨단 디지털 프로세스와 결합된 생명 공학의 첨단 재료 과학은 폐기물을 보다 효과적으로 활용하는 데 기여한다.

이탈리아의 피렌체에 있는 판게아 연구소에서는 생태계를 보호하면서 패션성을 살릴 수 있는 가치 시스템에 맞게 혁신적인 소재를 개발하고 있다.

그림 4-3h
판게아의
플라워 다운

생분해성 폴리에스테르

50만 톤의 마이크로 플라스틱이 매년 바다로 버려지는데 이는 500억 개가 넘는 플라스틱 병에 해당한다. 현재 사용되는 합성 소재의 60% 이상의 섬유가 폴리에스테르다. 폴리에스테르의 극세사는 야생 동물과 환경오염에 심각한 영향을 미치고 있다.

판게아의 제품은 미세 플라스틱 오염을 줄이고자 식물로 만든 바이오 기반의 생분해성 폴리에스테르를 사용하고 있다. 고성능의 생분해 합성 소재 연구소인 킨트라Kintra[6]와 협력하고 있다. 생분해성 폴리에스테르의 장점은 미세 플라스틱 오염에 기여하는 기존의 석유 기반 및 비생분해성 합성 섬유의 남용을 막을 수 있다는 것이다.

킨트라의 수지 및 원사는 기존 합성 제조 및 섬유 생산 공급망에 원활하게 통합될 수 있는 장점을 가지고 있어 나일론과 같은 합성 제품에 대비해 효율적인 지속가능한 대안을 제공한다.

그림 4-3i
판게아의
생분해성
폴리에스테르

재활용 캐시미어(Recycled Cashmere)

판게아는 2020년 12월 재활용 캐시미어를 활용한 니트 컬렉션을 출시했다. GRS 인증을 받은 재활용 캐시미어는 미국과 유럽EU에서 수집된 폐기 의류를 사용해 제작했다. 소비가 된 후의 의류를 원단으로 사용하여 섬유의 수명을 연장시키고 사용되지 않는 의류의 폐기 문제를 동시에 해결하고 있다.

또한 과잉 생산하지 않기 위해 제한된 수량으로 만들어 지속가능 철학을 반영했다. 재활용 캐시미어 라인은 후드 티셔츠, 스웨터, 바지 등 남녀 공용으로 기본 아이템을 출시했다.

---

6   Kintra는 미국 뉴욕의 패션 산업을 위한 고성능 생합성 원사를 생산하는 재료 과학 회사이다. 해양의 극세사 오염을 제거하고 패션 산업이 석유 화학 제품에 의존하는 것을 막는 것을 목표로 하고 있다. 킨트라 섬유는 바다에 극세사를 사용하지 않도록 제조된 고성능 바이오 기반의 퇴비화 가능한 원사를 만든다. 킨트라는 패션 및 섬유 산업의 최전선에 새로운 소재와 과학을 제공한다는 비전을 가지고 섬유 가치 사슬의 장기적인 혁신 파트너로 판게아(PANGAIA)에 합류했다.

그림 4-3j
판게아의
재활용
캐시미어
캡슐 컬렉션

표 4-3c 판게아의 주요 소재

섬유	이름	기능
바이오 기반 섬유	C-Fiber™	유칼립투스 펄프와 해초 분말을 결합하여 만든 100% 생분해성 소재. 물 절약, 탄소 중립 기능
	FLWRDWN™(플라워 다운)	판게아에서 특허를 냈으며 농업 폐기물에서 생산된 꽃을 수확, 패딩으로 제작
식물성 섬유	오가닉 코튼(Organic Cotton)	GOTS 인증 천연 소재
	린넨(Linen)	
동물성 섬유	재활용 캐시미어 & 울	폐기 의류에서 추출한 캐시미어와 울
재활용 소재	재활용 코튼	일본 재활용 코튼 활용
가죽 대체재	포도가죽	가죽을 대체하는 식물성 소재
트리트먼트	페퍼민트(PPRMINT™)	천연 항균, 땀냄새 제거
	환경친화적 염료(Environmentally Friendly Dyes)	무독성 천연 염료. 물, 에너지 절약
	식물 염료(Botanical Dye)	무독성 천연 염료

(2) 생산의 윤리적 투명성

판게아는 공급 업체와의 관계에서도 강력한 지속가능성과 윤리적 가치를 우선하고 있다. 판게아의 공급 업체 행동 강령SCoC[7]은 업계에서 인정하는 원칙과 표준을 기반으로 이를 준수하는 공급 업체만 선별해 파트너 관계를 유지하는 것을 원칙으로 한다.

---

7 SCoC(Supplier Code of Conduct): SCoC는 판게아의 공급업체 행동강령으로 강력한 지속가능성과 윤리적 가치에 기반한다. 업계에서 인정하는 원칙과 표준, 인증을 기반으로 한다.

처음부터 지속가능성의 핵심 가치를 공유함으로써 서로가 목표를 달성하기 위한 성공적인 장기 관계의 기반을 구축한다는 취지다.

국제 노동기구 규칙, 세계 인권 선언, 스탠다드 100Standard 100 by OEKO TEX®[8] 및 국제표준화기구International Organization for Standardization; ISO표준 등 친환경적인 생산 기반을 갖춘 기업과 작업하고 있다. 판게아의 제품은 대부분 유럽에서 만들어지고 있다.

원사는 국제 규정에서 요구하는 모든 이탈리아 공장에서 직물로 만들어진다. 2017년 의류 산업의 환경 독성학에 초점을 맞추기 위해 이탈리아 보건부와 협력하는 기관인 이탈리아 섬유 및 건강 협회로부터 인증을 받았다. 소재 개발과 관련된 연구소는 이탈리아에 위치하고 있어 환경 독성 매개 변수를 완전히 준수하고 있다. 포르투갈에는 품질, 노동법 준수 및 환경 관련 인증을 받은 생산처로 에너지 소비를 줄이기 위해 시설을 확장하고 태양 전지판 물류센터 등은 영국에 위치해 이동 공간을 최소화하면서 탄소 발자국을 줄이고자 했다.

2030년까지 탄소중립Net Zero을 달성하기 위한 실천 전략 중 탄소 배출량 감소와 탄소 중립에 관련된 ISO 14001 및 9001 인증을 획득했다.

친환경적인 생산 공정을 중요하게 생각하는 판게아는 공급 업체가 생산하는 공급품의 특성에 따라 생산 공정 전반에 걸쳐 유해 화학 물질이 사용되지 않고 폐기물이 적절하게 처리되고 자원이 절감되도록 올바른 인증을 획득했는지 확인하고 있다.

또한 국제 노동 기준에 근거하여 최저 임금을 보장하면서 강제 노동이 되지 않는지, 법적 노동 연령을 준수하는지 등 기본 인권을 보호하는 윤리적 거래 표준인 세덱스Sedex[9]에 의해 관리되고 있다. 판케아는 이와 같이 직장 직장 내 차별이 아닌 고용 평등에 관련된 부분을 염두에 두고 있다.

---

8   Standard 100 by Oeko Tex: OEKO-TEX®의 STANDARD 100은 유해 물질 테스트를 거친 직물에 대한 가장 잘 알려진 라벨 중 하나다. 고객의 신뢰와 높은 제품 안전성을 의미한다.

9   세덱스(Sedex): 세덱스는 기업이 글로벌 공급망에서 근무 조건을 개선하기 위해 비즈니스와 협력하는 세계 최고의 윤리적 무역 회원 조직 중 하나이다. 기업이 책임감 있고 지속가능한 비즈니스 관행을 개선하고 책임감있게 소싱할 수 있도록 실용적인 도구, 서비스 및 커뮤니티 네트워크를 제공한다.

(3) 자선 활동, 판게아 미션(#PANGAIAMissions)

판게아는 자체의 자선 플랫폼인 판게아 미션#PANGAIAMissions을 구축하여 다양한 방법으로 사회에 환원하고 있다. 유엔 지속 가능 발전 목표SDGs[10]에 따라 지구와 사람들을 지원한다.

혁신적인 재료, 순환 자원, 해양 건강, 기후 행동 및 생물 다양성과 같은 측면을 포함하는 프레임워크 내에서 작업하고 있다.

2020년 9월에는 지속가능 발전목표SDGs 5주년과 유엔 창립 75주년을 기념하는 캡슐 컬렉션을 선보였다. 17개의 지속가능한 개발 목표를 지원하기 위해 UN과 협업하여 이를 상징하는 디자인으로 친환경 염료와 수성잉크, 100% GOTS인증 유기농 면으로 제작했다.

그림 4-3k
Pangaia×UN
SDGs 캡슐
컬렉션

생물의 다양성 보존

판게아의 자선 활동은 현재 밀키와이어Milkywire[11]와 제휴하여 투모로우 트리 펀드Tomorrow Tree Fund와 비 더 체인지Bee The Change 프로젝트에 집중하고 있다.

---

11 밀키와이어(Milkywire)는 멸종과 싸우고, 바다를 구하고, 지구를 청소하고, 숲을 보호하고, 복원하기 위해 일하는 전 세계 최고의 풀뿌리 NGO 중 하나로 자금을 조달하고 추적할 수 있는 새로운 디지털 플랫폼이다. 멸종 위기에 처한 꿀벌을 보호하는 비 더 체인지 펀드(Bee The Change Fund)와 나무를 심고 보호하는 투모로우 트리 펀드(Tomorrow Tree Fund)를 지원한다.

10 유엔 지속 가능 발전 목표(SDGs)는 UN이 설립한 지속가능 개발 목표 또는 지속가능 발전 목표(SDGs: Sustainable Development Goals)라고 지칭하며, 2000년부터 2015년까지 시행된 밀레니엄 개발 목표에 이어 2016년부터 2030년까지 시행되는 유엔과 국제사회의 최대 공동목표다.

투모로우 트리 펀드Tomorrow Tree Fund의 목표는 환경을 보호하기 위해 100만 그루의 나무를 심고, 보호하고, 복원하는 것을 목표로 나무 심기 및 보존에 종사하는 전 세계 풀뿌리 NGO를 지원하는 것이다. 판게아 제품 1개 구매 시 한 그루의 나무를 심거나 보호한다.

2020년 5월 세계 꿀벌의 날에 시작된 비 더 체인지Bee The Change의 목표는 전 세계에서 취약하고 멸종 위기에 처한 꿀벌 종을 보호하고 보존하는 것이다.

내일을 위해 함께(Together for Tomorrow)

인종 정의 및 양성 평등 작업, 지속적인 COVID-19 구호, 야생 동물 보호 등 현재 사회에서 일어나는 문제를 함께 해결하고 수익금을 기부하는 작업을 지속하고 있다.

또한 기후위기에 대한 대응 방안 중 하나로 온실 가스 배출을 추적하기 시작했다. 해안의 생태계를 복원하여 기후 변화 완화 및 해양 보호에 기여하는 인증인 시트리SeaTrees [12] 토큰을 통해 313톤의 운영 온실 가스 배출량을 감소시켰다. 판게아 제품 구매 시 수익금이 나무를 심고 보호하고 복원하는 데 쓰인다.

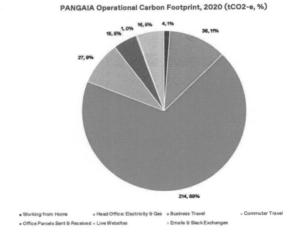

PANGAIA Operational Carbon Footprint, 2020 (tCO2-e, %)

그림 4-3|
판게아
비즈니스
분야별 탄소
발자국 감소
실천 운영 현황
(2020)

---

12 시트리(SeaTrees)는 미국 캘리포니아에 기반을 둔 지속가능한 서핑 프로젝트로 전 세계적으로 해양 건강을 재생하는 비영리 해양 보호 단체이다. 서핑 문화를 통해 개인과 기업이 바다를 위협하는 시급한 환경문제를 해결하도록 참여시키고자 한다.

표 4-3d 판게아의 지속가능 전략   159

첨단 기술에 기반한 지속적인 소재 혁신	• 자연친화 소재(Natural & Organic), C-Fiber™ • 플라워 다운(FLWDWN, Flower Down) • 생분해성 폴리에스테르 • 재활용 캐시미어(Recycled Cashmere)
생산의 윤리적 투명성	• 업계에서 인정하는 원칙과 표준을 준수하는 공급 업체만 선별해 파트너 관계 유지 • 스탠다드 100(Standard 100) by Oeko Tex® 및 ISO 표준 등 친환경적 생산 기반 보유 기업과 작업 • Net Zero 실천-이탈리아(원사 및 기술 연구소), 포르투갈(생산), 영국(물류 센터), 런던(본사) 위치, 이동 거리에 따른 탄소 발자국 배출 고려 • 친환경적 생산 환경 우선 • 기본 인권을 보호하는 윤리적 거래 표준인 세덱스(Sedex)에 의해 고용 관련 관리
자선활동, 판게아 미션 (#PANGAIAMissions)	• 자선 플랫폼 판게아 미션(#PANGAIAMissions) 구축, 사회 환원 • 유엔 지속가능 발전 목표(SDGs)에 따라 지원 • 생물의 다양성 보존 - 밀키와이어(Milkywire)와 제휴, 투모로우 트리 펀드(Tomorrow Tree Fund)와 비 더 체인지(Bee The Change) 프로젝트 집중 • 내일을 위해 함께(Together for Tomorrow)-인종 정의 및 양성 평등 작업, 지속적인 COVID-19 구호, 야생 동물 보호 등 사회 문제 해결, 수익금 기부

5) 브랜드 차별성

판게아는 일상생활에서 쉽게 입는 라운지웨어 디자인에 혁신 기술이 적용된 소재와 각종 인증을 통한 신뢰성 확보에 주력하고 있다. 환경을 중요시하는데 초점을 맞추었지만, 현재 전 세계적으로 일어나는 비상사태 등 사회문제 해결에도 참여하면서 특히 MZ세대들에게 인기를 얻고 있다.

그림 4-3m
판게아의
Mother Earth
Collection과
지구의
자연에서
영감을 얻은
판게아 컬러

요약

1. 친환경 라운지웨어 브랜드로서, 기술 혁신에 기반하여 자원의 환경문제를 해결하고 지속가능성을 추구하는 제품을 만드는 것을 목표로 한다.

2. 완성된 제품의 소비자 판매와 섬유 및 재료의 브랜드 판매의 두 가지 혼합된 비즈니스 모델을 가진다. 지속가능한 소재를 이용해 브랜드의 라운지웨어를 생산하며, 지속가능성 가치를 알리기 위한 인플루언서들과의 협업을 진행한다.

3. 판게아의 지속가능성 전략의 핵심은 소재인데, 자연 친화적인 재료를 이용해 소재를 만든다. 브랜드만의 고유한 기술로 만들어진 플라워 다운과 생분해성 폴리에스테르, 재활용 캐시미어 등의 소재 혁신을 통해 탄소 발자국을 줄이고 순환 경제 모델을 전환하고자 한다.

4. 판게아는 제품의 생산 과정에서 윤리적 투명성을 강조하고, 판게아 미션과 같은 자선 프로그램을 진행하여 사회로의 환원을 지향한다.

생각해 볼 문제

1. 소비자를 대상으로 판매하는 제품과 다른 비즈니스를 대상으로 판매하는 소재 및 재료의 두 가지 전략을 가진 판게아가 다른 브랜드에 비해 가지는 차별성은 무엇인지 알아보자.

2. 코로나 바이러스로 인해 홈웨어와 라운지웨어 시장이 맞이한 변화를 알아보고, 판게아의 라운지웨어의 성장 가능성에 대해 논의해보자.

4. 세이브더덕

1) 브랜드 역사

비건 아우터웨어를 표방하는 세이브더덕은 니콜라스 바르지Nicolas Bargi가 2012년 출시한 애니멀 프리Animal free 아우터웨어 브랜드이다. 1914년에 포레스트 클로딩 컴퍼니Forest Clothing Company를 설립한 포레스토 바르기Foresto Bargi의 기업가 정신을 이어받아 3세대인 니콜라스 바르기가 동물, 사람, 환경을 존중하는 제품을 만들겠다는 의지로 시작되었다. 동물 유래의 소재를 사용하지 않고 환경에 미치는 영향을 최소화하도록 재활용 원료를 사용하는 브랜드를 표방한다.

세이브더덕은 여행을 즐기는 전 세계인들을 위한 아우터웨어임을 표방하고 있다. 재킷을 주머니에 쉽게 넣어서 휴대용 파우치에 보관할 수 있게 하였으며, 목적지에 관계없이 어떤 계절에서도 완벽하게 적응할 수 있도록 하였다. 또한 동물, 환경, 사람이 모두 상생할 수 있는 지속가능성에 가치를 두고 브랜드를 전개하고 있다. 2018년에는 33억 유로, 2019년에는 38억 유로의 매출을 올리고 있다Pavarini, 2019.

표 4-4a 세이브더덕 프로필

설립 연도	1914년	전개 브랜드	세이브더덕
산업 분야	의류	매장 수	비공개
창업자	포레스토 바르기	매출액	38억 유로(2019)
CEO	니콜라스 바르기	웹사이트	www.savetheduck.it
본사	이탈리아 밀라노	주식상장 여부	비상장
직원 수	비공개		

표 4-4b 세이브더덕의 역사

연도	역사	연도	역사
2012년	• 세이브더덕 설립	2016년	• 세계자연기금(WWF) 이탈리아의 50주년을 기념하는 리미티드 에디션 제작
2014년	• 동물보호단체 PETA로부터 비건 패션 어워드 수상	2017년	• 암포리(AMFORI BSCI) 파트너 등록
2015년	• 빈민구호단체인 옥스팜(Oxfam)을 위한 리미티드 에디션 제작 • LAV(Antivivision Section)로부터 가장 높은 윤리 등급인 VVV+ 획득	2018년	• 플라스틱병을 재활용한 플룸테크 패딩 출시
		2019년	• 바다에서 회수된 어망을 재활용한 에코닐로 생산 시작

2) 브랜드 아이덴티티

그림 4-4a
세이브더덕
로고

브랜드 네이밍에서 알 수 있듯이 100% 애니멀 프리animal free를 지향한다. 브랜드의 지향점을 소비자들이 인식할 수 있는 직관적인 로고와 엠블럼을 사용하여 브랜드가 추구하는 바를 명확하게 알 수 있도록 하였다. '오리를 살린다'라는 브랜드명에 걸맞게 모든 제품을 동물 유래 소재를 사용하지 않으며 크루얼티 프리(동물 학대나 착취가 없는)와 재활용을 통한 지속가능성을 브랜드의 핵심으로 이야기하고 있다. 이렇듯 동물성 원료 대체를 위한 기술 혁신부터 생명 존중, 환경 보존 등을 위해 끊임없이 노력하는 브랜드로 포지셔닝 하고 있다. 지속가능성 보고서를 매년 발간하여 브랜드의 활동을 대중들에게 투명하게 공개하고 있다. 또한 국제기구와 협회의 각종 인증을 획득하며 패션 업계의 모범이 되고 있다.

3) 브랜드 전략

세이브더덕은 크게 여성복, 남성복, 아동복으로 분류하여 상품을 전개하고 있다. 특히 각 카테고리별로 세이브더덕의 메인 컬렉션인 아이콘즈 라인Icons, 버려진 페트병을 재활용하여 만든 재활용 라인Recycled, 방수 라인Rainy, 혹독한 추위를 대비해 보온성을 높인 아틱 라인Artic, 고어텍스와 재활용 폴리에스테르를 사용한 하이테크 전문 라인Pro-tech으로 나눠서 기능성을 강조하고 있다. 또한 유명 디자이너와의 협업 컬렉션인 스카이스크래퍼Skyscrapper를 선보이고 있다. 100% 폴리에스테르를 사용한 에코퍼eco fur, 에코 레더eco leather를 사용한 별도 라인도 함께 전개하면서 애니멀 프리 브랜드에 부합할 수 있는 전략들을 실행하고 있다. 이처럼 각각의 라인을 대표하는 마크를 제품 소매에 부착하여 소비자가 바로 식별할 수 있도록 하였다. 이 외에도 아우터웨어와 잘 어울릴만한 백팩, 비니, 부츠 등 액세서리 컬렉션을 함께 전개하고 있다. 국내에서는 경량 패딩은 20~40만 원대, 롱 패딩은 30~60만 원대, 고가 라인은 70~100만 원대로 판매하고 있다.

표 4-4c 세이브더덕의 라인
163

라인	로고	설명	라인	로고	설명
아이콘즈		동물 소재를 사용하지 않는 메인 컬렉션	아틱		혹독한 추위를 대비해 보온성을 높인 컬렉션
재활용		버려진 플라스틱병으로 100% 재활용한 컬렉션	프로테크		고어텍스와 재활용 폴리에스테르를 사용한 컬렉션
방수		방수 컬렉션	스카이스크래퍼		유명 디자이너와의 협업 컬렉션
오션		어망 및 기타 나일론 폐기물로 재활용한 컬렉션			

세이브더덕의 타깃 소비자층은 환경 이슈를 중요하게 생각하고 동물 학대나 착취가 없는 지속가능한 삶에 관심이 많은 사람들이다. 이에 시즌 캠페인이나 생산 과정 등이 모두 지속가능성에 맞춰서 이루어지고 있다. 세이브더덕은 이를 새로운 세대의 니즈를 충족하는 유일한 방법으로 생각하며 이러한 브랜드 활동들은 지속가능한 세상을 원하는 소비자에게 긍정적인 반응을 얻고 있다. 세이브더덕이 가진 브랜드의 방향성 그 자체가 지속가능한 지구로의 변화를 이끄는 방법으로 윤리적인 제품에 대한 수요를 충족시키고자 노력하고 있다. 이러한 전략들은 최근 환경과 윤리적 소비를 지향하는 트렌드가 패션 영역으로까지 확대됨으로써 소비자들에게 큰 관심을 불러일으키고 있다.

4) 지속가능 전략

세이브더덕은 환경과 사람을 돌보고 자원을 책임있게 관리하는 투명한 브랜드 전략을 추구하고 있다. 크게 4가지의 가치인 동물보호, 윤리실천, 인권보호, 자연보호를 브랜드 전략의 기초로 삼고 이에 대한 행동강령을 자체적으로 실행하고 있다.

첫 번째로 동물보호는 세이브더덕에서 가장 중요하게 생각하며 강조하고 있는 전략이다. 오리털을 사용하지 않을 뿐만 아니라 울, 실크 등의 동물성 소재는 배제하고 있다. 이에 2014년부터 동물의 권리를 보호하는 세계적인 동물보호단체 PETA_{People for the Ethical Treatment of Animals}로부터 인정받아 동물 윤리에 앞장서는 기업으로 지속적으로 상을 받고 있다. 애니멀 프리 패션_{Animal free fashion}에 가입하여 2015년 이탈리아의 동물 복지 단체인 LAV_{Antivivision Section}로부터 윤리 등급으로 가장 높은 등급인 VVV+를 받기도 했다. 기술을 활용한 지속가능한 소재를 사용함으로 동물을 착취하지 않는 상품을 만드는 것을 최우선 과제로 삼고 있다.

그림 4-4b
유엔 글로벌
컴팩트

두 번째 가치는 윤리 실천이다. 비즈니스의 성장은 사람과 환경에 긍정적인 영향을 미쳐야 하며 윤리와 원칙을 지키는 장기적인 가치 창출로 연결될 수 있도록 노력하고 있다. 2019년에는 사회와 지속가능성 이슈에 관해 가장 큰 성과를 낸 기업으로 패션 브랜드에서는 최초로 비콥_{B corp} 인증을 받았다. 2020년에는 유엔 글로벌 컴팩트_{UN Global Compact}에 가입하여 인권, 노동, 환경, 반부패 등에 관심을 기울이고 실천하는 기업으로 함께하고 있으며, 유엔의 지속가능발전목표_{Sustainable development goals, SDGs}에 함께할 수 있도록 노력하고 있다.

세 번째 가치는 인권보호이다. 생산자와 직원, 고객에 이르기까지 공급망의 이해관계자들의 인권을 보호하고 건강, 안전을 보장할 책임을 다하기 위해 여러 정책들을 펼치고 있다. 2017년에는 지속가능성에 부합하는 투명성을 지켜나가기 위

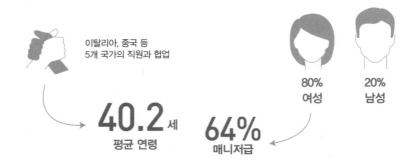

그림 4-4c
세이브더덕의
인력 구성

해 벨기에에 본사를 둔 국제 기업 협회인 암포리_{amfori BSCI}에 가입하여 독립적인 제 3자로부터 공급망의 감사를 받고 있다. 이에 대한 연장선상으로 세이브더덕은 노동 권리를 보호하고 조직의 다양성을 인정하기 위해 노력하고 있다. 이탈리아 본사뿐만 아니라 중국 등 5개 국가의 직원들과 함께 일하고 있으며 근무 인력의 평균 연령은 40.2세이다. 여성의 비중이 80%이며 이 중 64%가 매니저급에서 일하고 있다. 이러한 인력 구성과 비율을 포함한 세이브더덕의 전방위적인 지속가능성을 추구하는 활동에 대해서는 홈페이지와 세이브더덕 지속가능성 리포트를 통해 적극적으로 공개하고 있다.

네 번째는 자연보호이다. 동물 보호와 함께 환경 보호는 세이브더덕의 중요한 지속가능 전략 중 하나이다. 이에 2019년부터는 패

그림 4-4d
트리덤
프로젝트

키지의 90%는 생분해성으로 제작하며 나머지 10%는 재활용 플라스틱 가방을 사용하고 있다. 또한 FSC인증을 받은 재활용 종이를 사용하고 있다. 그리고 세이브더덕은 2014년부터 트리덤_{Treedom} 프로젝트를 후원하고 있다. 트리덤은 개발도상국에 환경적 및 사회적 혜택을 제공할 수 있는 농림업 프로젝트를 진행하는 단체이다. 세이브더덕이 이 프로젝트를 후원함으로써 7개국에 약 1,000그루의 나무를 살렸으며 80톤 이상의 이산화탄소 배출을 줄이기도 하였다.

이러한 자연보호 전략의 일환인 세이브더덕의 재활용 라인은 플라스틱병을 재활용한 제품이다. 이를 통해 2017년부터 230만 개의 플라스틱병을 재활용하였으며 세이브더덕은 앞으로 재활용 라인의 비중을 늘릴 것이라 발표하기도 했다.

세이브더덕의 상품은 대부분 중국에서 제작된다. 각 공급처에서 이산화탄소 배출을 줄이고 높은 기술력으로 환경적인 영향이 덜 이루어질 수 있도록 상호 보완적인 파트너십을 유지하고 있다. 이에 세이브더덕 제품을 생산하는 8개의 공장과 언제부터 함께 일을 했는지, 연간 몇 벌의 제품을 생산하는지, 고용된 직원의 수는 몇 명인지 등을 지속가능성 리포트에 세부적으로 공개하고 있다. 모든 공장은

표 4-4d 세이브더덕의 지속가능 전략

가치	내용
동물보호(We Respect Animal)	기술을 활용한 지속가능한 소재를 사용함으로써 동물을 착취하지 않는 상품을 만드는 것
윤리실천(We Commit to the Future)	비즈니스의 성장은 사람과 환경에 긍정적인 영향을 미쳐야 함. 윤리와 원칙을 지키는 장기적인 가치 창출로 연결될 수 있도록 노력
인권보호(We Care for People)	생산자와 직원, 고객에 이르기까지 공급망의 이해관계자들의 인권을 보호하고 건강, 안전을 보장할 책임
자연보호(We Love Nature)	환경을 존중하는 것이 사명의 핵심으로 적절한 출처에서 얻은 원료 및 재활용 소재를 활용하여 지속가능한 제품을 제공하는 것

지속가능성에 부합하는 투명성을 관리 감독하는 국제 기업 협회인 암포리로부터 감사를 받고 있다.

5) 브랜드 차별성

환경을 존중하는 것이 세이브더덕 사명의 핵심이다. 지속가능 전략의 연장선상으로, 적절한 출처에서 얻은 원료와 재활용 소재를 활용하여 지속가능한 제품을 제공하는 것에 가장 큰 차별성을 두고 있다. 특히 플룸테크PLUMTECH®는 세이브더덕을 다른 아우터웨어 브랜드와 차별화시키는 기술 중 하나로 열 라이닝의 장점을 보존하여 다운의 푹신함을 모방하기 위해 만들어진 패딩 소재이다. 폴리에스테르 필라멘트를 가공한 소재로 보온성과 통기성이 뛰어나며 다운 패딩의 부드러움과 가벼움을 그대로 재현한 기술이다. 기존의 폴리에스테르 패딩에 비해 플룸테크는 가볍고 통기성이 뛰어나며 편하게 움직일 수 있는 소재의 특징을 가지고 있으며 세탁방법 역시 간편하다. 특히 보온성을 이야기할 때 언급되는 필파워(다운 복원력)가 약 500~550으로 실제 다운의 평균 성능과 흡사하여 실용성까지 갖추었다. 다운 패딩에 비해 건조 속도가 빨라 땀이나 비에 젖어도 쉽게 마르며 집에서 손쉽게 물세탁이 가능한 것이 장점이기도 하다.

또한 재활용 플룸테크는 플라스틱병을 포함한 재활용 재료로 만든 패딩 소재이며 일반 플룸테크의 성능과도 차이가 없이 동일하다. 이 플룸테크 기술을 통해 2015년부터 1,800만 마리의 오리를 사용하지 않고 제품을 생산하고 있다. 감성에

만 호소하는 지속가능 전략이 아닌 기술을 개발하고 활용하여 실제적으로 환경 적인 영향력을 최소화하려는 세이브더덕의 움직임은 현재의 많은 패션 브랜드들 에게 주는 메시지가 명확하다. 세이브더덕은 인간, 환경, 동물 모두가 지구에서 지 속가능한 삶을 영위할 수 있는 방법을 상업적이면서도 윤리적으로 접근하고 있다.

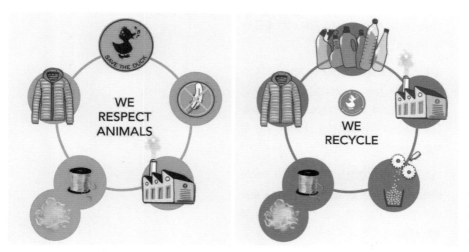

그림 4-4e
세이브더덕의
플룸테크와
재활용
플룸테크

요약

1. 세이브더덕은 여행을 즐기는 사람들을 위한 비건 아우터웨어 브랜드로서, 애니멀 프리를 원칙으로 하고 크루얼티 프리, 재활용, 환경 보존 등을 목표로 지속가능성을 추구한다. 여행 환경과 제품 특징에 따라 다양한 컬렉션을 생산하며 디자이너와의 협업 컬렉션과 잡화 라인 등을 함께 판매한다.

2. 동물보호, 윤리실천, 인권보호, 자연보호의 가치에 기반한 지속가능 전략을 펼친다. 동물성 소재를 지양하고 장기적인 윤리적 가치 창출을 위해 노력하며 인권과 자연을 보호하기 위한 정책을 실행한다.

3. 지속가능 전략의 연장선으로 플룸테크 기술과 플라스틱병 재활용 소재를 포함한 재활용 플룸테크 제품을 개발하여 기존의 다운 소재를 대체한 패딩을 생산한다.

생각해 볼 문제

1. 비건 패딩을 입어본 경험이 있는가? 기존의 다운 패딩과 비교하여 비건 패딩의 장점과 소비자 평가를 조사해보자.

2. 애니멀 프리와 크루얼티 프리 인증을 받은 제품의 사례와 특징을 알아보자.

5. 래코드

1) 브랜드 역사

래코드RE;CODE는 2012년 3월, 재고의 소각으로 인한 환경오염과 물질적 낭비를 막으며, 독립 디자이너들에게 새로운 기회를 제공하려는 목적으로 코오롱 인더스트리 ㈜FnC 부문에서 출시되었다. 잊혀지고 사라지게 될 대상이나 한 시대의 문화Code가 계속 순환한다RE;는 뜻을 가지고 있으며 재고 의류를 주로 사용하나, 자동차 에어백과 시트 커버, 군용 텐트 등 다양한 소재를 활용하기도 한다.

래코드가 가진 의미와 가치를 전달하고자 2012년 5월 현대백화점을 시작으로 팝업 스토어를 오픈했으며, 2012년 8월에는 '더 트래블링'The traveling이라는 주제로 가능성으로의 여행 프로모션을 진행하여 난청 어린이들에게 보청기를 지원하였다.

2013년 1월에는 베를린과 파리에서 열리는 캡슐 쇼Capsule Show에 참가했는데, 이 캡슐 쇼는 신진 브랜드 및 디자이너 브랜드들의 트레이드 페어 쇼 중 가장 실험적이고 창조적인 무대로 평가를 받고 있다. 래코드는 베를린 캡슐 쇼에서 유일한 한국 브랜드였으며, 브랜드 콘셉트의 특유성으로 함께 참여했던 100여 개 중 단연 돋보이는 브랜드로 평가를 받았다. 특히, 업사이클링과 하이패션의 새로운 조화라는 극찬을 받으며 캡슐 쇼 자체에서 선정하는 '주목할 브랜드 10'에 뽑히기도 했다.

2013년 7월, 업그레이드된 브랜드 아이덴티티 및 복합 문화 공간이라는 새로운 콘셉트의 편집 숍인 시리즈 코너에 래코드 매장을 오픈했다.

2013년 10월에는 영국 현대 미술 월간지 '프리즈'와 도이치뱅크가 주최하는 세계 3대 아트페어 중 하나인 프리즈 런던 아트 페어Frieze London Art Fair에 초청되었다.

래코드는 프리즈 아트페어를 위한 특별 의상을 제작하여 메인 스태프들의 옷을 스타일링했고, 페어 기간 중 핵심 행사인 갤러리 나이트 파티에 단독으로 작품을 전시했다.

래코드는 해외 트레이드 쇼 및 아트 페어에서 실험적이고 독창적인 디자인을 다양하게 선보이고 해외 언론 및 시장에서 그 가치를 높이 인정받았으며, 이를 계

표 4-5a 래코드(코오롱 FnC) 프로필

설립 연도	2012년	보유 브랜드	래코드 외 코오롱 인더스트리 FnC부문 35개 브랜드
산업 분야	섬유, 의류, 패션	매장 수	8개(2021, 래코드)
창업자	이원만	매출액	• 4조 361억 원(2020, 코오롱 인더스트리 FnC부문)
CEO	장희구		• 래코드 매출 신장률: +45%(2019 상반기)
본사	한국 서울(코오롱 인더스트리 FnC부문)	웹사이트	www.kolonmall.com
직원 수	1,018명(코오롱 인더스트리 FnC부문)	주식상장 여부	상장(KOSPI)(코오롱 FnC)

기로 2013년 10월 영국 런던 올드 빌링스게이트Old Billingsgate에서 개최되는 코리아 브랜드 한류상품 박람회에 참가했다. 래코드는 버려지는 군용 텐트 및 낙하산 등을 활용한 밀리터리 라인과 에어백 및 카시트 등을 소재로 한 인더스트리얼 라인을 중심으로 의류와 소품 약 100여 점을 전시했으며, 업사이클링을 뛰어 넘어 예술 작품으로도 충분한 가치가 있다는 평가를 받았다.

2014년 S/S 시즌부터는 데님과 액세서리를 새롭게 선보이며 의류 중심의 상품 라인을 액세서리, 생활소품까지 확대하였다. 2014년 10월에는 명동성당 문화복합 시설인 '1898+'에 문화예술체험공간인 '래코드 나눔의 공간'을 오픈하였다. 라이브러리 갤러리와 공방을 통해 시민들에게 업사이클링을 직접 체험할 수 있는 '래코드 리테이블'행사를 주말마다 운영하고 있다.

매년 지속적으로 런던, 베를린, 파리의 윤리적 패션과 관련된 전시회를 통해 업사이클링 하이패션으로 이름을 알렸다. 2020 봄·여름 컬렉션의 경우 프랑스, 영국, 독일, 미국, 일본 등 8개국, 14개 패션 편집 숍에서 바잉하여 수주량이 45%

그림 4-5a
래코드
심벌 마크와
브랜드 의미

더 이상 낭비하지 않는 새로움을 디자인합니다.
다양한 사람들과 함께 지속 가능한 사회를 만들어가는 소비 그 이상의 가치를 래:코드(RE;CODE) 합니다.

RE; ✛ **CODE**

생각의 전환을 기반으로   환경과 나눔의 가치를 공유하는
재해석된 디자인   패션을 넘어선 문화

증가하는 성과를 거두었고 2016년 중국 광저우, 2017년과 2019년 파리의 편집 숍 메르시와 레끌레흐 팝업 스토어 등 꾸준히 글로벌 인지도를 구축해 나갔다.

또한 매년 의식있는 국내외 독립 디자이너와의 협업을 통해 래코드의 환경과 업사이클링에 대한 철학을 타 브랜드와 공유하고 소비자들에게 보다 다양한 업

표 4-5b 래코드의 역사

연도	역사
2012년	• 2012.3 래코드 론칭 • 현대백화점 본점에 팝업 스토어 오픈 • 난청 청소년 돕기 프로모션
2013년	• 베를린과 파리의 캡슐 쇼 참가 • 2013.6 이태원 시리즈 코너 래코드 매장 오픈 • 2013.10 프리즈 런던 아트 페어(Frieze London Art Fair) 참가 • 올드 빌링스게이트(Old Billingsgate)에서 개최된 코리아 브랜드 한류상품 박람회(KBEE 2013) 참가
2014년	• 2014.2 이탈리아 화이트 쇼, 파리 캡슐 쇼 참가(브랜드 트레이드 쇼) • 2014.9 홍콩 'K11 Design Feisty, 거침없이 한국 디자인' 참여 • 제10회 친환경 대전 참가 • 2014.10 명동성당 문화복합시설 1898＋신관에 '래코드 나눔의 공간' 오픈 • 2014.11 디자인 코리아 전시
2015년	• 2015.10 The World Forum for a Responsible Economy 초청연설(France, Lille) • 2015.10 대한민국 친환경대전 참가 • 2015.11 Y.E.S.(yoox.com Esthetica Sustainability) 어워드 파이널 리스트 • 2015.11 2015 DFA 어워드 수상
2016년	• 2016.2 뉴욕 캡슐 쇼, 트라누이 참가 • 2016.2 국내 독립 디자이너 잡화 브랜드 블랭코브, 하이드아웃과 컬래버레이션, 가방 라인 확장 • 2016.6 중국 광저우 매장 오픈(K-store) • 2016.6 개인 맞춤서비스 RE;colletion 출시 • 2016.10 래코드X아름지기 컬래버레이션(저고리, 그리고 소재를 이야기하다 展) • 2016.10 청주 국제 공예페어 전시 참여
2017년	• 2017.1 래코드X비뮈에뜨, 이탈리아 Pitti Immagine Uomo의 Concept Korea 참관 • 2017.1 프랑스 파리 편집 숍 '메르씨(Merci)'팝업 입점 • 2017.1 래코드X안드레아크루, 파리패션위크 18F/W 참가 • 2017.3 MCBW(뮌헨 크리에이티브 비즈니스 위크) 전시 및 워크숍 • 2017.9 서울 새활용플라자 오픈전시 및 워크숍 • 2017.9 LA Style Lounge 전시 • 2017.11 돈의문 박물관마을 'RE;studio'오픈 • 2017.12 100인의 리테이블, 'The white party'개최(명동 나눔의 공간)
2018년	• 2018.1 베를린 '에티컬 패션쇼' 참가 • 2018.3 점퍼백 리;나노(Re'nano) 출시 • 2018.3 대여 서비스 'Re;nt the Only One' 실시 • 2018.6 프랑스 '안티패션' 전시, 강연 및 워크숍
2019년	• 래코드 북 3.Upcycle 발간 • 2019.9 프랑스 파리 편집 숍 '레끌레흐'팝업 스토어 • 2019.10 래코드 DIY키트 출시
2020년	• 2020.3 아트선재 센터 내 RE:SPACE 운영 • 2020.7 노들섬에 래코드 박스 아뜰리에 운영 • 2020.8 래코드 바이 나이키 협업, 팝업 스토어, 디지털 워크숍 개최 • 2020.10 진태옥X래코드 컬래버레이션, '아카이브'프로젝트 • 2020.12 전북 현대 이동국 은퇴식 초대형 유니폼 업사이클링 협업

사이클링 제품을 선보이는 계기를 만들었고 브랜드의 장인 정신과 실험성, 심미성 등을 인정받아 프리즈 아트 페어, 캡슐 쇼 등 국내외 각종 행사에 지속적으로 초대받게 되었다.

래코드의 매출은 2017년을 기점으로 해마다 40%씩 성장했다. 2019년 상반기의 경우 2018년 동기간 대비 45% 증가한 것으로 나타났다. 래코드의 수출 비중은 2019년 기준 70%에 달해 특히 편집 숍이 밀집한 홍콩에서 인기가 높다.

2) 브랜드 아이덴티티

래코드는 독립 디자이너, 자선단체 및 기업과 함께 버려지는 재고를 활용하여 새롭게 디자인하며, 재창조를 통해 새로운 가치를 만들어 가는 업사이클링 브랜드로, 한자 '돌아올 래來'를 사용해 자연을 위한 가치가 돌아온다는 의미를 담고 있다.

또한 영어로 'RE; 생각의 전환을 기반으로 하는 재해석된 디자인', 'CODE; 환경과 나눔의 가치를 공유하는 패션을 넘어선 문화'라는 뜻이 있으며, 더 이상 낭비하지 않는 새로움을 디자인한다는 의미를 담고 있다. 따라서 래코드는 자연을 위한 순환을 만들고 낭비가 아닌 가치 있는 소비를 제안하는 브랜드라는 의미로, 패션 그 이상의 문화를 소비자와 공유한다는 취지를 가지고 전개되고 있다.

코오롱에서는 연 1조 5,000억 원의 매출에 따르는 많은 양의 의류 재고가 발생하는데, 이러한 재고는 계속해서 증가하고 있다. 3년이 지나도 팔리지 않은 의류 재고는 모두 소각장으로 보내지며 코오롱에서 1년에 소각되는 옷들만 연간 40억 원에 이른다.

일반적으로 한 시즌에 생산된 의류는 신제품으로만 판매되며, 생산된 지 3년차 이상 재고들은 소각되는 것이 일반적이다. 래코드는 이러한 소각되는 의류의 양을 경감하고 환경을 보호하자는 의미에서 시작되었다.

래코드의 슬로건은 '소비 그 이상의 가치를 추구한다'로 단순한 재활용을 넘어서

그림 4-5b
래코드의
의류 라벨

서 제품에 가치를 더해 새로운 것으로 창조하고, 제품 하나하나에 새로운 이야기를 담아 패션으로서의 사회적 참여를 이루고자 한다는 의미이다. 따라서 버려지는 옷을 모아 새로운 작품으로 탄생시켜 자연을 위한 순환을 만들고, 소비자에게 낭비가 아닌 가치 있는 소비를 제안하여 윤리적 소비관을 가진 고객과 함께 소통하는 것을 비전으로 삼고 있다.

래코드는 많은 사람들과 의류 생산의 각 과정을 공유하며, 각자의 생각과 재능을 나눈다. 소재로 활용될 재고의 해체작업은 지적 장애인 단체 굿윌 스토어Goodwill Store와 함께 진행하며, 제품은 경력이 많은 전문 봉제사가 수작업으로 완성한다. 제품 디자인은 독립 디자이너들과의 협업을 통해 진행되는데, 가능성 있는 신진 디자이너들의 역량을 기업이 적극 수용하여 이를 통해 발전과 도약의 발판을 만들어주는 계기가 되었다. 또한 패션의 사회적 참여를 실현하는 동시에 디자인에서 신선함과 활력을 얻을 수 있게 되었다.

3) 브랜드 전략

래코드는 소각되는 재고 의류, 군용 텐트, 낙하산, 자동차용품 등을 재료로 활용하여 세 가지 라인을 전개한다. 출시된 지 3년이 지난 코오롱 FnC의 계열 브랜드(코오롱스포츠, 시리즈, 헨리코튼, 럭키슈에뜨 등)의 의류 재고를 주된 소재로 하는 인벤토리 컬렉션Inventory Collection을 주축으로 에어백, 카시트 등의 산업 폐기물을 사용하는 인더스트리얼 컬렉션Industrial Collection, 오래된 군용품들을 재료로 하는 밀리터리 컬렉션Military Collection까지 소재의 폭을 넓혀가고 있다.

래코드 제품의 제작 순서는 다양한 재고 중에서 새롭게 디자인할 재료를 선별하여 디자이너가 콘셉트를 정하고 샘플을 제작한다. 샘플이 확정되면 해체 작업에 들어간다. 전 과정을 손으로 작업하면서 이때 가장 많은 인원이 투입된다. 옷을 최종 완성한 후에는 한정판을 의미하는 고유의 숫자 라벨을 부착하며, 이는 래코드만의 특별한 정체성이라고 할 수 있다.

그림 4-5c
래코드의
재활용 소재
마크

인벤토리 컬렉션_{Inventory Collection}은 코오롱 FnC의 패션 브랜드에서 판매되지 않아 소각될 제품들을 활용하여 만드는 디자이너 라인으로, 슈트, 셔츠, 스포츠 의류 및 텐트 등의 다양한 재고를 해체·재조립하여 디자이너의 감성과 브랜드의 기본 가치를 함께 담고 있다.

밀리터리 컬렉션_{Military Collection}은 현재 군에서 사용되고 버려지거나 군에서 소비하지 못하고 소각하게 되는 의류, 군용 텐트, 낙하산 등과 같은 군용 원단을 사용하여 만들어진다. 군용품에서 해체되어 사용되는 만큼 내구성이 뛰어나며 타 상품에서 찾아볼 수 없는 밀리터리 고유의 패턴과 컬러, 그리고 빈티지한 감성을 느낄 수 있다. 특히 텐트와 낙하산과 같은 군용품에서 변형된 가방 등의 액세서리에서는 래코드만의 특성 있는 감각을 살펴볼 수 있다.

인더스트리얼 컬렉션_{Industrial Collection}은 자동차용품을 사용하여 흔히 볼 수 없는 독특한 디자인 감성을 살린 것이 가장 큰 특징이다. 새것과 다름없지만 안전상의 이유로 폐기되는 한 번 사용한 자동차 에어백과 자동차 제조과정에서 스크래치 등의 이유로 폐기되는 원단 등을 활용하여 만들어진다. 부품 고유의 제품 넘버 프린트를 활용하고, 재단하지 않은 에어백을 이용하며, 자동차의 기계적인 요소를 사용하여 심플하고 모던하거나 미래지향적인 디자인을 선보이고 있다.

2019년에는 '테일러링 라인'과 '럭셔리 스포티 라인'을 선보였다. '테일러링 라인'은 남성 슈트 재고를 해체, 제작했으며 무채색 계열의 컬러가 적용됐다. 창의적

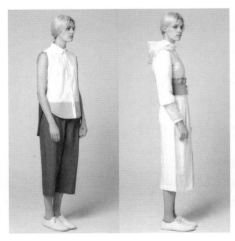

그림 4-5d
레코드 컬렉션
(좌) 인벤토리
컬렉션
(우) 밀리터리
컬렉션

인 절개와 플리츠 디테일을 통해 구조적 디자인을 제안하면서 전체적인 밸런스를 구현했다.

'럭셔리 스포티 라인'은 패딩과 니트, 기능성 재킷 등의 재고를 활용, 스트리트 패션에도 어울릴만한 캐주얼 감성을 담은 것이 특징이다.

여러 벌의 옷과 소재를 해체하고 다시 재조합하는 방식으로 제작하는 래코드의 상품은 모두 브랜드의 아틀리에서 디자이너와 봉제장인들의 손을 거쳐 이루어진다. 하나하나 모두 사람의 손을 거쳐야 하고, 재고의류의 수량도 한정되어 있기 때문에 모든 옷들은 5장 내외의 한정판 개념으로 생산된다.

래코드는 일반 의류에 비해 작업 과정이 복잡하기 때문에 비교적 고가의 가격대를 형성하고 있다. 소재의 해체 작업에서 제품의 완성에 이르기까지 전 공정이 100% 수작업으로 이루어지고, 디자인 및 봉제 과정이 까다로운 데다가 슈트와 스포츠 의류 등의 다양한 제품을 해체하여 소재로 활용하기 때문이다. 그러나 전 제작과정에서 브랜드의 비전을 폭넓게 실행하고 있다. 특히 해체 과정에서 굿윌스토어를 통해 고용한 장애인과 소외계층의 직원들이 자신의 가능성을 최대한 발휘하여 자립할 수 있도록 노력을 기울이고 있다. 굿윌 스토어에서 해체된 코오롱FnC의 제품들은 디자이너에게 보내지고, 독립 디자이너와의 협업을 통해 재해석되고 리디자인되는 과정을 거친다. 래코드 제품의 가격은 티셔츠는 10만 원대, 바지는 20~30만 원대, 재킷은 50~70만 원대로 모든 상품은 한 디자인당 10~40벌 정도로 한정된 수량만 제작되며, 이러한 과정을 통해 소비자에게 소비 이상의 가치를 제공하고자 한다.

2018년 봄, 여름에 첫 출시된 업사이클링 점퍼백 '리;나노'라인은 기능적인 디자인과 접근성이 높은 저렴한 가격으로 래코드의 대중화에 기여한 상품이다.

몸판으로 토트백을, 소매부분으로 크로스백을 만들어 점퍼 한 벌을 가지고 두 개의 가방으로 리디자인한 상품으로 약 7개월 동안 이태원 시리즈코너 내 '래코드'매장과 코오롱몰 등을 통해 판매한 결과 약 85%에 달하는 높은 판매율을 보였으며, 이에 힘입어 가을 시즌에 점퍼백 시즌2를 출시했다. 3만 9,000원에서 6만 9,000원대의 구매하기 용이한 가격대로 좋은 반응을 얻었다. 래코드는 리;나노 액세서리 라인을 통해 소비자 생활과 밀접하고 자주 사용하기 쉬운 아이템으로 업사이클링을 알리는 성과를 거두었다.

2012년 5월 래코드의 첫 번째 팝업 스토어에서는 남성복, 여성복, 액세서리, 가방 등 7개 라인에 100여 가지 스타일 500여 점이 전시되고 판매됐다. 많은 소비자들이 방문하여 래코드가 가진 브랜드 가치를 이해하고 윤리적 소비에 공감할 수 있는 계기가 되었으며, 이후 백화점 팝업 스토어를 전개하여 래코드의 컬렉션을 소비자에게 선보였다.

현재 한남동에 위치한 편집 숍 시리즈 코너와 명동성당 1898+ 내부에 구성된 나눔의 공간에서 판매되고 있다.

래코드는 브랜드가 지니고 있는 메시지와 이야기하고자 하는 가치를 더욱 많은 소비자와 소통하기 위해 지속적으로 전시회, 박람회 및 퍼포먼스를 진행하고 있다. 2012년에는 부산국제영화제 개막식에서 배우 문소리가 래코드의 드레스를 착용하고 등장하여 대중에게 낭비가 아닌 가치 있는 소비를 제안하고 환경에 대한 문제의식을 일깨우는 데 일조했다. 또한, 매 시즌 래코드의 의미를 공감할 수 있는 여러 프로젝트를 진행하여 래코드의 감성을 더욱 강조하고 지속적으로 강화하는 한편, 다양한 컬래버레이션 진행을 통해 패션의 사회적 참여 기능을 강조하고 소비자에게 가치소비의 중요성을 피력하는 등 래코드만의 노력을 지속해나가고 있다.

래코드의 장인정신과 실험성, 심미성 등에 대한 노력을 인정받아 프리즈 아트 페어, 캡슐 쇼 등 국내외 각종 전시회와 행사에 초대받고, 팝업 스토어와 다양한 협업 등을 꾸준히 제안받고 있다.

그림 4-5e
래코드의 리;
나노
(좌) 점퍼백
제작과정
(우) 점퍼백
시즌2

4) 지속가능 전략

(1) 업사이클링 DNA의 가치 추구

래코드는 2012년 빨리 만들고 쉽게 버리는 소비행태에 대한 고민으로부터 출발한 취지를 지구환경과 사회환원이라는 두 가지 가치 추구에 지속적으로 담고 있다.

소각 직전의 3년된 재고 제품을 해체하고 재조립해 새로운 디자인을 선보이고 있는 래코드는 코오롱 사내 재고 소각 시 들어가는 비용을 절약하고 환경문제 해결에 기여할 수 있다는 취지로 출발했다.

출시부터 현재까지 장애인 직업 재활시설인 굿윌 스토어에 기존 재고 제품 해체 작업을 맡기고, 컬래버레이션을 통해 잠재력 있는 신진 독립 디자이너를 발굴해내는 프로젝트를 지속하고 있다. 이는 가능성 있는 디자이너들의 역량을 기업이 적극 수용한다는 의미이며, 협업을 통한 래코드의 생산과정은 사회의 약자를 수용하는 선한 영향력과 함께 디자이너의 개성이 반영된 디자인을 탄생시킬 수 있었다.

인건비, 디자인에 들어가는 노력, 희소성 등의 이유로 상품의 가격이 저렴한 편은 아니나, 해를 거듭할수록 '친환경'과 '지속가능한 브랜드'에 대한 소비자들의 관심이 높아지고 있기에 래코드의 성장 가능성은 더욱 커질 것으로 전망하고 있다.

(2) 지속가능패션의 글로벌화

출시 초기부터 지속가능패션의 글로벌화하는 데도 적극적으로 투자하며 매년 이어가고 있다. 런던, 파리, 베를린 등 해외 팝업 스토어에서 좋은 반응을 얻어 '한국적 지속가능패션'의 글로벌화에 대한 가능성을 입증했다. 출시 이후 캡슐 쇼, 에티컬 패션쇼, 런던 아트 페어 등 환경과 윤리적 패션에 관한 박람회에도 꾸준히 참관하여 인지도를 확장하며 한국형 지속가능패션 브랜드를 대

그림 4-5f
2019년
파리 편집 숍
레끌레흐
팝업 스토어

표하게 되었다.

또한 프랑스 파리의 메르씨, 레끌레흐, 중국의 청두 팝업 스토어 등 해외의 유명 편집 숍의 팝업 스토어에 입점하여 한국 업사이클링 패션의 미학을 알렸다.

(3) 지속적인 협업활동

래코드는 코오롱의 사내 재고를 의미있게 소진하는 차원에서 론칭했으나, 이후 꾸준히 국내외 브랜드 및 독립 디자이너와의 협업을 이어 나가며 브랜드 철학을 공유하고 있다.

2020년에는 글로벌 스포츠 브랜드 그리고 한국을 대표하는 1세대 디자이너와의 아카이브 컬래버레이션으로 영역을 확장했다.

글로벌 스포츠 브랜드 나이키의 기후 변화에 대응하고자 하는 의지와 래코

그림 4-5g
래코드
바이 나이키
(상) 래코드
바이 나이키
(하) 래코드
바이 나이키
팝업 스토어

드의 수년간 보여준 지속가능성의 가치를 'RE:CODE by NIKE' 프로젝트로 현실화했다.

래코드 디자인팀에서 나이키 물류센터를 방문해 재고 상품 3,000개를 직접 선택했다. 나이키의 의류 재고 및 폐자재 70%와 코오롱의 재고 30%를 활용해서 재작업했다. '해체와 재구성'이라는 주제 아래 31개 의류 상품과 25개 액세서리를 제작했다.

'Move to Zero'지구가 없으면 스포츠도 없다는 콘셉트의 팝업 스토어를 통해 이태원의 시리즈 코너 내의 래코드 매장을 비롯하여 분더숍과 온라인의 W콘셉트와 코오롱몰에서 한정 판매했다.

판매액의 5%는 래코드와 나이키의 이름으로 기부했다. 또한 코로나 19 상황인 2020년 비대면 커뮤니케이션 플랫폼 '줌'Zoom으로 소비자와 함께 하는 업사이클링 디지털 워크숍을 진행하여 적극적인 참여와 소통을 시도했다.

그림 4-5h
래코드×진태옥
'아카이브'
컬렉션

2020년 10월에는 한국을 대표하는 디자이너 중 한 명인 진태옥과의 협업을 진행했다. 2020년 2월 이탈리아 밀라노 디자인 위크에 초청받아 '아카이브'프로젝트를 준비했으나, COVID-19로 전시가 취소되면서 서울 이태원의 코오롱 FnC 남성복 매장인 '시리즈 코너'에서 선보였다.

(4) 개방, 나눔을 통한 대중과 소통

래코드는 대중과의 소통을 통해 지속가능패션을 알리는데도 적극적인 활동을 하고 있다. 2019년 10월 서울 노들섬에 '래코드 아뜰리에'를 열어 래코드 제작과정을 오픈형 공간으로 개방했다. 래코드가 제작되는 모든 과정에서부터 전시, 캠페인까지 한눈에 확인할 수 있어 업사이클링 브랜드, 나아가 지속가능패션을 보다 친숙하고 의미있게 전달하겠다는 의도이다.

래코드는 2014년부터 주말마다 업사이클링의 가치를 알리기 위해 서울 명동성당의 복합문화시설 '1898+'에서 체험 행사 '리테이블'을 열고 있다. 참가자들이 재고 의류를 활용해 직접 지갑, 앞치마 등 생활소품을 만드는 행사로 최근 3년간 4,000명이 참여해 지속가능패션에 대한 대중의 관심을 확장하는 기회가 되고 있다. 코오롱 측에서는 리테이블 행사가 래코드의 인기로 이어진 것으로 평가하고 있다.

(5) 대여 서비스 '렌트 더 온리 원'(Re;nt the Only One)

래코드는 업사이클링 패션을 알리는 방법의 하나로 환경을 생각하는 옷의 여정을 주제로 한 대여 서비스인 '렌트 더 온리 원'Re;nt the Only One을 실시하고 있다.

그림 4-5i
래코드의 대여
서비스 'Re;nt
the Only One'

표 4-5c 래코드의 지속가능 전략

업사이클링 DNA의 가치 추구	• 지구환경과 사회환원의 두 가지 가치 지속 추구 • 소각 직전 재고 해체, 재조립 지속 연구
지속가능패션의 글로벌화	• 해외 팝업 스토어 전개(런던, 파리, 베를린) • 친환경, 윤리적 패션 관련 박람회 참관
지속적인 협업	• 코오롱 사내 재고 외에 타사, 독립 디자이너까지 컬래버레이션 범위 확장 • 헨릭 빕스코브, 안드레아 크루 등 해외 디자이너, 국내 신진 디자이너와의 지속적인 컬래버레이션 • 2020년 글로벌 스포츠 브랜드 나이키, 디자이너 진태옥과의 협업 등으로 영역 확대
개방, 나눔을 통한 대중과 소통	• 래코드 박스 아뜰리에—소외된 계층 여성 지원 오픈형 공간 개방, 지속가능패션 전달 • 리;테이블(Re;table)—업사이클링의 가치를 알리기 위해 비정기적으로 기획되는 대형 워크숍 • 나눔 공방—매주 주말마다 서울 노들섬과 명동 성당에 각각 체험공간 마련, 운영
대여 서비스 '렌트 더 온리 원' (Re;nt the Only One)	• 업사이클링 패션을 알리는 취지의 '렌트 더 온리 원'(Re;nt the Only One) 대여 서비스

5) 브랜드 차별성

래코드는 대기업의 패션 브랜드에서는 최초로 시도되는 업사이클링 브랜드이다. 그동안 리폼 형태의 옷은 많았지만 패션 대기업이 업사이클링을 통해 생산한 제품을 브랜딩을 통해 선보인 사례는 국내는 물론 해외에서도 처음이기 때문에 상징적인 의미를 지닌다고 볼 수 있다.

래코드는 소비, 그 이상의 가치 있는 일을 하는 브랜드로 남으려는 목표의식이 있으며, 재활용 소재를 사용하여 옷을 만드는 일 자체가 사회환원이자 패션 기업으로서 동시에 해나가야만 하는 의무로 인식하고 있다. 특히 윤리소비의 가치를 전달하기 위해 편집 숍 입점 등의 방식으로 제품을 유통하여 불필요한 비용을 없애고 있다. 생산 시 자투리 천으로 활용하기 쉬운 가방이나 파우치 등은 대량 생산도 가능할 것으로 판단하고 액세서리 라인을 따로 출시하는 등 업사이클링 브랜드가 가지는 수작업으로 인한 고비용의 한계를 넘고자 끊임없이 시도하고 있다. 기존 중소 브랜드는 소재 확보에도 어려움을 겪고 있는 반면, 래코드는 코오롱 FnC의 소각 직전의 재고 의류를 해체하여 활용하기 때문에 고품질의 풍부한 소재들을 활용할 수 있는 점 역시 차별화된 강점이라고 볼 수 있다.

래코드는 재활용 소재를 사용하는 것에 대한 소비자의 편견을 없애고 재활용 소재의 믹스 매치를 독특함으로 승화시켜 브랜드의 강점으로 전환시키고 있으며, 팝업 스토어를 통해 가치 있고 윤리적 소비를 지향하는 고객들의 많은 호응을 얻고 있다. 또한 기업이 처한 경제적인 비용을 환경적 측면에서 해결할 수 있는 방안을 찾아 환경적 영향을 최소화하기 위한 노력을 지속하고 사회적인 인식을 바꾸고자 노력하고 있다.

세상에 단 하나뿐인 나만의 옷, 독특한 패턴의 가방을 찾는 젊은 소비자들의 의식 변화도 업사이클링 패션 성장의 기반이 되고 있다. 오직 한 벌뿐인 디자인인 업사이클링 제품은 단순한 마케팅 전략이 아닌 래코드가 추구하는 순환의 가치와 진정성을 소비자에게 전달하는 힘을 지니고 있다.

현재 패션계에 지속적으로 제기되고 있는 SPA 브랜드들의 환경파괴 및 공정무역 등의 이슈에 대한 대안으로 '지속가능한' 패션이 계속해서 각광받고 있는 가운데, 해당 분야의 선도적 브랜드로서 윤리적 소비와 기업의 CSR활동에서 모범적인 사례로 자주 래코드가 언급되고 있다. 이러한 다양한 사회공헌 활동과 함께 의류 폐기물을 소재로 패션 아이템을 생산하는 지속가능한 윤리적 패션 디자인 분야의 대표적인 브랜드가 되었다.

그림 4-5j
래코드의
브랜드 차별화
전략

요약

1. 래코드는 업사이클링을 통한 재고 낭비 해결과 독립 디자이너 발굴을 목표로 지속가능한 패션을 추구하는 코오롱 인더스트리의 브랜드이다. 코오롱의 의류 재고 문제를 해결하고 환경을 보호하려는 취지에서 시작되었으며, 그 과정과 가치관을 소비자와 공유하고자 한다.

2. 의류 재고와 다양한 폐기 제품을 여러 컬렉션으로 구분하여 활용하였으며, 공정 과정에서 소외계층을 고용하고 독립 디자이너와의 협업으로 제품을 디자인한다. 모든 과정이 수작업으로 이루어지므로 한정된 수량과 높은 단가로 제품을 판매한다.

3. 여러 브랜드와 협업하여 지속가능한 패션 상품을 만들고, 지속가능패션의 글로벌화를 추구하며 패션쇼와 행사에 제품을 선보였다. 오프라인 매장과 팝업 스토어를 운영하며 지속가능성에 대한 브랜드 아이덴티티로 소비자들과 소통하고자 한다. 또, 자체적으로 렌털 서비스를 실시해 더 많은 업사이클링 패션 경험을 제공하고 있다.

생각해 볼 문제

1. 한정된 수량과 높은 단가임에도 불구하고 래코드의 제품이 소비자들에게 인기 있는 이유를 생각해보자.

2. 래코드의 제품이 소개된 패션쇼와 행사에 대해 조사하고 이에 대한 패션 관계자와 소비자들의 의견을 알아보자.

6. 나우

1) 브랜드 역사

나우는 미국 오리건주 포틀랜드에서 시작한 친환경 아웃도어 라이프 스타일 브랜드이다. 2007년 미국의 아웃도어 브랜드 마모트Marmot의 창립자 에릭 레이몬드 등 나이키와 파타고니아 출신 디자이너와 MD가 출시하였다. 소재부터 제작 과정 및 판매된 이후까지 지속가능성이라는 주제를 가지고 나우만의 브랜드 철학을 실천하고 있다. '세상을 바로 잡자'는 슬로건으로 자연과 함께하는 내일의 가치를 찾는 일에 앞장서고자 하는 것이 나우의 시작이었다. 국내에서는 2014년 블랙야크가 인수하면서 2019년 기준 34억 원 매출을 기록하고 있다조윤주, 2020.

2) 브랜드 아이덴티티

나우의 브랜드 아이덴티티는 친환경적이면서도 기능적인 디자인을 자연뿐만 아니라 도시에서도 공존할 수 있는 패션을 추구한다. 사람, 장소, 문화에 대한 고민을 통해 결국 '지속가능한 삶'과 '행복한 삶'에 대한 고민을 브랜드 철학으로 연결시켰다. 아웃도어를 기반으로 도심에서도 어울리는 라이프 스타일을 추구하며 더 나아가 환경과 생태계를 생각하는 지속가능성의 가치에 대해 집중하고 있다. 친

표 4-6a 나우의 역사

연도	역사
2007년	• 미국의 아웃도어 브랜드 마모트(Marmot)의 창립자 에릭 레이몬드가 출시
2008년	• 미국의 라이프웨어 호니 토드(Horny Toad)가 인수
2010년	• 아웃사이드(Outside) 매거진에서 일하기 좋은 기업으로 선정
2014년	• 한국의 아웃도어 기업 블랙야크가 인수 • PFC-Free DWR(Durable Water Repellent) 처리로 방수소재를 미국 최초로 생산
2015년	• 재활용 다운 소재 컬렉션을 의류 브랜드 최초로 도입
2017년	• PFC-Free DWR(Durable Water Repellent) 생산 방식으로 100% 전환

환경 소재를 사용한 유행을 타지 않는 디자인, 인권 보호를 실천하는 공정무역, 무분별한 소비를 지양하는 가치를 브랜드를 통해 실현하고자 한다.

나우의 슬로건인 'Act Right nau'는 '나우처럼 지금 바로, 올바르게 행동하자'라는 뜻으로 나우가 지향하는 친환경 라이프 스타일에 동참하자는 내용을 담고 있다. 지속가능한 내일을 위해 존재한다는 브랜드 미션을 실천하기 위해 지속가능성을 주제로 하여 모든 브랜드 활동이 이루어진다. 나우의 타프 심벌은 자연을 해치지 않고 주어진 것을 누리며 더 나은 상태로 만들어 가자는 친환경 아웃도어 철학이 담겨져 있다.

그림 4-6a
나우 브랜드
심벌과 로고

3) 브랜드 전략

나우가 추구하는 브랜드 가치인 지속가능성을 고객들과 공유하기 위해 특히 오프라인 스토어에서는 이에 대해 알리고 경험할 수 있는 전략을 펼치고 있다. 나우의 시작이기도 한 미국 포틀랜드의 플래그십 스토어에는 나우의 최신 컬렉션뿐만 아니라 지속가능성에 대해 알리고 경험할 수 있는 공간을 마련하고 있다. 포틀랜드는 킨포크, 나이키, 파타고니아의 도시로 친환경적이고 다양성이 존중되는 곳으로 최근 더욱 주목을 받고 있다.

2014년 한국의 블랙야크가 나우를 인수한 이후 국내에서도 오프라인 공간을 통해 브랜드의 가치를 알리려는 움직임은 지속되었다. 2019년에는 서울에 플래그십 스토어 나우 하우스nau haus를 오픈했다. 지속가능성을 하나의 문화로 만들고 이를 다양한 방식으로 전달할 뿐만 아니라 단순한 브랜드 플래그십 스토어를 넘어 전시, 도서, 공연, 식음료F&B 등이 함께 어우러진 독립 문화 공간을 추구하였다. 나우 하우스는 설계 단계부터 주변에 환경에 영향을 최대한 미치지 않는 조립식 모듈을 적용하며 업사이클링 디자인을 접목해 매장을 방문하는 사람 모두 '지속가능'에 대한 가치를 직접 경험할 수 있게 제작된 것이 주목할 점 중 하나이다.

그림 4-6b
나우 브랜드
스토리 영상

　나우의 브랜드 전략 자체가 지속가능 전략이라고 해도 무방할 정도로 브랜드의 핵심은 '지속가능성'이라는 주제로 움직인다. 한국에서는 최초로 폐페트병 재생 폴리에스터를 사용한 플러스틱PLUSTIC, 농약을 사용하지 않고 재배한 오가닉 코튼, 옷을 만든 후 필요한 원단만 염색하는 가먼트 다잉 기법 등을 통해 친환경 제품을 만들고 있다.

4) 지속가능 전략

나우는 패션 산업이 그 동안 끼친 환경적인 영향에 대해 고찰하고, 이를 최소화할 수 있는 방향을 최우선적으로 삼고 있다. 의류를 생산하는 브랜드로서 생산 과정의 처음이라 할 수 있는 소재 선택에서부터 지속가능한 방식을 택하고 있다. 단순히 '친환경', '그린' 등의 키워드로 패션 기업에서 행해지고 있는 그린 위싱에 대해 경고하면서 실제 그 브랜드가 어떤 소재를 사용하고 있는지에 대한 소비자로서의 고민과 선택을 일깨우도록 노력하고 있다.

　나우는 지속가능한 패션의 시작으로 책임감있게 선택한 소재를 최우선적으로 고려한다. 침구에서 모은 다운을 재가공하여 겨울 아우터에 사용하거나 페트병에서 추출한 재생 폴리에스테르, 농약을 사용하지 않고 재배한 면 등 친환경 소재로 옷을 제작한다. 내구성이 좋고 기능성이 높은 소재를 사용하기 위해 노력하고 있으며 이 기준에 적합한 10가지 소재를 중점적으로 사용하고 있다.

　특히 PFC-Free DWRDurable Water Repellent은 나우에서 직접 개발한 기술로, 불소를 사용하지 않는 방수 기능이다. PFC는 일단 환경에 방출되면 매우 느리게 분해되는 성질을 가지고 있다. 의류를 세탁하거나 문지를 때면 착용자뿐만 아니라 환경에 해가 되는 영향을 준다. 일부 연구에서는 인체 내 호르몬의 이상 여부에도 영향을 준다는 결과로 인해 현재 PFC는 전 세계적으로 인정하는 제한 물질 목록으로 등록되어 있다. 아웃도어 아이템 중 방수는 꼭 필요한 기능 중 하나로서 기존에 전 세계적으로 쓰였던 불소 사용 방식에서 벗어나 생분해성 기반인 탄화수소 폴리머 기반의 물질 대안을 사용하여 업계에 큰 반향을 일으키게 되었다. 이는 단순히 의류 착용자뿐만 아니라 공장 근로자, 환경에 무해한 방식으로 과불화화합물이 함유되지 않은 친환경 발수제PFC Free를 사용함으로써 이제 나우의 PFC-Free DWR은 전 세계 업계의 표준이 되었다.

또한 플라스틱 폐기물과 탄소 발자국을 줄이는 대표적인 지속가능패션 소재로 플러스틱PLUSTIC이 있다. 그 동안의 국내 플라스틱 분리수거 방식은 기술력의 문제로 대부분 그 원료를 일본과 대만의 수입에 의존해왔다. 그러나 나우에서는 오랜 기간 연구 개발 끝에 한국 페트병 재활용 원사K-rPET 제품군을 선보이면서 나우만의 독자적인 친환경 전략을 실천하고 있다. 2025년부터는 전 제품에 사용되는 재활용 폴리에스터 원료를 수입이 아닌 한국 페트병으로 사용할 계획이다.

나우에서는 의류가 환경에 미치는 영향의 80%가 구매한 상품을 소비자가 관리하는 중에 발생된다는 사실을 인지하여 소비자에게 적절한 관리가 이루어질 수 있도록 정보를 제공하고 있다. 입던 옷이 더러워지면 전체 세탁보다는 부분 세탁을 할 것을 권장하고 있다. 세탁을 해야 할 경우 찬물을 사용하고, 특히 방수 소재의 경우에는 닉왁스Nikwax를 주기적으로 의류 표면에 발라서 소비자 스스로 의류 수명을 연장할 수 있도록 장려하고 있다.

2020년에는 국내 최초로 생분해 트렌치코트를 선보이기도 했다. 씨루프 트렌치코트C.loop Trench Coat는 스위스 고기능성 소재 브랜드 쇨러Sheoeller Textil AG사에서 개발한 생분해 원단에 지속가능한 패션을 선도하는 나우의 트렌디한 디자인을 더한 제품이다. 여기에도 친환경 발수제PFC Free를 적용하였으며, 야자열매를 압축한 너트 단추를 사용하여 보이지 않는 곳까지 지속가능성의 의미가 담기도록 생산하였다. 이에 모든 제조 과정에서 생분해가 가능하도록 제품을 만드는데 주력하여 나우의 지속가능 철학을 담아내었다.

표 4-6b 나우가 사용하는 지속가능 소재　　　　　　　　　　　　　　　　　　187

소재	내용
오가닉 코튼	• 성장촉진제, 제초제, 유전자 변형으로부터 어떠한 영향도 받지 않은 유기농 면만을 사용 • CU(Control Union)와 같은 공신력있는 국제적 인증기관의 인증 받은 유기농 면을 사용
BCI(Better Cotton Initiative) 코튼	• 일반 코튼 대비 농약, 살충제, 성장촉진제 등 화학물질을 제한적으로 사용해 토양 오염과 물의 낭비를 최소화 • 농장의 아동 노동 금지, 공정무역이 전제되어야 최종 인증을 받을 수 있는 환경과 면 농가 모두의 지속가능성을 고려한 소재
재활용 폴리에스테르	• 폐 PET병을 컬러별로 수거한 후 세척·용융·방사 과정을 거쳐 생산한 리사이클 폴리에스터 원단 및 충전재로 생산 • 리사이클 폴리에스터는 최근 문제되고 있는 플라스틱 폐기물 이슈에 가장 직접적으로 대항할 수 있는 소재로, 리사이클 폴리에스터 티셔츠 한 장은 500ML 페트병 15개를 재활용하는 효과
재활용 나일론	• 산업체의 폐기물과 바다에 버려진 폐기물을 모아 세척 및 재가공을 통해 생산 • 리사이클 나일론의 사용은 나일론의 원료가 되는 석유에 대한 의존도를 줄이고, 이는 대기오염, 토양오염 감소 및 폐기물 수거를 통한 더 깨끗한 바다를 만드는데 기여
재활용 고어텍스	• 기존 고어텍스의 기능에 친환경 요소를 접목한 소재를 사용 • 방수 기능으로 이미 널리 알려진 고어텍스 소재를 그냥 사용하는 것이 아니라 리사이클 소재를 접목함
리사이클 다운 (RE:DOWN®)	• 2016년부터 의류업체 최초로 재생다운을 제품에 사용하고 있음 • 전 유럽 등지에서 버려진 침구, 침낭을 헝가리로 모아, 상태에 따라 엄격히 분류한 후 내부에 있는 다운을 추출하고 솜털과 깃털로 분류함 • 깨끗하게 세척 및 건조/살균 과정을 거치고, 필 파워 등의 요소를 엄격히 테스트하여 생산 • 세척과정에 쓰이는 온천수는 환경친화적인 방법으로 정수하여 사용하며, 사용 후에는 정화 후 농업용수로 사용
재활용 폴리에스테르 충전재	• 윤리적으로 생산되지 않은 오리털, 거위털을 사용하는 대신 합성섬유인 폴리에스터로 만든 충전재를 사용함으로써, 비윤리적인 다운의 생산을 최소화 • 용도에 따라 원단 타입과 볼 타입으로 제품에 적용되었고, 일반 합섬 충전재와 마찬가지로 가볍고 따뜻하며, 동물과 환경 모두 보호

나우에서는 지속가능성에 대한 의미를 패션에서만 한정하는 것이 아니라 더 나은 사회를 만들기 위해 파트너스 포 체인지Partners for Change 프로그램을 운영하고 있다. 고객이 구매할 때마다 판매금액의 2%를 비영리 단체에 기부하는 것이다. 주요 기부처는 재난 구호 및 지역사회 발전을 위해 일하는 단체인 머시 콥스 Mercy Corps와 북미의 야생지역 보호를 위해 활동하는 컨서베이션 얼라이언스Conservation Alliance 등이 있다. 나우에서는 생산으로 인한 환경적 영향을 최소화하고자 지속가능한 소재 사용, 공급망 관리 등을 힘쓰고 있으나, 이보다 지속가능성에 한 발짝 더

그림 4-6c
나우의 씨루프
트렌치코트

나아가고자 하는 마음에 직접 기부 방식을 택하여 고객들에게도 이러한 활동에
관심을 가지도록 장려하고 있다.

5) 브랜드 차별성

나우가 추구하는 가치와 그 활동들을 고객과 공유하기 위해 미국 공식 홈페이지
에서는 저널The Journal이라는 이름으로 나우 브랜드의 활동에 대해 지속적으로 알
리고 있다. 저널에서는 나우의 핵심 기술 중의 하나인 PFC-Free DWR 및 관련
상품을 소개하거나, 나우에서 중요하게 생각하는 지속가능한 소재에 대한 설명,
지구의 날에 대한 가치 공유, 나우가 기부하는 북미 야생지역 보호단체 컨서베이
션 얼라이언스 소개 등 나우와 지속가능성을 연결할 수 있는 다양한 주제를 다
루고 있다.

이러한 지속가능성 가치의 확산과 나우가 지향하는 가치를 공유하고자 나우
매거진을 2017년 한국에서 창간하였다. 다양한 도시와 사람들을 통해 지속가능
한 삶의 방향성을 탐구하는 로컬 다큐멘터리 매거진을 지향한다. 일 년에 1회 발
행하며, 매 호 하나의 도시를 선정해 자신의 도시와 삶을 즐겁고 지속가능하게
만드는 사람들인 'the weird'의 생각들과 행동을 통해 행복의 의미를 살펴보는
내용을 담고 있다. 지속가능성이 일시적인 트렌드가 아니라 다양성을 존중하고
삶에 대한 가치관으로 자리 잡을 수 있도록 인식의 변화를 제안한다. 나우 매거
진의 판매 수익 전부는 사회적 변화를 위한 환경 단체에 기부를 하여 그 의미를

그림 4-6d
나우 매거진

더하고 있다. 창간호에는 포틀랜드, 두 번째 호에는 타이페이, 세 번째는 베를린, 네 번째는 텔 아비브, 2020년 다섯 번째 호에는 서울의 이야기를 담고 있다. 나우 매거진은 영문판을 발행하여 일본 최대 라이프스타일 서점인 츠타야에 입점하기도 했다. 이로써 국내에서 뿐만 아니라 해외에서까지 나우가 추구하는 가치를 전달하기 위해 소통 영역을 더욱 확장해 나갈 예정이다.

요약

1. 나우는 친환경적이면서도 기능적이고 자연과 도시에서 입을 수 있는 패션을 추구하는 브랜드이다. 아웃도어를 기반으로 도심에서도 어울리는 라이프 스타일과 지속가능성의 가치를 지향한다.

2. 나우는 지속가능성을 위해 친환경 소재를 최선적으로 고려한 제품을 생산하고, 제품 구매 후 관리 과정에서 소비자가 발생시키는 환경 영향을 줄이기 위한 정보를 제공한다.

3. 지속가능성의 가치를 사회로 확장시킨 파트너스 포 체인지 프로그램을 운영한다. 매거진을 창간하여 브랜드가 추구하는 가치와 진행하는 활동을 소비자와 공유한다.

생각해 볼 문제

1. 도심에서도 어울리는 나우의 아웃도어 제품이 다른 브랜드와 다른 점은 무엇인지 알아보자.

2. 나우 매거진에서 소개하는 나우의 지속가능성을 위한 노력에는 무엇이 있는지 조사해보자. 그리고 매거진을 이용해서 나우의 노력을 알리는 전략의 효과에 대해 논의해보자.

7. 플리츠마마

1) 브랜드 역사

플리츠마마는 아름답고 지속가능한 삶의 방식을 제안하기 위해 2017년 11월에 SNS채널인 인스타그램에서 시작된 패션 브랜드이다. 환경과 자신에 대한 올바른 태도를 지키며 살아가는 의식있는 소비자conscious consumer들을 위해 친환경 소재를 사용하여 쓰레기가 발생하지 않는 제작방법으로 제품을 만든다. 플라스틱을 만들지 않는 것이 가장 좋으나 현재 만들어져 있는 플라스틱을 재활용하여 최대한 오래 사용하는 것을 모토로 탄생했다.

재생 섬유를 활용한 패션은 우리가 흔하게 사용하는 생수병 등 일회용품이 바다로 흘러 들어가 생태계를 파괴하고 기후변화를 초래하는 문제들을 해결하기 위한 방법이기도 하다. 패션 산업이 환경오염을 일으키는데 상당한 비중을 차지하고 있는데, 이는 미세 플라스틱의 25%를 생성하여 지구의 생태계를 위협하고 있다.

국내의 페트병 재활용률은 80%로 높은 편이나 라벨 용기와 부착된 라벨의 컬러가 혼합돼 재활용 효율과 품질이 낮아 해외에서 연간 22,000톤 이상의 고품질 재생 원료를 수입하여 재활용하고 있다.

플리츠마마는 창업 초기부터 고품질 재생 원료를 국산화하기 위해 효성티앤씨 등 관련 업계와 협력하여 프로젝트를 추진했다. 플리츠마마는 2020년 6월부터 국내 최초로 100% 제주 폐페트병 재생 원사를 활용하고 있다.

세계 최초 니트 플리츠 리얼 에코백, 페트병 16개로 재창조된 가방

그림 4-7a
플리츠마마

플리츠마마의 창업자 왕종미 대표는 창업하기 전 근무했던 스웨터 생산 업체에서 울과 캐시미어 등으로 스웨터를 만들고 남는 실을 폐기하는 것을 보았다. 가격대가 높은 원사가 버려지며 남은 자투리 원사의 버려진 물량은 당시 연간 7~8억 원에 달했다. 후에 자신도 육아를 하며 본 주위의 많은 여성들이 실용적이면서 가볍고 멋을 낼 수 있는 가방에 대한 니즈가 많다는 것을 발견하여 이를 디자인으로 상품화하기 위해 연구했다.

제품의 가격은 4~5만 원대로 가성비를 추구하는 소비 트렌드에 부응하면서 창업한 지 1년 만인 2018년 15,000개가 판매되었다. 한 명이 8개까지 색깔별로 주문하는 경우 등, 여러 개를 한 번에 구매하는 소비자가 플리츠마마의 팬덤을 만들었다.

그림 4-7b
플리츠마마
로고

2020년에는 폐페트병의 누적 사용 개수가 153만 개를 넘어서며 환경보호에 기여했다.

표 4-7a 브랜드 프로필

설립 연도	2017년 11월	보유 브랜드	플리츠마마
산업 분야	가방	매장 수	10개(서울6, 경기2, 제주2)
창업자	왕종미	매출액	비공개
CEO	왕종미	웹사이트	www.pleatsmama.com
본사	한국 서울(송강 인터내셔널)	주식상장 여부	비상장
직원 수	4명(2019)		

표 4-7b 브랜드 역사

연도	역사
2017년	• '지속가능성과 라이프 스타일'을 모토로 인스타그램에서 출시
2018년	• 출시 1년 만에 15,000개 판매 • 빈폴과 첫 컬래버레이션
2019년	• 아시아 첫 플래그십 스토어, 도쿄 오픈
2020년	• 다양한 기업과 컬래버레이션 활동 • 남성복 TNGT X 플리츠마마 컬래버레이션 및 라이브 커머스 진행 • 2020.4 제주도, 제주삼다수, 효성티앤씨와 제주 자원 순환 프로젝트 업무 협약 • 2020.6 국내 최초 100% 제주 폐페트병 재생 원사 활용 시작한 제주 자원 순환 프로젝트, 제주 에디션 1 • 2020.7 브랜드 출시 후 폐페트병 누적 153만 개 사용 • 2020.10 제주 자원 순환 프로젝트, 제주 에디션 2 '라이프 오브 제주' • 2020.11 제주 자원 순환 프로젝트, 추자, 우도 에디션 • 2020.12 재활용 캐시미어 캡슐 컬렉션 출시 • 2020.12 제주 자원 순환 프로젝트, 제주 에디션 3 글리터 에디션

2) 브랜드 아이덴티티

(1) 멋지고 지속가능한 라이프 스타일 # Look Chic Be Eco

"멋지고 실용적이며 지속가능할 수 있을까?"라는 모토로 탄생한 플리츠마마는 버려진 페트병을 재활용한 친환경 소재를 사용하여 가방 제작을 시작으로 지속가능한 삶을 위한 실천적인 방법을 제안했다.

(2) 페트병 16개로 만든 가방 # Made from used plastic bottles

페트병500ml 16개로 만든 가방을 브랜드 정체성으로 내세우고 있다. 또한 다양한 30여 개의 비비드 컬러로 상품 구성을 하여 브랜드 아이덴티티를 확립했다.

아코디언처럼 접히는 니트 가방이 브랜드 대표 제품으로 다채로운 색상과 하나의 소재로 이어지는 간결한 디자인이 특징이다.

그림 4-7c
플리츠 마마의
대표 상품,
재활용
니트플리츠
가방

3) 브랜드 전략

세계 최초로 100% 제주 폐페트병 재생 원사 활용, 세계 최초 100% 재활용 스판덱스 상용화 성공으로 재활용 전문 플리츠 브랜드로 발돋움 해나가고 있다.

재활용 원사를 사용한 니트 가방으로 시작해 액세서리, 플리스 재킷, 재활용 캐시미어 캡슐 컬렉션까지 상품을 확장하고 다양한 브랜드와의 협업을 통해 상품이 가진 한계를 극복하여 브랜드 성장을 만들어 가고 있다.

4) 지속가능 전략

(1) 리사이클링 전략

플리츠마마는 페트병 재활용 원사인 리젠[1]Regen을 활용하여 이산화탄소 배출 및 쓰레기 매립량을 획기적으로 줄이고 석유 자원을 절약하여 제작하고 있다.

플리츠마마의 니트 플리츠 가방 1개에는 500ml 생수병 16개에서 추출한 실이 사용된다.

페트병과 같은 플라스틱은 분해되기까지 100년이 넘게 걸리기 때문에 플라스틱을 재활용하여 가급적 오랫동안 사용해야 한다는 판단 아래 100% 재활용 재생원사 활용 브랜드가 될 수 있도록 지속적인 개발을 진행했다. 국내 최초의 100% 제주 폐페트병 재활용 폴리에스테르 원단인 리젠 제주Rejen Jeju와 세계 최초 100% 재활용 스판덱스인 크레오라 리젠Creora Rejen을 개발하여 상용화에 성공했다.

그림 4-7d
플리츠마마의
니트 플리츠
가방 1개를
만드는데
소요되는
페트병 수와
가방 제작 과정

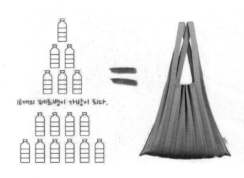
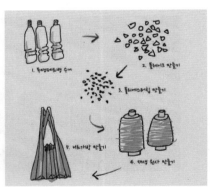

(2) 다양하고 지속적인 협업을 통한 브랜드 확장

로컬 협업 '다시 태어나기 위한 되돌림' 시리즈

• '다시 태어나기 위한 되돌림' 1st 제주 에디션 2020년 4월 환경부, 제주특별자치도, 효성 티앤씨, 제주특별자치도 개발공사제주삼다수와 함께 친환경 프로젝트인 '다

---

1 리젠(Regen)은 국내 최초로 버려지는 폐페트병의 유용 성분을 추출해 재활용한 나일론 원사로 효성 티앤씨에서 만들고 있다. 버려진 페트병을 수거해야 하고, 수거한 페트병을 선별해 깨끗이 세척해야 한다. 그리고 이를 잘게 쪼개 플레이크로 만드는데, 그 크기가 가로와 세로 모두 1mm에 불과하다. 이 플레이크로 우리가 흔히 아는 폴리에스테르 칩을 만들어 실을 뽑아낸다. 이때 실의 굵기는 머리카락보다 얇고 부드러우며 색은 하얗다.

시 태어나기 위한 되돌림'업무 협약ₘₒᵤ을 체결했다. '다시 태어나기 위한 되돌림'은 제주도의 심각해지고 있는 쓰레기 문제를 해결하기 위해 순환자원 생태계 Recycle Eco-system를 구축하는 프로젝트다. 제주 순환형 재활용 프로젝트의 취지와 목표를 플리츠마마의 상품을 통해 알리고자 기획되었다.

제주특별자치도는 제주삼다수와 함께 버려지는 투명 페트병을 수거하고, 플리츠마마 제품의 원사로도 쓰이는 효성 티앤씨가 수거한 페트병을 재활용한 재활용 섬유인 '리젠'사를 만들었다.

플리츠마마는 리젠사를 바탕으로 제주의 아름다움에서 영감을 얻은 에코백과 의류를 제작했다. 2020년 6월 제주 에디션 '다시 태어나기 위한 되돌림'은 럭색, 투웨이 쇼퍼백, 나노백 3 종류와 재활용 원사로 만든 제주 폴로 니트 티셔츠를 한정판으로 출시했다. 오프라인에서는 제주공항, 온라인에서는 29CM에서 팝업 스토어를 진행했다.

'제주 에디션'은 감귤, 현무암, 세이지, 비자나무 그린 백 등 제주의 자연을 콘셉

그림 4-7e
플리츠마마
제주 에디션
'다시 태어나기
위한 되돌림'
컬렉션, 럭색,
투웨이 쇼퍼백,
폴로 티셔츠와
나노백

그림 4-7f
'다시 태어나기
위한, 되돌림'
제주공항
팝업 스토어

트로 출시했다. 출시 직후 1차 물량이 모두 소진됐고, 2020년 11월 기준 8차까지 리오더가 진행되었다.

• '다시 태어나기 위한 되돌림' 2nd 제주 에디션 '라이프 오브 제주(Life of Jeju)' 2020 년 4월 관련 업무 협약을 통해 시작된 제주 순환 자원 프로젝트의 두 번째 제주 에디션, '라이프 오브 제주'Life of Jeju로 가을, 겨울 시즌에 맞는 플리스웨어와 크로 스백, 노트북 파우치를 출시했다. '체크 플랩 크로스 백'은 몸체와 플랩까지 일체 형으로 젠더리스한 디자인으로 기획했다. '에어 니트 노트북 파우치'는 완충재와 몸체를 일체형으로 편직한 '에어 니팅 완충 기법'을 적용하여 자투리 원단이 없도 록 '제로 웨이스트'를 실현했다.

'제주 보틀 니트 플리스 재킷'으로 명명한 플리스웨어는 제주 폐페트병을 재활용 한 원사로 만들어진 제품이다. 일반적인 플리스와 달리 니팅 방식으로 제작하여 가볍고 부피감이 적어 여러 겹 입을 수 있는 특징이 있다. 항균 재활용 원사를 목 의 안감 등 접촉이 많은 곳에 적용하여 친환경을 기본으로 기능성까지 겸비했다.

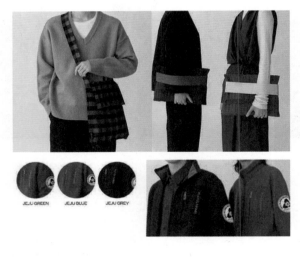

그림 4-7g
'라이프 오브
제주' 에디션
(상) 체크 플랩
크로스백과
에어 니트
노트북 파우치
(하) 제주 보틀
니트 플리스
재킷

• '다시 태어나기 위한 되돌림' 3rd 추자 에디션 두 차례의 제주 에디션이 좋은 반 응을 얻어 제주의 부속 섬인 '추자도'에서 자원순환 경제 구축 친환경 프로젝트 '다시 태어나기 위한 되돌림'의 세 번째 활동을 전개했다. 추자도는 월 평균 약 1 톤의 페트병 배출량이 발생되는 곳으로 이번 프로젝트에서 플리츠마마는 추자도

삼다수 폐페트병의 재생원사로 만든 쇼퍼백 '투웨이 쇼퍼 추자'와 다용도의 '추자 요' 등 패션 아이템으로 만든 '추자 에디션' 2종을 출시했다.

'투웨이 쇼퍼'백은 제주 에디션에서 처음 선보였던 디자인의 추자도 버전으로 도내 명소로 알려진 나바론 절벽에서 영감을 얻은 그레이와 퍼플 컬러로 제작했다.

'추자 요'는 '바람이 허락하는 섬'이라는 뜻을 가지고 있는 추자도의 의미에서 착안해 담요 형태로 제작했다. 플리츠마마의 니팅 방식으로 제작되어 부피가 적고 가벼워 휴대성이 좋은 것이 장점이다. 최근 밀레니얼 세대를 중심으로 부상한 캠핑에서도 유용하게 쓸 수 있는 제품이다.

추자 에디션은 첫 프로젝트였던 제주 에디션보다 더욱 좋은 반응을 얻어 출시된 첫날인 2020년 11월 2일 첫 물량이 모두 판매되었고 추자도에서 수거한 폐페트병으로 생산된 제품이 전량 소진되었다.

또한 '추자 에디션'을 판매한 수익금을 활용하여 추자도 소재의 유일한 초등학교인 추자초등학교의 체험 프로그램을 기획했다. 초등학교 학생들에게 자원순환의 중요성을 알리고자 '미사이클(Me-Cycle, 내가 버린 것이 다시 나에게 의미있는 물건으로 돌아온다)' 개념을 직접 체험해 볼 수 있도록 한 것이 특징이다.

'페트병이 가방이 된다고?' 프로그램을 통해 생수를 마신 후 라벨, 뚜껑 등을 소재별로 분리 배출을 직접 해보고, 영상을 통해 페트병이 분쇄돼 재활용 원사로 만들어지는 과정을 살펴본 뒤, 플리츠마마의 나노 플리츠백을 만드는 체험 활동으로 구성했다.

삼다수 생수병, 효성 티앤씨 재활용 원사, 플리츠마마의 니트 플리츠백 몸체와 스트랩 등으로 구성된 '페트병 나노 플리츠백 DIY 키트'를 제공해 학생들의 눈높이에 맞는 친환경 정보를 전달하고 교육하는데 중점을 두었다. 나노 플리츠백은 핸드폰, 카드 등 작은 소지품을 넣을 수 있는 니트 플리츠 가방으로 학생들이 가볍게 사용할 수 있다.

그림 4-7h
'다시 태어나기 위한 되돌림' 추자 에디션
(좌) 투웨이 쇼퍼백 추자도 버전
(우) 추자 요와 페트병 나노 플리츠백 DIY키트

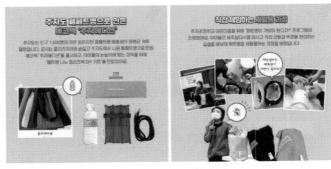

그림 4-7i
추자도초등학교
자원 순환
체험 프로그램
'내가 버린
페트병이 가방이
된다구?'
플리츠마마
×삼다수

• '다시 태어나기 위한 되돌림' 4th 우도 에디션   우도 에디션은 제주 에디션에서 출시되었던 플랩 크로스 백에 우도의 검멀레 해수욕장에서 영감을 받은 '검멀레 블랙'컬러를 입혀 선보였다.

또한 추자도에서 진행했던 체험 교육 프로그램에 이어 우도초등학교와 병설 유치원을 대상으로 자원 순환 프로그램을 함께 전개했다.

그림 4-7j
'다시 태어나기
위한 되돌림'
우도 에디션,
검멀레 블랙

플라스틱 등 쓰레기 문제가 집약적으로 보여지는 곳 중 하나인 섬을 주제로 자원순환의 선한 가치 창출을 목적으로 지역 사회를 위한 활동에 기여했다.

표 4-7c 로컬 협업, 제주 자원 순환 프로젝트 '다시 태어나기 위한 되돌림' 시리즈

컬래버레이션	시기	작업
'다시 태어나기 위한 되돌림' 1st 제주 에디션	2020.6	• 제주 자원 순환 첫 번째 프로젝트 • 제주도, 제주삼다수, 효성티앤씨, 플리츠마마 협업 • 플리츠마마 '제주 에디션'– 투웨이 쇼퍼백, 럭색, 나노백, 제주 니트 폴로 티셔츠(가방 3종, 의류 1종)
'다시 태어나기 위한 되돌림' 2nd 제주 에디션 2020 FW '라이프 오브 제주(Life of Jeju)'	2020.10	• 제주 자원 순환 두 번째 프로젝트 '라이프 오브 제주(Life of Jeju)' • 페트병으로 제작한 플리스웨어, 크로스백, 노트북 파우치(의류 1종, 가방 2종)
'다시 태어나기 위한 되돌림' 3rd 추자 에디션	2020.11	• 자원순환 경제 구축 친환경 프로젝트 '다시 태어나기 위한 되돌림''추자도'에디션 전개 • 투웨이 쇼퍼백, '페트병 나노 플리츠백 DIY 키트' • 블랭킷 형태의 추자요(가방 1종, 담요 1종)
'다시 태어나기 위한 되돌림' 4th 우도 에디션	2020.11	• 자원순환 경제 구축 친환경 프로젝트 '다시 태어나기 위한 되돌림' '우도' 에디션 전개 • 우도 검멀레 해변에서 영감을 받은 자카드 블랙 스페셜 에디션, 체크 플랩 크로스 백(가방 2종)
'다시 태어나기 위한 되돌림' 5th 제주 에디션	2020.12	• 자원순환 경제 구축 친환경 프로젝트 '다시 태어나기 위한 되돌림''제주' 에디션 3번째, 글리터 에디션 • 제주 대표하는 3곳의 일출에서 영감받은 컬러로 글리터 숄더 백 출시(1종 3컬러)

• '다시 태어나기 위한 되돌림' 5th 제주 에디션, 글리터 에디션 2020년 12월 제주 자원 순환 경제 구축 친환경 프로젝트의 일환으로 니트플리츠 숄더백으로 글리터 에디션을 출시했다. 제주를 대표하는 성산봉, 금능해변, 외돌개 3곳의 일출에 영감을 받은 컬러로 성산 선라이즈 오렌지, 금능 선라이즈 블루, 외돌개 선라이즈 블랙 3컬러로 선보였다.

그림 4-7k
'다시 태어나기
위한 되돌림'
5th 제주
에디션,
글리터 에디션

다양한 기업, 브랜드와 협업

플리츠마마는 국내 다양한 분야의 기업과 협업을 통해 브랜드 인지도를 상승시키고 브랜드의 본질을 널리 알렸다.

2018년 빈폴과의 첫 컬래버레이션을 시작으로 2020년 현재 패션 기업, 뷰티 브랜드, F&B, 호텔, 면세점 등 다양한 분야의 기업과 협업을 확장했다.

그림 4-7ㅣ
플리츠마마
컬래버레이션
(상) 플리츠
마마의 첫
컬래버레이션.
빈폴×
플리츠마마
(하) 동화약품
122주년 기념
컬래버레이션.
동화약품×
플리츠마마

• 동화약품 창립 122주년 컬래버레이션 동화약품이 지속하고 있는 '생명을 살리는 물'캠페인은 1897년 발매된 대표제품 활명수의 가치와 철학이 반영되어 세계 물 부족 국가를 돕고 있다. 2019년 회사의 창립과 함께 활명수 탄생 122주년 기념판으로 플리츠마마와 컬래버레이션을 진행했다. 활명수를 상징하는 부채 로고와 플리츠마마 가방 고유의 주름 모양이 양사의 상징적인 이미지를 연상시키고 버려지는 자원으로 새로운 상품을 만드는 업사이클링 브랜드 플리츠마마와 함께 했다는 점에서 특별한 의의를 지니고 있다.

• L7 호텔×플리츠마마 2020년 3월 롯데의 라이프 스타일 호텔 브랜드 L7은 플리츠마마와 협업하여 '에코 트래블러 프로젝트'를 진행했다. 투숙객이 사용한 페트병을 재활용해 가방을 만드는 프로젝트로 L7호텔 3개점의 객실에 있는 미션지에 따라 뚜껑과 비닐을 제거한 페트병을 응모권과 함께 프런트에 전달했을 때 러기지 택을 받을 수 있다. 이렇게 수거한 페트병은 2020년 7월 이후 플리츠마마의 친환경 가방으로 제작해 당첨된 고객에게 증정한다. 이미 2018년 플리츠마마와 함께 L7 시그니처 가방을 제작한 L7호텔은 4R '리:띵크'Re:think[2] 캠페인을 진행하기도 했다.

그림 4-7m
L7호텔과
함께 한
에코 트래블러
캠페인

2　4R '리:띵크(Re:think)'캠페인: L7 호텔의 4R 활동인 불필요한 물건 사지 않기(Refuse), 쓰레기 줄이기(Reduce), 반복 사용하기(Reuse), 재활용하기(Recycle)를 뜻한다.

• TNGT X 플리츠마마 LF의 남성복 브랜드 TNGT의 감성 유니섹스 라인인 '시그

널'S;GNAL과 함께 플리츠마마는
숄더백을 제작했다. LF의 공식
온라인 쇼핑몰에서 이를 소개하
는 기획전과 라이브 커머스를 진
행했다. 일상생활에서 무난하게
입기 좋은 블랙, 크림, 브라운의
베이직 컬러 3종과 2020년 봄여
름 시즌 컬러를 반영한 라임, 오
렌지, 블루의 시그널 라인 3종으
로 구성했다.

그림 4-7n
LF TNGT
×플리츠마마
컬래버레이션

• 칠성사이다 70주년 기념 컬래버
레이션 2020년 칠성사이다의 70
주년을 기념하여 한정판 컬래버레
이션 상품을 진행했다. 칠성사이
다의 상징적인 그린 컬러를 이용
한 숄더백과 파우치를 선보였다.

그림 4-7o
칠성사이다
70주년 기념
컬래버레이션

• CU×플리츠마마 Be Green Friends 프로젝트 2021년 1월 편의점 CU는 환경보호
캠페인 'Be Green Friends'그린 프렌즈가 되어주세요. 시즌 1을 기획했다. CU의 환경보호
슬로건을 'Be Green Friends'로 정하고 일상 속에서 매장과 고객들이 친환경을

실천할 수 있는 환경을 조성하고
자 했다. 이는 업계에서 처음 선
보이는 시즌제 친환경 캠페인으
로 지속가능한 성격을 가지고 있
어 코로나 이후 부상한 환경문제
에 빠르게 대응한다는 전략이다.

그림 4-7p
CU×플리츠마마
Be Green
Friends
프로젝트

CU의 친환경 캠페인에 참여 시 추첨을 통해 플리츠마마와 기획한 'CU 에디션 플리츠마마' 상품을 증정하는 행사를 진행했다. 플랩백과 숄더 플리츠백 2종을 제작했다.

그림 4-7q
아떼×
플리츠마마

• LG 아떼×플리츠마마   2021년 1월 환경을 생각하는 두 브랜드가 컬래버레이션을 진행했다. 비건 화장품 아 떼와 플리츠마마가 협업하여 비건 립밤 듀오, 팩트와 함 께 니츠 숄더백을 구성했다.

그림 4-7r
플리츠마마와
함께 협업한
기업들

표 4-7d 플리츠마마의 다양한 기업, 브랜드와의 협업 현황

컬래버레이션	시기	작업
빈폴 익스클루시브	2018.6	• 플리츠마마의 첫 번째 컬래버레이션. 빈폴 전용 제품 출시
AK플라자 VIP 리미티드 에디션	2019.1	• AK플라자의 VIP인 A Class고객을 위한 증정품 출시
경기 관광공사	2019.2	• 경기 관광공사만의 단독 상품 출시
a.t. corner	2019.2	• a.t. corner와 컬래버레이션 단독 상품 출시
인터컨티넨탈 30주년 기념	2019.5	• 인터컨티넨탈 호텔이 지향하는 '지속가능한 럭셔리'의 가치를 공유하여 창립 30주년 기념 컬래버레이션 상품 출시
아우디	2019.9	• 아우디와 컬래버레이션 상품 출시
동화약품 창립 122주년 기념	2019.11	• 동화약품 창립 122주년 기념. 활명수 재활용 페트병 상품과 플리츠마마 컬래버레이션

표 4-7d 계속

203

컬래버레이션	시기	작업
골든듀 컬래버레이션	2019.12	• 주얼리 브랜드 골든듀와 컬래버레이션 상품 출시
아베다 컬래버레이션	2019.12	• 동물실험을 하지 않는 크루얼티 프리(Cruelty free) • 뷰티 브랜드 아베다와 컬래버레이션 상품 출시
신라면세점 컬래버레이션	2020.1	• 신라면세점 익스클루시브판 출시
L7 호텔 '리:띵크(Re:think)' 캠페인	2020.3	• L7 호텔의 '리:띵크(Re:think)' 캠페인
남성복 TNGT X 플리츠마마 컬래버레이션	2020.4	• TNGT의 감성 유니섹스 라인인 '시그널(S;GNAL)'에서 진행된 것으로 남녀 소비자의 니즈를 모두 충족시키기 위해 디테일에 변화를 가미 • 라이브 커머스 진행 • LF 공식 온라인 쇼핑몰 LF몰에서 TNGT 시그널 라인의 플리츠마마 협업 숄더백을 소개하는 기획전 진행
칠성사이다 70주년 기념 컬래버레이션	2020.5	• 칠성사이다 70주년 기념판 파우치, 니트 가방 출시
한섬 EQL 출시 기념	2020.5	• 한섬의 온라인 편집 숍, EQL 출시를 기념, 리버서블 숄더백 출시
신세계 원포원(One for One)	2020.8	• 3종 상품 구매 시 취약 청소년 계층에 한 개를 전달, 원포원 기부방식 판매
올리브영 클린뷰티 브랜드, 라운드 어라운드	2020.8	• 올리브영의 클린뷰티 브랜드와 '그린티 시카 나노백'증정백 제작
락앤락 '지구를 지켜라' 한정판	2020.12	• 락앤락 내열유리 밀폐용기와 플리츠마마의 미니 투웨이쇼퍼백으로 한정판 상품 출시
CU '환경 그린 캠페인'	2021.1	• 2021년 신축년 환경 보호 캠페인 'Be Green Friends'시즌 1
아떼(athe) 컬래버레이션	2021.1	• 비건 화장품 아떼의 상품인 쿠션, 립밤 듀오를 담는 미니 숄더백 출시
세빛섬 굿즈 패키지	2021.1	• 한강에 위치한 세빛섬과 컬래버레이션 굿즈 출시 • 효성티앤씨 재활용 원사 '리젠 제주'와 '크레오라 리젠' 사용, 친환경 에코백, 머그컵, 숄더백 구성

(3) 최소한의 포장(에코 패키지)

플리츠마마는 주름이 잡힌 디자인을 최대한 활용하여 최소한의 포장으로 에코 패키지를 지향한다. 또한 저충격 포장으로 상품을 보호하면서도 환경에 유해한 물질을 최소화하고 폴리백, 완충재, 택배 상자 3가지 기능을 하나로 통합한 자가 접착식 완충 포장재로 개별 포장하여 포장용 쓰레기 배출을 줄이려 노력하고 있다.

그림 4-7s
플리츠마마의
포장을
최소화한
에코패키지

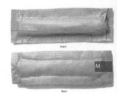

표 4-7e 지속가능 전략

지속가능 전략	세부 내용
재활용 전략	• 페트병 재활용 원사 '리젠(Regen)' 활용, 이산화탄소 배출 및 쓰레기 매립량 감소에 기여 • 니트 플리츠 가방 1개=500ml 생수병 16개 • 국내 최초 100% 제주 폐페트병 재활용 폴리에스테르 원단 리젠 제주(Regen Jeju), 세계 최초 100% 재활용 스판덱스 크레오라 리젠(CreoraRegen)개발, 상용화 성공
다양하고 지속적인 협업을 통한 브랜드 확장	• 로컬 협업 '다시 태어나기 위한 되돌림'시리즈 　– '다시 태어나기 위한 되돌림' 1st 제주 에디션 　– '다시 태어나기 위한 되돌림' 2nd 제주 에디션 　 '라이프 오브 제주(Life of Jeju)' 　– '다시 태어나기 위한 되돌림' 3rd 추자 에디션 　– '다시 태어나기 위한 되돌림' 4th 우도 에디션 • 다양한 기업, 브랜드와 협업: 국내 다양한 분야의 기업들과 협업, 브랜드 인지도 확장
최소한의 포장 (에코 패키지)	• 자가 접착식 완충 포장재—폴리백, 완충재, 택배 상자 3기능 통합, 환경 유해 물질 최소화, 쓰레기 배출 감소 노력

5) 브랜드 차별성

플리츠마마는 '에코 부스터' 브랜드라는 별칭으로 폐페트병 가방의 대표 명사로 자리하고 있다. 제주도에 이어 추자도, 우도에서 플리츠마마가 지역의 자원 순환 경제 구축에 기여하는 역할을 했다.

환경에 대한 지속적 관심과 올바른 태도를 지켜나가는 의식 있는 소비자들이 늘고 있다. 이에 따라 패션 브랜드들도 친환경 소재를 사용하거나, 업사이클링 프로젝트에 동참하는 등 긍정적·사회적 분위기를 실현하고 있다.

플라스틱과 쓰레기를 줄여야 한다는 '제로 웨이스트'의 움직임이 커지고 있다. 패션을 포함한 다양한 업계에서 친환경적이고 윤리적인 과정을 통해 생산된 제품을 판매한다. 그리고 소비자는 사회적으로 의식 있고 가치 있는 소비를 지향하며 친환경 제품을 구매하는 과정을 통해 지구의 선순환 구조를 만들고 있다.

1. 플라스틱을 재활용한 재생 원사로 제품을 생산하는 플리츠마마는 국내 고품질 재생 원료로 여성들이 원하는 실용적이면서도 스타일리시한 가방을 만든다. 제품을 생산할 때 페트병 재활용 원사 '리젠'을 사용하고 자가 접착식 완충 포장재를 이용하여 환경 유해 물질과 쓰레기 배출을 줄인다.

2. 다양하고 지속적인 브랜드 확장 전략의 일환으로 제주 자원 순환 프로젝트를 진행하였다. 또, 여러 기업과 브랜드와의 협업으로 지속가능성의 가치를 담은 협업 제품을 선보이고 소비자들에게 인지도를 높였다.

1. 플리츠마마가 활성화시킨 국내 재생 원료 시장과 기업에 대해 조사해보자.

2. 플리츠마마의 로컬 협업에 대해 이야기해보고, 다른 브랜드의 로컬 협업 사례와 비교해보자.

8. 올버즈

1) 브랜드 역사

올버즈는 2014년 창업 후 3년차인 2016년에 뉴질랜드산 초극세 메리노 울로 만든 '울 러너'Wool Runner라는 남녀 구분 없는 친환경 신발을 만든 미국의 스타트업 기업이다.

전 뉴질랜드 프로 축구선수였던 팀 브라운Tim Brown은 가죽 신발에 대한 불편함을 해소하고자 했고, 친환경 해조유 제조기업 대표이자 재생가능 재료 전문가 조이 즈윌링거Joey Zwillinger와 공동 창업했다. 팀 브라운은 신발 디자인에 도전하기로 결심하고 친구들을 위한 가죽 신발을 만들었으나 불편하다는 이유로 주위로부터 혹평을 받았다. 당시 친환경 해조주유업체 대표였던 즈윌링거는 친환경 해조유를 비싼 가격에 출시해 판매처를 찾고 있던 상황이었다. 두 사람은 각자 아내들의 소개로 캘리포니아에서 만나 창업하게 되었다.

여러 가지 다양한 신발 소재를 탐색하던 중 뉴질랜드에 흔한 울wool로 신발을 만들어 보기로 결심했다. 뉴질랜드 울 생산자협회AgResearch에서 연구 자금을 보조 받아 2014년 크라우드 펀딩 플랫폼인 킥스타터Kickstarter에 울로 만든 신발 프로젝트를 올렸다. 이 프로젝트는 초기부터 소비자의 높은 반응을 얻어 4일 만에 1,064켤레의 신발을 판매해 3만 달러 목표를 초과한 12만 달러를 달성하며 화제를 모았다.

실리콘 밸리에서 탄생한 "세계에서 가장 편한 친환경 운동화"올버즈(All Birds)

그림 4-8a
올버즈
대표 상품
울러너

그림 4-8b
올버즈 울러너
킥스타터
출시 당시
비주얼 이미지

그 후 편안하고 단순하며, 친환경 소재로 이루어진 운동화를 만들기까지 3년이 걸렸다. 올버즈의 주요 소재인 뉴질랜드산 프리미엄 ZQ 인증 메리노 울로 만든 울러너 신발이 이들의 대표 상품이다.

출시와 동시에 2016년 연간 100만 켤레 넘게 판매되었고, 친환경, 기능성 소재와 심플한 디자인 그리고 합리적인 가격까지 더해져 급성장했다.

울러너에 이어 여름용 신발 소재인 유칼립투스[1] 잎, 사탕수수 등 각종 천연 소재로 만든 신발 디자인들을 연이어 출시해 좋은 반응을 얻으며 2020년 현재 7,700만 달러 이상의 투자를 유치했다.

울러너와 슬립온으로 성공한 후 키즈 라인인 스몰 버즈Smallbirds로 제품 라인업을 강화했다. 비올 때 신을 수 있는 레인 레디Rainready 스니커즈, 유칼립투스 나무를 가공해 만든 트리 러너tree runner로 기존 양모 중심 소재에서 다양성을 시도하며 사업을 확장했다.

2020년 출시된 대셔Dasher 는 캐주얼한 울신발만 만들던 올버즈의 정체성을 이어가면서 편안함과 성능을 염두에 두고 설계한 러닝화이다. 50명 이상의 아마추어 및 프로 운동선수 등을 대상으로 수천 마일의 착화, 러닝 테스트를 거쳤다.

메리노 울과 유칼립투스 섬유를 혼합한 '트리노 소재'의 양말 컬렉션과 언더웨어 라인을 2019년에 선보이면서 어패럴에 관한 가능성을 시도하기 시작했다.

---

1 유칼립투스: 사용 후 빠르게 다시 자라는 특성을 보유한 친환경 재료이다. 나무에서 추출한 천연 섬유를 사용하기에 기존 섬유보다 환경에 가해지는 부담이 적고 편안함, 통기성, 부드러운 촉감이 장점이다.

2020년 새롭게 출시한 어패럴 라인은 브랜드의 핵심 가치인 지속가능성, 심플한 디자인, 편안함을 기반으로 올버즈만의 철학과 혁신적인 소재 기술력을 접목했다. 브랜드의 핵심 소재인 친환경 메리노 울을 비롯해 지금까지 흔히 사용되지 않았던 게 껍질에서 추출한 키토산 등 혁신적인 천연 소재를 발굴해 활용한 것이 특징이다. 미니멀리즘 디자인 철학을 바탕으로 탄생한 어패럴 라인은 티셔츠, 점퍼, 카디건, 푸퍼 총 4가지 아이템을 구성했다. 천연 오가닉 소재의 양말과 언더웨어를 카테고리 킬러 상품으로 추가했다.

올버즈는 2020년 현재 기업가치 14억 달러 규모의 '유니콘 기업'이다. 2020년 매출액은 2억 1,900만 달러로 2019년 1억 9,400만 달러에서 13% 증가 했다. 창립 후 누적 판매량이 8백만 켤레에 이른다.

그림 4-8c
올버즈
공동 창업자
(좌) 팀 브라운
(우) 조이
즈윌링거

그림 4-8d
올버즈 로고

표 4-8a 브랜드 프로필

설립 연도	2014년
산업 분야	풋웨어, 의류
창업자	팀 브라운, 조이 즈윌링거
CEO	팀 브라운, 조이 즈윌링거
본사	미국 샌프란시스코
직원 수	440명(샌프란시스코 본사 50명, 내쉬빌 창고 40명, 한국 공장 350명 계약자 고용)(2017)
보유 브랜드	올버즈
매장 수	35개국 21개 매장
매출액	2억 1,900만 달러(2020)
웹사이트	www.allbirds.com

표 4-8b 브랜드 역사

연도	역사
2014년	• 팀 브라운, 조이 즈윌링거 공동 창업
2016년	• '울 러너(Wool Runner)', 울 라운저(Wool Lounger), 슬립온(slip-on) 스니커즈 출시(남녀 구분 없는 모델)-울 러너, 울 라운저 슬립온, 두 모델로 주력 비즈니스 시작
2017년	• 스몰버즈(Smallbirds) 출시-올버즈 키즈 라인
2018년	• 트리 러너(Tree Runner)출시-유칼립투스 펄프 이용, 통기성 강화 • 2018.10 C시리즈 5,000만 달러 유치 • 2018년 FN(Footwear News)가 선정한 올해의 브랜드
2020년	• 울 대셔(Wool Dasher) 출시-달리기에 적합한 운동화 • 2020.5 아디다스와 파트너십 발표 • 2020.8 한국 온라인몰 진출 • 2020.10 올버즈 어패럴 출시 • 2020.11 올버즈 트리 대셔(Tree Dasher), 타임(TIME)지가 선정한 2020년 최고의 발명품(The Best Inventions of 2020) • 2020.12 올버즈 X 스테이플(Staple) 컬래버레이션
2021년	• 2021.2 세계 최초 100% 자연 식물성 가죽 '플랜트 레더' 출시

울러너 스니커즈

올버즈 대셔

올버즈 울 라운저(슬립온)

올버즈 트리 러너

그림 4-8e
올버즈
대표 상품

스몰버즈
-키즈라인

그림 4-8f
올버즈의
다양한 라인

버즈 어패럴

표 4-8c 올버즈 어패럴 라인

올버즈 어패럴 라인	특징
트리노 XO(TrinoXO™) 티셔츠	• 바다에 버려진 게 껍질에서 추출한 키토산 활용, 티셔츠 제작 • 오랜 기간 세탁 없이 입어도 냄새를 최소화, 옷이 새것처럼 유지
울 카디건과 점퍼 (Wool Cardigan & Jumper)	• 올버즈의 핵심 소재인 뉴질랜드산 프리미엄 ZQ 인증 메리노 울로 제작, 캐시미어 처럼 부드러운 착용감과 우수한 보온성이 특징
트리노 푸퍼(Trino™ Puffer)	• 메리노 울과 텐셀 혼합, 피부 자극 최소화 • 착용감 우수, 불소 화합물이 없는 생활 방수 처리 코팅. 충전재는 구스, 인조 다운 을 대신해 텐셀과 재활용된 폴리에스테르 등 혁신적이고 환경을 생각하는 효과적 인 대체재 활용

2) 브랜드 아이덴티티

(1) 세상에서 가장 편한 신발(The World's most comfortable shoes)

올버즈는 "세상에서 가장 편한 신발"The World's most comfortable shoes이라는 슬로건으로
탄생했다. 세상에서 가장 편안한 신발을 만들기 위해 친환경 울을 사용했고, 불
필요한 디테일을 제거한 가장 심플한 디자인으로 모든 복장에 잘 어울리는 신발

이 되었다. 전통에 도전하고 파괴적 아이디어로 혁신하는 천연 소재의 신발을 거론할 때 올버즈가 먼저 언급되고 있다.

(2) 실리콘 밸리가 선택한 신발로 바이럴 마케팅

직장과 일상에서 편하게 착용할 수 있는 신발에 대한 니즈가 증가하면서 올버즈의 인기는 미국 실리콘 밸리의 엔지니어들의 입소문으로부터 시작했다. 올버즈는 '실리콘 밸리가 선택한 신발'이라는 별명이 붙게 되었다. 제품을 신어본 사람들은 주요 행사에 올버즈 신발을 신고 다니면서 화제를 모았다. 이들은 올버즈의 자발적인 홍보대사가 되어 적극적으로 소셜 미디어에 공유하면서 인지도가 확산되었다.

출시와 동시에 2016년 미국 '타임'지가 '세계에서 가장 편한 신발'이라 평하는 등 연간 100만 켤레 넘게 판매되면서 '실리콘 밸리 유니폼'이자 '할리우드 스타 잇템'으로 부상했다. 2017년 뉴욕타임즈는 "벤처 캐피털 행사장에 모인 1,000명의 기업가와 투자자들은 다양한 신발을 신고 있었지만 그중 가장 흔한 것은 바로 올버즈였다. but the furry-looking All Birds was by far the most common고 보도하기도 했다. 또한 형식에서 벗어나 자유로워지고 싶은 밀레니얼들의 취향을 제대로 공략하여 성공할 수 있었다.

래리 페이지Larry Page 구글 공동 창업자, 딕 코스톨로Dick Costolo 전 트위터 CEO, 벤 호로비츠Ben Horowitz 실리콘 밸리의 벤처 투자자, 마리사 메이어Marissa Mayer 전 야

그림 4-8g
올버즈를
즐겨 신는
미국의 셀럽들

그림 4-8h
올버즈를 즐겨
신는 팬이자
투자자인
이기도 한
레오나르도
디카프리오

후 CEO, 버락 오바마 미국 전 대통령, 방송인 오프라 윈프리, 배우 레오나르도 디카프리오 등이 올버즈의 팬으로 알려졌다. 특히 디카프리오는 올버즈의 팬이자 투자자인 열성적인 환경운동가인 그는 기후변화에 대한 올버즈의 접근 방법과 진지한 자세에 공감하여 투자에도 참여하게 되었다.

이 여세를 몰아 올버즈는 초기 투자비 995만 달러약 109억 원 중 20%의 금액을 브랜드, PR 등에 투자했다. 일반적으로 실리콘밸리 IT기업들이 10% 정도를 브랜드 빌딩에 투자하는 것에 비해서 높은 수준으로, 출시 초기에 브랜드 안착을 위해 공격적인 마케팅을 펼친 것이다.

그림 4-8i
올버즈 광고
비주얼 이미지

3) 브랜드 전략

(1) 소비자 반응에 의한 제품 개선과 혁신

린 스타트업The Lean Startup이란 불확실성이 존재하는 상황 속에서 어떠한 제품이 서비스를 만들기 위해 가장 적은 규모로 빠르게 움직이는 초기 단계의 조직이나 기업을 의미한다. 또한 단순히 돈을 벌기 위함이 아닌 지속가능한 사업을 어떻게 만들지를 학습하기 위한 전략이기도 하다. 몸집이 가벼운 상태에서 만들고Build, 측정하고Measure, 배우는Learn 피드백Feedback 순환을 최대한 빨리Speed 돌려서 최적의

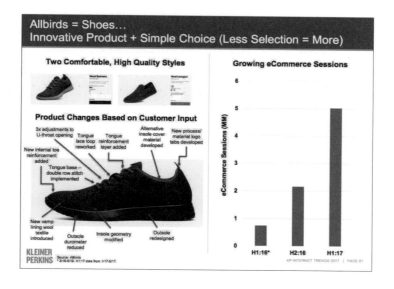

그림 4-8j
올버즈의
린 스타트업
전략에 의한
개선 과정
데이터
(메리 미커 2017
인터넷 트렌드
보고서)

전략 또는 제품을 만드는 일련의 과정이다.

올버즈는 '세상에서 가장 편안한 신발'the world's most comfortable shoes을 만들기 위해 소비자 반응과 의견을 반영해 27번에 걸쳐 제품 개선에 주력했다. 이러한 '린 스타트업' 개선 작업은 올버즈의 제품 사용자, 타깃 소비자들의 반응에 따라 콘텐츠 전략을 수시 변경하며 최적의 상품으로 만드는 것을 목표로 한다. 대부분의 브랜드가 인스타그램과 같은 소셜 플랫폼을 통해 제품 메시지를 전달하는데 활용한 반면, 올버즈는 제품의 아이디어와 고객의 피드백을 수렴하는데 적극적으로 이용했다.

이러한 올버즈의 노력들은 2017년 발간된 메리 미커Mary Meeker의 '2017년 인터넷 트렌드 보고서'에서 소비자 반응에 따라 가장 활발하게 제품을 변경하고 콘텐츠 전략을 최적화한 브랜드 사례로 소개되었다.

(2) 기능성 소재와 심플한 디자인, 합리적인 가격

올버즈의 대표상품인 울 러너는 뉴질랜드산 메리노 울로 몸체를, 사탕수수를 가공해 만든 스위트폼SweetFoam™을 밑창으로 쓴다. 신발 끈의 재료도 폐플라스틱을 재활용한 것이다. 운동화는 석유화학 제품의 조합으로 이루어진 고무 밑창과 합성섬유로 만들어진다. 일반적으로 신발 밑창은 에틸렌 비닐 아세테이트라는 화학 소재인 반면, 올버즈는 사탕수수에서 추출한 당밀에 당분을 없애고 에탄올과 혼합해 스위트폼으로 된 밑창을 제작했다. 브라질 그린 에너지 기업과 제휴, 개발한 스위트폼 제조 기술은 오픈 소스로 공개해 100여 개 기업이 활용할 수 있도록 했다. 전통적인 신발제조 공정대비 90%의 물과 60%의 에너지를 절약하고 탄소는 50% 적게 배출한다.

운동화의 끈 재질 또한 재활용 플라스틱병을 녹여 만든 재생 섬유를 이용했다. 일반 섬유보다 원가가 2배 상승하나 브랜드 철학에 집중하며 추진했다.

2021년에는 세계 최초로 100% 자연 식물성 대체 가죽인 '플랜트 레더'를 출시했다. 내추럴 파이버 웰딩Natural Fiber Welding, Inc.社의 미럼Mirum® 테크놀로지에 200달러를 투자해 플랜트 레더 소재를 개발했다. 이 또한 다른 지속가능성 혁신 소재와 마찬가지로 오픈 소스로 공개해 지구 환경과 자연을 생각하는 올버즈의 진정성 있는 모습을 보여주었다.

2019년에는 메리노 울과 유칼립투스 섬유를 혼합해 개발한 소재인 트리노Trino™를 사용해 양말과 언더웨어로 상품 라인을 확장했다.

올버즈는 이탈리아에서 양모를 가공한 뒤 한국 공장으로 옮겨져 신발 제조가 완성된다. 실제 판매 전 개발 단계였던 2015년 한국에 방문해 빠른 속도와 정교한 기술로 신발을 제작하는 상황을 보고 계약을 체결했다. 현재 신발은 한국의 부산에서 완제품이 생산되고 있다.

그림 4-8k
올버즈의
주요 소재들.
나무, 메리노 울,
사탕수수

신발 제품의 가격을 95~125달러로 단순화하여 소비자의 불필요한 의사결정 충돌의 발생을 막고 지나친 가격 할인 등으로 인해 브랜드 이미지 손상 가능성을 원천적으로 봉쇄한 것이 특징이다. 비즈니스 구조를 단순화하면서 효율을 높이고 제품의 본질에 집중했다.

	소재 이름	특성
주요 소재	메리노 울 (Wool)	• 올버즈만의 핵심 차별화 소재 • 뉴질랜드 산 천연 양털 소재 • 머리카락의 20% 두께로 통기성과 흡습성이 뛰어나며 온도 조절 성능이 우수한 천연 소재 • 기존 합성소재로 만든 신발보다 −60% 적은 에너지로 제조 가능
	트리(Tree)−텐셀 라이오셀 (TENCEL™ Lyocell)[2]	• 재생이 빠른 유칼립투스 나무에서 추출한 천연 섬유 사용 • 기존의 섬유 대비 환경에 가해지는 부담이 적고 편안함, 통기성, 부드러운 촉감이 특징
	사탕수수 (Sugar−SweetFoam™)	• 분쇄 후 남은 당을 이용 세계 최초의 탄소 네거티브 미드솔인 Sweet Foam™으로 제조 • 사탕수수 분쇄 시 발생하는 부산물은 에너지원, 비료로 사용
	트리노 (Trino™)[3]	• 책임감있게 수확한 유칼립투스 나무 섬유와 ZQ 메리노 양모[4]로 제작한 재생가능 재료, 부드러움, 통기성이 장점
그 밖의 소재	재활용 플라스틱병 (Recycled Bottles)	• 재활용 플라스틱병 1개 = 올버즈 신발 끈 한 쌍
	재활용 나일론 (Recycled Nylon)	• 제품의 내구성 향상
	재활용 골판지 (Recycled Cardboard)	• 올버즈 제품 포장의 90%를 FCS인증 재활용 골판지로 사용
	캐스터 빈 (Caster Bean) 오일	• 피마자 오일 소재로 인솔의 천연 성분 비율을 높여 편안함을 배가 시키는 역할
	바이오-TPU[5]	• 재생 소재로 만든 바이오 기반의 폴리우레탄(TPU) 소재 • 올버즈의 신발 끈 구멍에 적용, 당분을 소비하는 미생물로 구성
	트리노 (Trino XO™)	• 키토산[6]에서 추출한 원단으로 세계 최초로 의류에 적용, 천연 냄새 제거 기능
	플랜트 레더	• 세계 최초 100% 자연 식물성 대체 가죽 '플랜트 레더'

---

2 텐셀(TENCEL™ Lyocell): 텐셀의 핵심 성분인 유칼립투스 나무 섬유는 지속가능한 조림에서 채취된 천연 목재 원료를 소재로 환경에 대한 책임 있는 공정을 통해 생산한다. 비료 사용을 최소화하고 관개 시설이 아닌 빗물을 사용하여 남아프리카 농장에서 재배. 면과 같은 전통적인 재료대비 물은 95% 적게 사용하고 탄소 발자국을 반으로 줄인 지속가능한 재료이다.

3 트리노(Trino™): Tree+Merino의 줄임말로 유칼립투스 나무 섬유와 메리노 울로 제작한다.

4 ZQ 메리노 양모(ZQ Merino Fibre): 동물복지, 환경적 지속가능성, 사회적인 책임, 투명성 등을 기본으로 제작된 윤리적인 울(Ethical Wool)이다. 뉴질랜드 메리노 컴퍼니와 경매가 아닌 직접 공급 계약을 통해 재배자, 공급망 파트너 및 리테일 브랜드의 경제적 안정성을 보장하기 위한 가격을 책정한다.

5 바이오− TPU: 재생 가능한 원료(약 30∼70% 범위의 함량)로 만든 혁신적인 바이오 기반의 열가소성 폴리우레탄(TPU) 소재이다. 우수한 내마모성, 내화학성, 저온 유연성을 보유한 신발 보강재용 섬유 코팅 소재(발가락 퍼프 및 카운터)이다.

6 키토산: 지구에서 가장 많이 폐기되는 자원 중 하나인 대게 껍질에서 채취한 천연 자원 중 하나

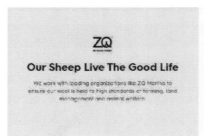

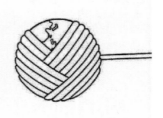

그림 4-8l
올버즈 제작에
들어가는
친환경,
재활용 소재들.
메리노 울 양모,
재활용
플라스틱병,
캐스터 빈 오일,
재활용
카드보드

(3) D2C(Direct-to-Consumer) 고객관계 관리 강화, 효율 극대화

올버즈는 출시 초기 D2C_{Direct-to-Consumer}에 기반한 자사 이커머스로 사업 모델을 시작하여 오프라인으로 확장시 직접 매장을 운영하는 전략을 취하고 있다. 홀세일과 같이 다른 유통이나 복잡한 단계를 거치지 않고 소비자와 직접적으로 만나 반응을 점검하며, 브랜드의 가치를 전달하는 방식을 실행하고 있다.

웹사이트를 통해 상품의 가치를 충분히 전달하여 주 판매는 온라인에서 이루어진다. 고객이 직접 브랜드 경험을 할 수 있는 오프라인의 콘셉트 스토어를 만드는 순서로 D2C 비즈니스를 진행하고 있다.

올버즈의 공식 홈페이지를 통해 브랜드 커뮤니케이션 및 온라인 판매에 주력하고, 오프라인 콘셉트 스토어에서는 브랜드 경험을 극대화하여 고객과의 관계를 강화하고 있다. 온라인에서의 고객 경험의 장점을 오프라인 매장 설계에 반영했다.

고객 입장을 먼저 고려한 교환, 환불 정책이 대표적이다. 신발류의 경우 일정 금액 주문 시 전부 무료배송과 무료환불을 진행하고 있다. 또한 고객이 30일 동안 신어보고 마음에 들지 않으면 교환 처리를 해준다. 반품 받

그림 4-8m
프라이데이
포 퓨처 로고

은 신발 중에 상태가 좋은 제품은 저소득층에 무료 신발을 나눔하는 기업인 솔즈포소울Soles4Souls[7]에 기부한다.

올버즈는 2020년 11월 블랙 프라이데이를 맞아 하루 동안 모든 제품 가격을 1달러씩 인상하고 추가된 1달러의 수익금은 청소년들이 주도하는 국제 환경 운동 단체인 프라이데이 포 퓨처Fridays For Future[8]에 기부했다. 이러한 역발상적인 선택을 할 수 있었던 것 역시 올버즈가 홀세일wholesale: 도매을 하지 않는 사업 구조라 가능했다.

(4) 지속적인 컬래버레이션

올버즈는 매년 다양한 브랜드와의 협업을 통해서 소비자들에게 환경에 대한 메시지를 전달하고 있다. 2020년 스테이플Staple과 함께 탄소발자국의 수치를 제품의 전면에 표기하여 한정판 제품을 제작했다. 2019년에는 지속가능한 음료 브랜드 저스트 워터Just Water와 협업으로 수익금의 100%를 어스 앨리언스Earth Alliance[9]의 아마존 포레스트 펀드Amazon Forest Fund에 기부하여 아마존 열대 우림의 파괴를 막고 야생 동물 구호를 지원했다.

그림 4-8n
올버즈×
스테이플(좌)
올버즈×
저스트 워터(우)

---

7   솔즈포소울(Soles4Souls)은 2006년 미국의 내쉬빌에 기반을 둔 웨인 엘시(Wayne Elsey)가 설립한 자선 단체이다. 새 신발과 중고 신발을 모아서 도움이 필요한 사람들에게 직접 기부하고 나눔을 주도하는 비영리 조직이다.

8   프라이데이 포 퓨처(Fridays For Future): 2018년 스웨덴의 기후 운동가 그레타 툰베리(Greta Thunberg)가 설립한 기후변화 대응 행동을 촉구하는 각국 청소년들의 운동. 미래를 위한 글로벌 기후 파업의 일환으로 기후행동에 나선 세계 청소년들의 연대모임

9   어스 앨리언스(Earth Alliance): 2019년 설립된 미국의 비영리 조직으로 증가하는 기후 위기에 대응하고 지구의 생명 유지 시스템에 대한 긴급한 위협을 해결하는 데 도움을 주고자 만들어졌다. 창립 공동 의장은 배우 레오나르도 디카프리오와 사업가 로렌 파웰 잡스(Laurene Powell Jobs), 투자가 브라이언 쉐스(Brian Sheth)이다.

그림 4-8o
올버즈×
Shake Shack

2018년에는 뉴욕의 쉐이크 쉑Shake Shack 버거와 함께 협업하여 버거 모티프가 들어간 한정판 디자인을 출시했다. 또한 지역 사회에 소규모로 일하는 기업과 창작자를 응원하는 프로젝트를 진행했다.

4) 지속가능 전략

올버즈의 사명은 '더 나은 방법으로 더 나은 것을 만드는 것'(Make better things in a better way)이다.

(1) 지속성장 가능에 중점을 둔 100% 탄소 중립 전략 – 측정, 최소화, 상쇄

올버즈의 공동 창업자들이 생각하는 브랜드의 가치는 올바른 제품right product에 지속가능성을 반영하여 소비자에게 제품 선택과 구매에 도움을 주는 것이다.
따라서 비즈니스 자체만의 성공이 아닌 환경과 지속가능성이 동반된 성공을 실현하는 데에 집중하고 있다.
탄소를 배출하지 않고 제품을 만드는 일에 집중하여, 불필요한 디테일을 없애고 신발의 본연에만 중점을 두어 100% 탄소 중립carbon neutral을 실천했다.

그림 4-8p
올버즈 제품의
탄소 배출량
공개

원자재의 준비부터 폐기까지 전 과정의 탄소 배출량을 측정하고 천연 재료와 재활용 소재를 사용하여 탄소 배출량을 최소화하고자 했다. 그 과정에 있어서 배출된 적은 양의 탄소도 상쇄 프로세스를 거쳐 흡수하여 탄소 배출 제로를 넘어서 탄소 네거티브에 도달하는 기업이 되기 위한 노력을 지속하고 있다.

올버즈의 신발은 천연 메리노 울로 제작하여 강한 내구성과 통기성을 갖추었다. 사탕수수를 재료로 신발 밑창을 만드는 혁신을 보여주었다. 또한 자발적으로 '탄소세'를 부과하여 수익의 일정 부분을 적립하여 다시 에너지 자원 보호 프로젝트에 투자했다. 뜻을 함께 하는 글로벌 스포츠 슈즈 기업 아디다스와 파트너십을 체결하여 환경적인 영향을 줄이는데 함께 노력하고 있다.

(2) 지속가능 소재 혁신 개발, 생산 오픈 소스 공개

친환경, 지속가능성에 기반하여 꾸준히 개발하고 투자에 주력하고 있는 올버즈는 그들의 시그니처 소재인 뉴질랜드산 프리미엄 ZQ 인증 메리노 울을 비롯해 사탕수수 소재 개발, 텐셀 혼합, 언더웨어 라인 트리노TRINO, 플랜트 레더 등 친환경 혁신 소재를 개발해 생산과 제조 기술을 오픈 소스로 공개하고 있다. 따라서 지속가능성에 관심이 많은 기업의 참여를 유도할 수 있고, 이는 원가 절감으로 이어져 새로운 혁신을 이끌어내고 있다.

올버즈는 패션 산업에서의 디자인 복제는 불가피하여도 소재와 착화감 등 오랜 시행착오 끝에 성공한 기술은 쉽게 따라 하기 힘들 것이라는 생각에 오픈 소스로 공개하여 친환경 상품의 확산을 돕고 있다.

(3) 사회적 기업 추구

올버즈는 제품과 서비스를 넘어 기업이 창출하는 긍정적인 사회적, 환경적 성과를 측정하는 인증제도인 비콥B-Corp인증을 받아 지구 환경을 지키기 위한 헌신과 열정이 담긴 행보를 보여주었다. 환경을 중요한 이해관계자의 하나로 해석하여 환경을 대하는 자세를 이익 창출만큼 중요하게 생각하고 있다.

그림 4-8q
비콥 인증 마크

(4) 기부와 재판매

NGO 단체인 Soles4Souls을 통해 미국과 전 세계의 의복과 신발이 필요한 사람들에게 사용감이 적은 올버즈의 상품을 기부하고 있다. 또한 미국 온라인 위탁판매 플랫폼인 스레드업ThredUp과 제휴하여 중고 신발을 판매하기 시작했다.

중고 상품의 기부와 재판매를 통하여 도움이 필요한 곳에 적절히 활용하면서 환경보호에 기여하고 있다.

표 4-8e 지속가능 전략

지속성장 가능에 중점을 둔 100% 탄소중립전략	• 100% 탄소 중립(carbon neutral)—측정, 최소화, 상쇄 전략 – 측정: 원자재 준비부터 폐기까지 전 과정 탄소 배출량 측정 – 최소화: 천연 재료, 재활용 소재 사용하여 탄소 배출량 최소화 – 상쇄: 공기 중으로 배출된 적은 양의 탄소도 상쇄 프로세스를 통해 흡수 • 모든 제품에 탄소발자국(carbon footprints) 라벨 부착, 환경 위기의식에 대한 메시지 직접 전달 • 자발적인 '탄소세'부과 – 탄소 중립(carbon neutral) 100% 달성 선언, 수익의 일정 부분 적립, 재생 농업, 풍력 발전, 쓰레기 매립지 배출가스 줄이기 같은 프로젝트에 투자 • 아디다스와 파트너십 체결, 환경적 영향을 줄이는데 노력
지속가능 소재 혁신 개발, 생산 오픈 소스 공개	• 뉴질랜드산 프리미엄 ZQ 인증 메리노 울, 사탕수수 소재 개발, 텐셀 혼합, 언더웨어 라인 트리노(TRINO) 친환경 혁신 소재 사용 등 지속적인 친환경 소재 개발 투자 주력 • 3년 동안 시행착오 후 완성한 올버즈 운동화의 제조 오픈 소스 공개. 친환경소재 운동화 확산 의지 표명
사회적 기업 추구 (Public Benefit Corporation, PBC)	• 비콥 인증: 제품과 서비스를 넘어 기업이 창출하는 긍정적인 사회적, 환경적 성과를 전반적으로 측정하는 인증제도 • 비콥(B–Corp)인증을 받은 사회적 기업(Public Benefit Corporation, PBC)답게 지구 환경을 지키기 위한 헌신과 열정이 담긴 행보를 보여줌
기부와 재판매	• 솔즈4소울즈(Soles4Souls)라는 자선단체를 통해 저소득층에게 무료로 신발 기부 • 온라인 위탁 판매 플랫폼인 스레드업(ThredUp)과 제휴하여 중고 신발을 기부하고 판매

그림 4-8r
올버즈의
광고 비주얼
이미지

5) 브랜드 차별성

(1) 오프라인 매장에서의 특별한 고객 경험 설계

2020년 매출의 89%가 전자 상거래에서 발생, 온라인 기반으로 성장한 올버즈는 브랜드와 고객과의 관계 확장을 위해 오프라인 매장 차별화에 힘쓰고 있다. 미국의 분석 회사인 퍼스트 인사이트First Insight의 2019년 조사 결과에 따르면 소비자의 71%는 오프라인 매장에서 온라인 쇼핑을 하는 54%의 소비자에 비해 평균 50달러 이상을 지출한다. 소비자들은 오프라인 공간에서 물리적인 경험을 통해 제품에 대해 더 많은 지식을 알게 된다. 풋웨어뉴스Footwear News, FN와의 2019년 서면 인터뷰에서 올버즈가 오픈한 미국 매장들은 오픈 후 2개월 내에 수익 분기점을 넘었다고 언급했다.

올버즈의 오프라인 매장은 바Bar와 유사한 콘셉트로, 매장 직원은 바텐더로 역할 설정을 하여 고객은 바에 방문해 무엇이든 물을 수 있고, 편하게 대화를 나눌 수 있는 공간으로 설계했다. 식물들로 가득 차 있는 플랜테리어[10] 콘셉트의 샌프란시스코 매장은 올버즈의 친환경 메시지를 잘 전달하고 있다.

2020년 현재 미국의 대도시를 비롯하여 뉴질랜드, 영국, 독일, 네덜란드, 중국, 일본 등 전 세계 27개에 오프라인 스토어를 공격적으로 확장, 운영하고 있다.

그림 4-8s
올버즈 런던
코벤트가든
매장의
플랜테리어
VMD

10　플랜테리어(Planterior): 식물(plant)과 인테리어(interior)의 합성어로, 식물로 실내를 꾸밈으로써 공기정화 효과와 심리적 안정 효과를 얻고자 하는 인테리어 방법

그림 4-8t
올버즈 베를린
매장 전경

그림 4-8u
올버즈
뉴욕매장 전경
VMD현황

(2) 소재혁신 기반이 된 지속가능 토털 브랜드 확장

올버즈는 이제 패션계의 중요한 화두가 된 '지속가능성'을 좇기에 급급한 것이 아닌, 독자적인 소재 개발과 혁신을 통해 패션 산업 그 이상으로 영향력을 끼칠 수 있는 토털 브랜드로 자리매김하고 있다.

스니커즈로 시작한 올버즈는 최근 러닝, 방수 슈즈를 포함해 제품 라인을 확장하고 있다. 천연 울소재로 러닝화를 만드는 것은 불가능할 것이라는 업계의 편견을 깨고 올버즈는 지구 환경과 고객을 위한 끊임없는 고민과 연구를 지속하고 있다.

1. 올버즈는 친환경 메리노 울을 이용해 남녀노소를 위한 신발과 의류를 생산하는 브랜드이다. 불필요한 디테일을 없앤 심플한 디자인이면서도 세상에서 가장 편한 신발이라는 슬로건을 내세운다.

2. 소비자의 반응을 반영하여 제품을 개선하고 혁신한다. D2C 모델을 이용해 소비자와의 관계를 강화하고, 온라인의 소비자 경험을 기반으로 오프라인 매장을 확장하며 판매 효율을 높인다.

3. 탄소 중립 전략, 소재 혁신과 개발, 생산 오픈 소스 공개 등을 실천하며 지속가능성을 추구한다. 또, 사회적 기업을 표방하고 기업이 직접 제품 기부와 재판매를 주도하기도 한다.

1. 올버즈의 오프라인 매장에 반영된 소비자의 온라인 경험 아이디어는 무엇이 있는가? 올버즈의 오프라인 매장의 사례를 조사해 보자.

9. 베자

1) 브랜드 역사

신발 산업은 지속가능성과 거리가 멀다. 영국에서는 매년 120억 개의 신발이 생산되고 이 중 85%가 쓰레기 매립지에 들어간다는 연구 결과가 나오기도 했다. 특히 운동화의 경우 다양한 재료와 접착제가 사용되기 때문에 재활용이 쉽지 않다.

2004년 프랑스 파리에서 설립된 베자_{Veja}는 브라질의 공식언어인 포르투갈어로 '룩_{look}'을 뜻한다. 브랜드 네임의 의미는 "스니커즈 너머를 보아라, 그것들이 어떻게 만들어졌는지 보라."는 뜻이다. 재료와 공정 단계에서 오염을 유발하는 요소가 많은 운동화 시장에서 지속가능한 시각으로 만들겠다는 의지가 내포되었다.

베자의 공동 창립자인 세바스티앙 코프_{Sebastien Kopp}와 프랑수아 기슐렝 모릴리옹_{François-Ghislain Morillion}은 2002년까지 미국의 워싱턴과 뉴욕의 금융업계에서 일했다.

그들은 전 세계적 기업의 사회적 책임 정책을 연구하는 비영리 단체_{Alternative trading organizations}를 설립했다. 생태학적인 재료에 기반한 친환경 원료와 가장 윤리적인 공급 업체들만으로 운동화를 만들겠다는 사명으로 베자를 설립했다.

최초의 지속가능 & 친환경 스니커즈(Eco-Responsible Sneakers)

그림 4-9a
베자 스니커즈

베자는 아마존의 고무나무에서 채취한 고무, 유기농 면, 코코넛 섬유 등 천연 재료로 만든 가죽과 안감을 사용해 운동화를 만든다. 버려진 플라스틱병을 재활용한 재생 소재나 물고기 가죽 등 환경을 고려한 소재로 제조된다. 가격은 99~135유로 선으로 책정되어 나이키, 아디다스의 일반적인 모델보다 약간 높으나, 친환경 운동화를 찾는 소비자가 늘면서 지속적인 성장세를 보이고 있다.

베자는 2015년 이후 매출이 매년 평균 50%씩 성장하고 있다. 2017년 55만 켤레를 판매해 2,000만 유로의 매출을 올리고, 2018년에 3,400만 유로의 매출을 기록했다.

베자의 주요 시장은 프랑스와 베네룩스에 이어 미국과 영국이다. 영국 시장에서는 고급 패션 매장에 입점해 있고, 2016년부터 미국 시장에 진출했다. 네타포르테Net-a-Porter 및 LVMH의 24S와 같은 럭셔리 온라인 이커머스 채널과 H&M의 지속가능패션 브랜드 아르켓Arket매장을 포함하여 45개국 1,800개 매장에서 판매하고 있다. 미국 IT미디어 와이어드WIRED는 베자를 '세상에서 가장 쿨하고 윤리적인 상품'이라 평하기도 했다.

공동 창업자 코프는 공장 현장에서 직접 신발을 디자인하며 디자인팀을 이끈다. 공정무역으로 수급한 재료들로 제조하면서 타 브랜드의 스니커즈 제품에 비해 평균 5~7배 높은 생산 원가를 대신해 광고비를 줄였다. 클래식하고 단순한

그림 4-9b
베자의
공동창업자
세바스티앙
코프와
프랑수아
기슬렝
모릴리옹

©Alex Cretey Systermans

자료: Sebastien Kopp, left, and François-Ghislain Morillion, photographed in their studio for the FT

디자인이면서 환경과 기업 윤리를 강조하는 베자의 브랜드 철학이 소비자에게 알려지기 시작했다.

표 4-9a 베자의 브랜드 프로필

설립 연도	2004년	보유 브랜드	베자
산업 분야	신발(풋웨어)	매장 수	2개(자체매장-프랑스 다윈, 미국 뉴욕), 45개국 1,800개 매장 공급
창업자	세바스티앙 코프(Sebastien Kopp), 프랑수아 기슐렘 모릴리옹(François-Ghislain Morillion)	매출액	7,300만 달러(828억 원)/3,400만 유로(약 452억 원) 2018년 매출비의 60% 홀세일(Whloesale) 차지
CEO	Laure Browne(2020 임명)	웹사이트	www.veja-store.com
본사	프랑스 파리	주식상장 여부	비상장
직원 수	180명(2020)		

표 4-9b 베자의 브랜드 역사

연도	역사
2004년	• 프랑스 파리 세바스티앙 코프(Sebastien Kopp), 프랑수아 기슐렘 모릴리옹(François-Ghislain Morillion) 공동 설립
2005년	• 파리 팔레 드 도쿄에서 베자 공식 출시
2006년	• 프랑스 디자이너 아네스 베(Agnès B.)와 컬래버레이션
2007년	• 프랑스 브랜드 꼼드와 데 꼼뜨니에(Comptoir des Cotonniers)와 컬래버레이션
2008년	• 키즈 라인 베자 스몰(Veja Small)출시
2009년	• 키즈 라인 베자 스몰(Veja Small)과 프랑스의 아동복 브랜드 봉쁘앙(Bonpoint) 협업
2010년	• 프랑스 파리 편집 숍 메르씨(Merci) 익스클루시브 라인 출시
2012년	• 영국 더 가디언 지속가능한 비즈니스 어워드 서플라이 체인 부문(The Guardian Sustainable Business Award(Supply Chain 부문) 및 영국 보그(Vogue) 더 옵저버 에티컬 어워드(The Observer Ethical Award) 수상
2016년	• 미국 시장 진출
2019년	• 비건(Vegan)라인 V-10 출시
2020년	• 라우레 브라운(Laure Browne)전문 경영인 선임 • 에코 러닝화 모델로 2020년 ISPO 제품상 수상 • 음식물 쓰레기로 만든 생분해성 운동화 Urca 출시 • 2020.3 미국 뉴욕 노리타 플래그십 스토어 오픈 • 2020.6 프랑스 보르도 다윈 지역에 스튜디오 베자(Studio Veja) 오픈, 수선, 재활용 전문 매장, 순환 경제 기반의 미래 매장 실험

2) 브랜드 아이덴티티

베자의 시그니처 V는 아디다스의 3선 줄무늬, 나이키의 스우시_{swoosh}와 같이 브랜드를 쉽게 인지할 수 있게 만들었다.

그림 4-9c
베자의
시그니처 V와
비건라인 V-12

3) 브랜드 전략

(1) 최초의 화학 재료가 배제된 무석유 운동화

최초의 지속가능성 슈즈로 알려진 Veja는 친환경 책임의식이 있는 운동화_{Eco-Responsible Sneaker}를 지향한다. 아마존의 야생 고무, 식물성의 무두질된 가죽과 재활용 플라스틱병, 유기농 면화, 코코넛 섬유 등 천연 재료로 만든 가죽과 안감을 사용해 석유를 쓰지 않는 무석유 러닝화_{post-petroleum running shoes}를 만든다. 유기농 면화는 제초제나 농약이 없이 재배된 것을 선택해 사용한다.

(2) 비건 운동화 V-10 VEGAN(Vegan Line)

2008년부터 2015년까지 베자는 100% 식물성 무두질 가죽으로만 사용했으나 이후 고비용과 품질의 불안정한 문제로 비중을 줄였다. 5년간의 연구와 개발 끝에 생태학적인 특성을 가진 가죽에 대한 대안을 제공하는 친환경 비건 가죽 CWL을 만들었다.

2019년 1월부터 사용하고 있는 CWL[1] 가죽은 캄포Campo모델에 처음 사용된 가죽의 대체 소재로 바이오 기반의 옥수수로 구성된 비건 소재이다. 그러나 공정상 가황Vulcunization[2] 처리된 운동화의 대량 생산 시 옥수수로 구성되는 재료가 안정적이지 않은 것이 발견되었다. 더 큰 규모에서 CWL 가죽은 더 불안정했고 열이 비건 재료를 손상시킬 수 있다는 것도 약점이었다. 3개월의 테스트 기간을 거쳐 얻은 결론은 대량 생산을 할 수 없다는 문제점을 발견했다. 또한 운동화 중 일부가 모두 가황 처리된 것이 아닌 것으로 나타났다. 따라서 새로운 친환경 가죽(크롬프리: Chrome Free)으로 캄포Campo제품을 생산하고 V-10 모델에 비건 CWL가죽을 사용하여 출시하기로 했다.

2020년 V-10의 업그레이드 버전인 우크라Ucra 스니커즈는 V-12가 수정된 비건 운동화이다. 제품은 유기농으로 재배된 비건 옥수수 폐 가죽으로 만들어진다. 왁스를 칠한 캔버스의 느낌을 가지고 있으며 식품산업에서 나오는 50%의 폐기물로 만들어졌다.

우크라 스니커즈는 베자의 가장 친환경적인 운동화다. 생분해되기 때문에 탄소 발자국이 최소화된 모델이다.

2020년 컬렉션에 포함된 291모델SKU 중 115스타일은 동물성 제품을 포함하지 않는다.

그림 4-9d
Veja
친환경 운동화

자료: Credit V-10 extra white black:
© Studio VEJA

자료: Credit Campo extra white matcha:
© Studio VEJA

자료: Credit Urca white natural:
© Studio VEJA

---

1 C.W.L: CWL은 옥수수를 업사이클링하여 코팅한 면직물로 만든 가죽의 비건 대체품이다. 63%가 바이오 기반이며 이탈리아에서 제조되었다.

2 가황(Vulcunization): 천연고무나 합성고무의 물리적 성질을 개선시키는 화학공정. 고무나 중합체에 황 또는 다른 첨가제를 넣어서 가교결합을 형성하게 하는 공정이다. 가황을 하면 인장강도가 높아져 마모에 잘 견디며, 탄성이 좋아진다.

(3) 셀러브리티들의 자발적인 입소문, 바이럴 마케팅

천연 소재 등의 사용으로 생산 원가가 올라가면서 광고 홍보를 지양했으나 환경을 생각한 의식있는 제품으로 알려지면서 프랑스 배우 마리옹 코틸리야드Marion Cotillard와 샬롯 갱스부르Charlotte Gainsbourg, 데이빗 베컴David Beckham과 같은 셀럽들이 즐겨 신어 주목받기 시작했다. 2018년 영국의 해리 왕자와 결혼한 메건 마클Meghan Markle이 신으면서 본격적인 유명세를 탔다. 영국 온라인 패션 검색 플랫폼 리스트Lyst에 따르면, 2018년 10월 메건 마클이 신은 후 베자는 온라인 검색량이 113% 증가했다. 2017년 4분기에는 리스트Lyst의 여성 인기 패션 제품 순위에서 당시 유행이었던 어글리 슈즈를 누르고 3위에 오르기도 했다.

그림 4-9e
베자를
유명하게 한
인플루언서
중 한 명인
메건 마클

(4) 지속적인 협업으로 브랜드 인지도 상승

미국 패션 디자이너 협의회CFDA: Council of Fashion Designers of America가 수여하는 CFDA Lifetime Achievement Award를 수상한 패션 디자이너 릭 오웬스Lick Owens와 베

그림 4-9f
(좌)Veja×Rick Owens

그림 4-9g
(우)VEJA and Rick Owens

(Credit Rick Owens Runner Style 2 Full black: © Studio VEJA)

(Credit Rick Owens Runner Style Mid Rust pierre: © Studio VEJA)

자의 컬래버레이션은 2019년에 처음 시작되어 지금까지 3번째 작업을 발표하였으며 매번 즉시 완판되었다.

2020년 출시된 그들의 세 번째 공동작업인 러너 스타일2Runner Style2의 미드솔은 사탕수수 46%와 바나나 오일 8%로 만들어졌으며 처음으로 아웃솔에 천연 코르크를 사용했다. 또한 플라스틱 병을 100% 재활용한 폴리에스테르로 제작한 니트 소재로 운동화의 어퍼Upper부분을 만들었다.

4) 지속가능 전략

100% 지속가능성 실천, 독자적 친환경, 공정무역 원부자재 개발

베자의 비즈니스 모델은 소싱 및 생산주기에서 포장, 유통, 그리고 프랑스 본사와 오프라인 매장에서 사용하는 에너지[3]에 이르기까지 비즈니스의 모든 단계에서 윤리적 기반을 원칙으로 한다.

100% 친환경 상품을 지향하다 보니 다른 브랜드보다 신발을 생산하는 데 더 많은 시간이 걸린다. 베자는 6개월 동안의 주문에 대해서만 생산하므로 재고가 축적되지 않고 자재가 낭비되지 않아 제로 웨이스트 실천에도 앞장서고 있다. 이들의 사업 파트너들도 화학약품으로 토양을 손상시키는 대신, 토양을 더 풍부하게 만드는 방식으로 재배한 생태적 면직물만을 사용하기로 결정했다.

아마존 열대 우림에서 추출한 야생 고무를 재료로 배합한 라텍스를 고무 밑창에 사용한다. 살충제, GMOGenetically modified organism[4] 및 비료 없이 재배한 유기농 면화는 브라질의 북동부 세아라 주에서 수확한 후 ADEC(Associação de Desenvolvimento Educacional e Cultural de Tauá[5] 단체에서 공정한 가격으로 구입하여 방적작업을 한다.

사용하는 가죽은 브라질 남부에서 나온 것이다. 또한 모든 가죽은 L.W.GLeather

---

3   베자의 전력 에너지는 프랑스 전력공사(EDF)가 아닌 프랑스 국가 원자력 공급자 녹색 전기 조합(ENERCOOP)의 사용을 원칙으로 하고 있다.

4   GMO(Genetically modified organism): 유전자 변형 생물

5   ADEC(Associação de Desenvolvimento Educacional e Cultural de Tauá): ADEC은 브라질 북동부 지역에서 15년 이상 일해 온 브라질 농부 생산자 협회를 지칭한다.

Working Group⁶이 감사하고 인증한 태너리_{tannery}에서 나온 것이다. 2008년부터 2015년까지 VEJA는 가죽을 100% 식물성 무두질 가죽으로 제작했다. 베자의 모든 가죽은 테스트를 거쳐 크롬 프리_{Chrome Free}를 지향하고 있다. 가죽은 브라질 남부_{Rio}

그림 4-9h
아마존 열대 우림에서 야생 고무를 추출하는 모습

자료: Credit picture tree: © Camilla Coutinho

Grande do Sul의 농장에서도 생산된다. 이 역시 크롬, 중금속이 없는 태닝 공정을 거친다. 베자는 폐기물 소재를 혁신하여 여러 유형의 재활용 및 변형 소재를 개발, 사용하고 있다. 독자적인 친환경 소재 개발 중 가장 주목할 만한 움직임은 재활용 플라스틱 병으로 만든 비-메쉬_{B-Mesh: bottle mesh}와 헥사메쉬_{Hexamesh} 직물의 개발이다. 베자는 비-메쉬를 사용한 최초의 스니커즈 브랜드이다.

비-메쉬는 완전히 재활용된 폴리에스테르(폴리에틸렌 테레프탈레이트 또는 PET)로 만든 직물로 가볍고 통기성이 있으며 방수 기능이 있다. 신발 한 켤레를 만드는데 재활용 플라스틱 병 세 개가 사용된다. 재활용 플라스틱 병들은 브라질의 리우데자네이루와 상파울루 거리에서 수집되며, 다시 공장으로 보내 플레이크_{flake}로 잘게 파쇄하여 섬유로 변형된다.

그림 4-9i
베자가 독자 개발한 소재 B-mesh와 Hexa mesh를 사용하여 만든 스니커즈 제품

자료: Roraima B-Mesh Nautico Oxford-Grey Butter-Sole(좌) / Rio Branco Hexamesh Gravel-Abstinthe ©Studio VEJA(우)

---

6 L.W.G.(Leather Working Group): 그룹 L.W.G는 브라질의 가죽 제조업체의 독립된 그룹 이름이다.

핵사메쉬는 두 개의 실이 함께 겹쳐진 메쉬 조합이다. 70% 오가닉 코튼과 30% 재활용 플라스틱 병으로 구성되어 있으며 브라질에서 만들었다. 니트의 상단 부분은 오가닉 코튼으로 만든 육각형 패턴의 직물이다. 제이-메쉬J–Mesh는 황마, 재활용 면화 및 재활용 페트병을 혼합하여 만들어진다. 전통적인 브라질 소재인 불랩Burlap을 안감 등에 사용하여 정전기 방지 및 온도 조절 기능을 제공한다. 또한 여러 운동화에 재활용 면화를 사용하고 있다. 저지 형태의 재활용 폴리에스테르는 다양한 스타일의 스니커즈 라이닝안감을 만드는 데 사용된다.

(2) 동반상생 전략

베자는 브랜드의 사업을 시작했을 때와 동일한 파트너와 함께 장기적으로 일하고 계획하며 발전하는 동반상생의 길을 중요하게 생각한다.

2004년 브라질의 소규모 독립 프로듀서들과 계속해서 작업해 온 것이 서로에게 효과적인 시너지가 나는 성과가 되었다. 처음에는 소수의 직원으로 시작해 비즈니스의 성공으로 더 많은 농부들이 유기농업팀에 합류하게 되었다.

신발의 제조는 브라질의 포르토 알레그레Porto Alegre 근처에서 작업 조건과 임금이 국가의 산업 표준 보다 높고 공정한 공장에서 조립한다. 그들의 유럽 창고 및 물류 네트워크의 경우도 전 범죄자 등의 고용을 통해 상황이 어려운 다른 사람들을 재활시키는 것을 목표로 하여 프랑스의 조직인 아틀리에 상 프롱티에르Ateliers Sans Frontières[7]와 협력하고 있다.

(3) 투명성 전략

베자는 100% 친환경 상품을 만드는 과정에서 스스로 한계를 드러내어 극복하는 과정을 공개하여 투명성과 신뢰도를 확보하는데 주력하고 있다.

이제 가죽 소싱 및 제조에서 한 단계 더 나아가 가죽을 비롯한 소재 및 생산 체인을 백업하고 이를 개선하는 두 가지 주요 방법인 추적성과 화학적 투명성에

---

7 ASF(Ateliers Sans Frontières): ASF는 2003년에 프랑스에서 설립된 국경 없는 통합 작업 공간으로, 매년 120명 이상의 취약한 청년과 성인이 생활 프로젝트를 구축하고 존엄성을 되찾고 개인적인 상황과 안정된 전문가를 제공할 수 있도록 지원하는 조직이다.

초점을 맞추고 있다. 사업을 시작한 2004년부터 브라질과 페루의 생산자 협회와 합의하여 유기농 및 농생태학적 면화의 가격을 미리 책정하고 있다. 그들과 1년 계약을 체결하고 시장 가격과 상관없는 가격을 설정한다. 2017년의 경우 평균적으로 시장 가격의 두 배로 면화를 구입했다.

베자의 글로벌 영향력을 평가하는 인증제도 비콥B corp 인증[8]을 통해 임금, 공급 업체, 팀, 환경, 작업장 또는 거버넌스에 대한 상세한 지속가능성 인증 관련 항목을 점검했다.

그림 4-9j
B corp
인증제도 도입

자료: project. veja-store.com

그림 4-9k
브라질의
베자 제품을
생산하는 지역

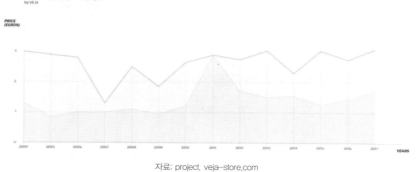

자료: project. veja-store.com

그림 4-9l
연도별 베자
(veja)가 구입한
면화가격과
시장가격의
차이

8　B Corporation: B Corporation 인증은 기업의 전체 사회 및 환경성과, 공공 투명성 및 법적 책임의 최고 기준을 충족하여 이익과 목적의 균형 등을 측정하는 영리기업의 민간 인증 제도이다. 파타고니아 등 70개국 3,500여 개 기업이 이용하고 있다.

(4) 순환 경제 추구

가장 환경 친화적인 운동화는 이미 착용한 운동화

온라인과 편집 숍 등 45개국 1,800여 개 매장에 입점하여 판매하고 있는 베자는 2020년 본사에 실험적인 오프라인 매장인 '스튜디오 베자'(Studio Veja, Cordonnerie Veja)를 오픈했다. 신발을 모으고 수선할 수 있는 미래의 매장의 모습을 테마로 설정하여 순환 경제를 기반으로 한 기획을 선보였다. 2020년 6월 프랑스 보르도에 있는 다윈(Darwin)지역에 오픈한 8,200m² 규모의 매장 콘셉트는 "운동화 한 켤레에 두 번째 생명을 주는 것"으로 베자의 새로운 실험실 성격을 보인다. 이 콘셉트 스토어는 130개 이상의 스니커즈를 수리하고 250개 이상의 재활용된 베자 컬렉션으로 구성되어 있다.

스튜디오 베자는 매장이 위치한 다윈(Darwin)에 기반을 둔 건축회사 뷰로 바로크(Bureau Baroque)와 협력했으며 가구에 사용된 목재는 현지에서 조달했다. 건축 자재 외에도 프랑스 국가 원자력 공급자 녹색 전기 조합(Enercoop)에서 100% 재생 가능한 전기를 사용해 100% 친환경 매장을 구현했다.

그림 4-9m
외벽과 내부
설계 시
마감 없이
콘크리트를
노출하여
연출한
베자 스튜디오
매장

자료: Credit Darwin: © Ory Minie

그림 4-9n
베자 스튜디오
내부 전경

자료: Credit Darwin: © Ory Minie

이 매장에서는 베자 제품뿐만 아니라 모든 브랜드의 제품을 5~50유로의 가격에 수선을 해준다. 대부분의 서비스는 제품을 청소하고 교체하는 것이다. 뒤꿈치 뒤쪽에 있는 안감 조각을 덧대는 수선은 35유로로 책정했다. 더 이상 수선이 불가능한 신발을 가져와서 매장에 반납하면 매장에서 사용할 수 있는 10% 할인 쿠폰을 제공한다.

그림 4-9o
베자 스튜디오
내부 수선 공간

자료: Credit Darwin: © Ory Minie

100% 재활용 가능한 운동화를 위한 프로세스 진행

베자 내부의 관계자들은 그동안 재활용이 불가능했던 제품을 순환 경제 측면에서 100% 재활용하기 위해 다양한 프로세스를 연구 중이다. 기존 제품으로 재활용, 새로운 상품으로 만드는 작업은 연말까지 3,000켤레 이상의 제품이 필요하다. 따라서 베자는 프랑스의 다른 매장에 수거함을 설치하여 수거 프로세스를 확장할 계획이다.

베자 스튜디오에서는 현재 컬렉션은 판매하지 않고 결함이 최소화된 모델, 프

표 4-9c 베자의 지속가능 전략

100% 지속가능성 실천 독자적 친환경, 공정무역 원부자재 개발	• 비즈니스의 모든 단계 윤리적 기반(소싱, 친환경 원부자재, 생산 주기, 포장, 유통, 사용 에너지)추구 • 유기농 면화, 야생 고무 라텍스, 천연 고무 등 공정무역 기반 거래, 원부자재 수급 • 제로 웨이스트—6개월 오더에 대해서만 생산, 자재 낭비 방지 • 식물성 무두질 가죽, 생태적 직물 위주 사용 • 폐기물의 혁신적 소재 전환—재활용 면화와 재활용 폴리에스테르: 다양한 스니커즈 안감에 적용 • 가죽 대안 시도—CWL 가죽(옥수수 업사이클링 비건 소재) • 독자적인 친환경 원단 개발 지속—플라스틱 병을 재활용한 원단 비-메쉬(B-mesh: Bottle mesh), 헥사 메쉬(Hexamesh) 등 가볍고 통기성 뛰어난 소재 개발 주력
동반 상생 전략	• 브라질 원부자재 업체, 생산 업체와 창립 시기부터 지속적인 장기 협업, 동반 상생 • 프랑스 아틀리에 상 프롱티에르(Ateliers Sans Frontières: 국경없는 워크숍)와 브라질 재활 조직 협력
투명성 전략	• 가죽 생산 체인을 백업, 추적성과 화학적 투명성에 초점 운영 • 비콥(B corp)인증—임금, 공급 업체, 팀, 환경, 작업장 또는 거버넌스에 대한 상세한 지속가능성 관련 평가 인증
순환 경제 추구	• 2020년 프랑스 보르도 다윈 지역에 100% 재활용을 목표로 한 실험 및 고객 충성도 구축을 위한 수리, 재활용 전문 매장 스튜디오 베자 운영

로토 타입이 출시되지 않은 모델, 이전 컬렉션의 복사본 또는 한 번 착용한 제품 등 재활용 제품의 컬렉션을 판매하고 있다. 또한 판매가 불가능하다고 판단된 매년 1,000~1,200켤레에 이르는 제품들은 기본 가격보다 20~30% 저렴하게 판매하고 있다.

뉴욕 노리타 플래그십 스토어–고객가치에 초점을 맞춘 경험설계 매장
베자는 고객가치에 초점을 맞추어 특별한 소매 경험을 제공하는 오프라인 매장을 시도했다. 벽은 페인트를 칠하지 않은 채 그대로 노출된 상태로 매장 연출을 하고 재생 에너지로 전기를 활용하는 등 브랜드 철학을 표현했다.

5) 브랜드 차별성

100% 지속가능에 도전, 마케팅 비용을 줄이고 상품에만 투자한 합리적인 가격
베자는 환경을 생각하는 좋은 상품을 만들기 위해 브랜드 홍보 대사, 광고, 마케팅 비용을 없애고 브랜드 진정성을 강화하는데 주력했다.

베자의 스니커즈는 원부자재를 환경 친화적이고 공정 거래 원칙에 따라 구매하고 사회적 기준이 높은 공장에서 생산하기 때문에 일반 스니커즈의 원가 대비 5~7배 더 많은 비용이 든다. 그러나 광고를 없앴기 때문에 이 운동화는 경쟁 대형 브랜드와 동일한 가격으로 매장에서 판매될 수 있다. 베자의 창립자인 세바스티앙 코프는 2020년 3월 뉴욕의 플래그십 스토어를 오픈하면서 "앞으로 우리 세대의 과제는 재활용과 순환 경제를 통해 적응하는 것이다."라고 언급했다.

그림 4-9p
베자 뉴욕
노리타 매장

자료: veja-store.com

1. 지속가능성을 추구하는 신발 브랜드인 베자는 친환경 소재와 생산 방식을 사용해 환경적 영향을 줄인다. 환경 친화적인 방식으로 생산된 자연 소재와 재활용 플라스틱 병으로 만든 폐기물 소재를 이용해 신발을 생산하며, 모든 비즈니스 단계에서 윤리적 가치를 지향한다.

2. 높은 생산 단가를 대신하여 마케팅 비용을 최소화하였으나 셀럽들의 자발적인 홍보로 긍정적인 바이럴 마케팅 효과를 얻었다. 또 디자이너 브랜드 릭 오웬스와의 지속적인 협업을 통해 브랜드를 알리고 여러 디자인을 선보인다.

3. 동반 상생 전략으로 브라질의 원부자재, 생산업체와 장기적인 협업 계획을 밝혔다. 또, 순환 경제를 추구하며 오프라인 매장인 '스튜디오 베자'에서 사용된 스니커즈를 수리하고 재활용된 베자 컬렉션을 판매한다.

1. 베자에서 지속가능한 제품을 만들기 위해 사용하는 소재 및 재료는 무엇인가?

2. 스튜디오 베자의 특징은 무엇인가? 공간 설계부터 공간의 기능에 이르기까지 스튜디오 베자만의 독특함을 알아보자.

참고문헌

고은주, & 패션마케팅연구실. (2015). 지속가능패션 브랜드 마케팅. 교문사

강민선. (2021. 4. 14). 환경 단체와 사사건건 맞붙은 패션 산업의 '욕망', 나아갈 방향은?. 세계일보. https://m.segye.com/view/20210414510143)

이병길. (2019). 지구 환경을 위한 지속가능한 패션의 착한소비 확산. 서울연구원. https://bit.ly/3fYTgiY

전은하, 한정하, & 고은주. (2018). PLM관점의 지속가능패션 신제품 개발에 대한 연구. 한국의류산업학회지, 20(1), 34-49.

정해순. (2019.11.1). 글로벌 패션산업 2020 '지속가능패션'시대로 대전환. 패션비즈. https://m.fashionbiz.co.kr:6001/index.asp?idx=175016&uidx=179896&

조은혜. (2020. 1. 7). [신년기획] 키워드로 보는 맥킨지&BoF '2020 패션 산업 전망'. 어패럴뉴스. http://www.apparelnews.co.kr/news/news_view/?idx=180283

패션비즈 취재팀. (2019. 11. 05). 2019 FASHION MARKET NOW, 50조7500억, 패션 마켓 사이클은?. 패션비즈. https://m.fashionbiz.co.kr:6001/index.asp?idx=175075&uidx=179953&

Ellen MacArthur Foundation. (2017). A new textiles economy: Redesigning fashion's future. https://ellenmacarthurfoundation.org/a-new-textiles-economy

Soukeyna Gueye. (June 22, 2021). The trends and trailblazers creating a circular economy for fashion, Ellen Macarthur Foundation. https://ellenmacarthurfoundation.org/articles/the-trends-and-trailblazers-creating-a-circular-economy-for-fashion

1. 파타고니아

고은주, & 패션마케팅 연구실. (2015). 지속가능패션 브랜드 마케팅. 교문사

곽선미. (2019. 1. 17). 非트렌드 「파타고니아」 고공비행. 패션비즈. http://www.fashionbiz.co.kr/article/view.asp?cate=6&sub_num=89&idx=170319

곽선미. (2020. 12. 11). 파타고니아, '제주 송악산' 보전 환경 캠페인 전개. 패션비즈. http://www.fashionbiz.co.kr/TN/view.asp?idx=181817

심상대. (2020. 6. 7). 친환경 패션 파타고니아 "착한 매출 올리는데 집중". 매일경제. https://www.mk.co.kr/news/economy/view/2020/06/582353/

연선옥. (2017. 12. 28). [이코노미조선] '매출 7700억원' 美 3대 아웃도어… 매출 1%는 환경보호에 기부. 조선비즈. https://biz.chosun.com/site/data/html_dir/2017/12/27/2017122702318.html

이방실. (2019. 12. 11). 의류업체의 이색 캠페인 "멸종을 마주하다" 빠른 길보다 지구와 함께 가는 길 택하다. DBR. https://dbr.donga.com/article/view/1203/article_no/9369/ac/magazine

파타고니아 코리아. http://www.patagonia.co.kr

Au-Yeung, A. (2020, April 23). Outdoor Clothing Chain Patagonia Starts Selling Online Again After Unusual Decision To Pause Its E-Commerce Due To Pandemic. Forbes. https://www.forbes.com/sites/angelauyeung/2020/04/23/outdoor-clothing-chain-patagonia-yvon-chouinard-starts-selling-online-again-after-unusual-decision-to-pause-its-e-commerce-due-to-coronavirus-pandemic/

Barney, A. (2015, June 7). 16 Companies With Innovative Parent-Friendly Policies. Parents. https://www.parents.com/parenting/work/parent-friendly-companies/

Clifford, C. (2013, November 26). Huh? One Retailer Says Don't Buy Our Stuff on Black Friday. Entrepreneur. https://www.entrepreneur.com/article/230129

Forture. (2019). 100 Best Companies to Work For. https://fortune.com/best-companies/2019/

Null, C. (2019, June 13). Review: Patagonia Provisions Long Root Pale Ale and Long Root Wit. Drinkhacker. https://www.drinkhacker.com/2019/06/13/review-patagonia-provisions-long-root-pale-ale-and-long-root-wit/

Patagonia. (2019). Annual Benefit Corporation Report. https://www.patagonia.com/on/demandware.static/-/Library-Sites-PatagoniaShared/default/dwf14ad70c/PDF-US/PAT_2019_BCorp_Report.pdf

Patagonia. www.patagonia.com

Segran, E. (2019, November 14). Patagonia's new line is made from old clothes damaged beyond repair. Fast Company. https://www.fastcompany.com/90430378/patagonias-new-line-is-made-from-old-clothes-damaged-beyond-repair

2. H&M

문병훈. (2019. 4. 7). H&M, 2040년까지 기후 친화적인 기업으로 변신. 패션서울. https://fashionseoul.com/139326

미래에셋대우웹진. (2017. 12. 17). 트렌드와 가치를 모두 입다, H&M(HENNES & MAURITZ). http://webzine.miraeassetdaewoo.com/bbs/board.php?bo_table=MD66&wr_id=2220&page=18

손덕호. (2017. 9. 13). [글로벌 성장 기업: 스웨덴 H&M]지난해 매출 26조원 기록한 세계 2위 패스트 패션, 영업이익률 줄자 매장 확대하고 온라인 판매 강화. 조선비즈. http://economychosun.com/client/news/view.php?boardName=C12&t_num=11974

심은지. (2020. 2. 6). 헬레나 헬메르손 H&M CEO, 패스트 패션 넘어 '지속가능한 멋'에 힘준다. 한국경제. https://www.hankyung.com/international/article/202002047919i

유진우. (2019. 6. 7). [WEEKLY BIZ] 자라보다 30년 앞선 원조… '패션의 가치는 돈이 아니다'. 위클리비즈. http://weeklybiz.chosun.com/site/data/html_dir/2019/06/06/2019060601034.html

윤신원. (2020. 2. 7). 패스트 패션 몰락의 시대에 'H&M'은 어떻게 살아남았나. 아시아경제. https://www.asiae.co.kr/article/2020020614221977117

이한나, 김하경, & 이유진. Z세대의 에코섹시…유기농 과일 고르듯 옷도 소재·생산과정 따져. 매일경제. https://www.mk.co.kr/news/business/view/2019/07/533725/

이혜인. (2020. 4). [Re:Store] 'Mitte Garten H&M' 세계 최초 지속가능성 하이퍼 로컬 스토어에 다녀오다. 데일리트렌드. https://bit.ly/2NATZw1

임경량. (2019. 9. 18). 위기의 H&M그룹 살아남을 수 있을까?. 패션포스트. http://www.fpost.co.kr/board/bbs/board.php?bo_table=special&wr_id=193

장병창. (2021. 2. 4). H&M, 지난해 매출 18% 줄어든 198억 달러. 어패럴뉴스. http://m.apparelnews.co.kr/news/news_view/?idx=188112?cat=CAT160

최율리아나. (2020. 6. 5). H&M, 지속가능성을 위한 비전 밝혀. 데일리포스트. https://www.thedailypost.kr/news/articleView.html?idxno=74089

H&M. https://hmgroup.com/sustainability/

H&M. (2020, October 7). Recycling System 'LOOOP' Helps H&M Transform Unwanted Garments Into New Fashion Favourites. https://about.hm.com/news/general-news-2020/recycling-system--looop--helps-h-m-transform-unwanted-garments-i.html

Schneider, V. H. (2020, February 19). H&M Studio: Zeitlosigkeit ist das Motto der neuen Kollektion. Vogue Germany. https://www.vogue.de/mode/artikel/h-und-m-studio-kollektion-sommer-2020

Huw, H. (2020, February 13). H&M ist der erste Einzelhändler, der das recycelte Material Circulose verwendet. FashionUnited. https://fashionunited.de/nachrichten/business/h-m-ist-der-erste-einzelhaendler-der-das-recycelte-material-circulose-verwendet/2020021334534

Fashion Revolution. (2019). Fashion Transparency Index 2019. https://issuu.com/fashionrevolution/docs/fashion_transparency_index_2019?e=25766662/69342298

Fashion Revolution. (2020). Fashion Transparency Index 2020. https://www.fashionrevolution.org/about/transparency/

Perinelli, C. (2021, January 6). Incredible Cotton, il Cotone Frutto della Biotecnologia. Vestilanatura. https://www.vestilanatura.it/incredible-cotton-galy/

3. 판게아

이혜인. (2020. 12). 코로나로 주목받는 #에코인플루언서 유럽 vs 한국. 데일리트렌드. https://www.dailytrend.co.kr/코로나로-주목받는-에코-인플루언서-유럽-vs-한국/

Kim, Y. (2020, September 27). UNITED NATIONS X PANGAIA TEAM UP TO SUPPORT THE 17 SUSTAINABLE DEVELOPMENT GOALS. HYPEBAE. https://hypebae.com/2020/9/pangaia-united-nations-sustainable-development-goals-un-sdgs-global-hoodies-t-shirts-collaboration-capsule

Leung, G. (2020, August 20). Jaden Smith's JUST Water Joins PANGAIA for New Capsule Collection. HYPEBEAST. https://hypebeast.com/2020/8/pangaia-just-jaden-smith-apparel-capsule-collection-release-info

Stepanova, V. (2020, December 3). PANGAIA TAKES ON SUSTAINABLE CASHMERE. Vmagazine. https://vmagazine.com/article/pangaia-takes-on-sustainable-cashmere/

Zhang, C. (2020, December 1). PANGAIA Delivers Premium Recycled Cashmere for 2020 Capsule. HYPEBEAST. https://hypebeast.com/2020/12/pangaia-recycled-cashmere-2020-collection-info

4. 세이브더덕

김은영. (2020. 8. 24). 신세계인터내셔널, 이탈리아 비건 패딩 '세이브더덕' 론칭. 조선비즈. https://biz.chosun.com/site/data/html_dir/2020/08/24/2020082401397.html

오정은. (2020. 8. 24). 신세계인터, 이탈리아 비건 패딩 '세이브더덕' 론칭. 머니투데이. https://news.mt.co.kr/mtview.php?no=2020082409100308772&VN

Amfori. www.amfori.org

B Corporation. https://bcorporation.net

Dun & Breadstreet Company. www.dnb.com

Pavarini, M. C. (2019. 5. 15). How a vegan hiker has helped Save The Duck. Sportswear International. https://www.the-spin-off.com/news/stories/Brands-How-a-vegan-hiker-has-helped-Save-The-Duck-14653

Save The Duck. https://www.savetheduck.it/ce_en

Save The Duck. Sustainability Report 2019. https://storage.googleapis.com/savetheduck/sostenibilita/report/pdf/Sustainability_Report_2019.pdf

Shopenauer. Save The Duck. https://www.shopenauer.com/en/brand/save-the-duck

5. 래코드

고은주, & 패션마케팅 연구실. (2015). 지속가능패션 브랜드 마케팅. 교문사

국제섬유신문. (2018. 3. 23). 래;코드, 한남동 오프라인 매장에서 렌털 서비스 실시. 국제섬유신문. http://www.itnk.co.kr/news/articleView.html?idxno=56576

김은영. (2019. 10. 29). "재고로 만든 옷, 해외에서 더 잘나가요" 친환경 패션 뜬다. 조선비즈. https://biz.chosun.com/site/data/html_dir/2019/10/21/2019102102199.html

남현지. (2020. 9. 4). 래코드와 나이키의 만남. 보그 코리아. https://www.vogue.co.kr/2020/09/04/래코드와-나이키의-만남/

노주환. (2020. 12. 21). 이동국 은퇴식 때 초대형 유니폼, 한정판 가방으로 다시 태어났다. 조선일보. https://www.chosun.com/sports/sports_photo/2020/12/21/2DCUUE4CK7GJEDCGTZDSGOV2HU/

래코드 편집부. (2019). 래코드 RE;CODE 3호. 코오롱인더스트리Fnc(잡지).

민지혜. (2019. 8. 19). 재고로 만든 새옷…'친환경 패션' 래코드가 뜬다. 한국경제. https://www.hankyung.com/economy/article/2019081928641

서정민. (2020. 10. 21). 86세 패션 디자이너 진태옥의 새로운 꿈 "블랙핑크와 지구 살리기". 중앙일보. https://news.joins.com/article/23900004

오경천. (2020. 10. 27). 박스 아뜰리에 통해 RE;CODE by NIKE 디지털 워크숍 성료. 어패럴뉴스. http://m.apparelnews.co.kr/news/news_view/?idx=185885

이수민. (2016. 2. 25). 래:코드, 디자이너 브랜드와 콜라보 라인 출시. 시사데일리. https://www.sedaily.com/NewsVlew/1KSMG8F7FG

이영희. (2019. 10. 1). 래코드, 파리 편집매장 '레끌레흐'서 팝업. 한국섬유신문. https://www.ktnews.com/news/articleView.html?idxno=112582

조문정. (2019. 6. 21). 코오롱 FnC, '업사이클링'으로 사회 환원…"국내 패션 대기업 중 '유일'". 위키리크스 한국. http://www.wikileaks-kr.org/news/articleView.html?idxno=58509

코오롱 래코드 블로그. https://blog.naver.com/re_code

6. 나우

강채원. (2018. 12. 6). 나우매거진, 일본 최대 서점 '츠타야' 입점. 패션서울. https://fashionseoul.com/163279

김은영. (2017. 11. 6). [패션 포커스 기업] 쓰레기 '다운'에 생명 불어넣다…지속가능성에 목숨 건 브랜드 나우(nau). 조선비즈. https://www.chosun.com/site/data/html_dir/2017/11/06/2017110600265.html

나우 코리아. www.nau.co.kr

오경천. (2020. 3. 25). 나우(NAU), "국내 최초로 생분해 트렌치코트 선 보여 눈길". 어패럴뉴스. http://m.apparelnews.co.kr/news/news_view/?idx=181772

이지희. (2019. 1. 29). 블랙야크 나우, 문화공터 '나우하우스' 오픈. 스트리트. https://www.street.co.kr/2019/01/nau_haus

조윤주. (2020. 4. 21). 블랙야크 2세 강준석의 야심작 '나우' 고사 위기…매출 줄고 적자 수렁. 소비자가 만드는 신문. https://www.consumernews.co.kr/news/articleView.html?idxno=604105

nau. www.nau.com

7. 플리츠마마

곽선미. (2020. 10. 30). 플리츠마마×효성×삼다수, 제주 이어 추자도로. 패션비즈. https://www.fashionbiz.co.kr/article/view.asp?idx=181058

권연수. (2020. 10. 21). 플리츠마마, 제주 폐페트병 활용한 '제주 에디션' 옷·가방 아이템 선보여. 디지틀조선일보. http://digitalchosun.dizzo.com/site/data/html_dir/2020/10/21/2020102180257.html

김명희. (2020. 7. 5). 지구를 사랑하는 마음까지 담는 가방 플리츠마마 제주 에디션. 여성동아. https://woman.donga.com/List/3/991085/12/2108371/1

김재범. (2020. 03. 11). 롯데L7, 플리츠마마와 협업 '에코 트래블러 프로젝트' 진행. 동아일보. https://www.donga.com/news/Culture/article/all/20200311/100111072/2

박해영. (2020. 11. 26). 에코 패션 '플리츠마마', 이번엔 로컬 크리에이션 '주목'. 어패럴뉴스. http://m.apparelnews.co.kr/news/news_view/?idx=186626

방영덕. (2019. 5. 16). "안 산 사람은 있어도 한 개만 산 사람은 없다"는 에코백 CEO는. 매일경제. https://www.mk.co.kr/news/business/view/2019/05/321947/

방영덕. (2020. 4. 23). TNGT, 페트병 재활용한 플리츠마마와 숄더백 출시. 매일경제. https://www.mk.co.kr/news/business/view/2020/04/422389/

이서우. (2021. 1. 3). CU, 신축년 '친환경' 캠페인 시동...플리츠백 증정. 미디어펜. http://www.mediapen.com/news/view/589223

이아람. (2020. 10. 20). '플리츠마마', 제주 폐페트병 활용한 '제주 에디션' 3종 출시. 패션포스트. https://fpost.co.kr/board/bbs/board.php?bo_table=today&wr_id=4304

이은수. (2018. 12. 15). 왕종미 '플리츠마마' 대표, 폐페트병의 화려한 변신, '플리츠마마' 니트 플리츠 백. Fashion Insight. http://www.fi.co.kr/main/view.asp?idx=64753

정지인. (2020. 10. 13). 폐페트병 16개로 가방을?. 소비자평가. http://www.iconsumer.or.kr/news/articleView.html?idxno=13319

최기성. (2020. 6. 21). 제주삼다수 페트병, 니트백으로 '환생'...제주공항 면세점서 판매. 매일경제. https://www.mk.co.kr/news/business/view/2020/06/634626/

플리츠마마. https://pleatsmama.com

플리츠마마 인스타그램. www.instagram.com/pleatsmama

플리츠마마 페이스북. www.facebook.com/pleatsmama

한경우. (2019. 11. 12). 동화약품, 업사이클링브랜드 플리츠마마와 '활명수 122주년 기념판' 출시. 매일경제. https://www.mk.co.kr/news/it/view/2019/11/933777/

8. 올버즈

문병훈. (2020. 8. 13). 올버즈의 지속 가능 메시지...4년 만에 1조원의 유니콘 기업으로. 패션서울. https://fashionseoul.com/187014

민지혜. (2017. 9. 14). 미국 벤처 CEO들이 신는대요...양모신발 '올버즈'직구 바람. 한국경제. https://www.hankyung.com/economy/article/2017091484831

박민주. (2020. 8. 10). 오바마 즐겨 신는 '올버즈' 한국 진출...팀 브라운 창업자 "한국인은 트렌드 세터". 서울경제. https://www.sedaily.com/NewsVIew/1Z6IXIBSX7

박해영. (2020. 10. 21). '올버즈(Allbirds)', 지구 환경을 생각한 어패럴 라인 출시. 어패럴뉴스. http://m.apparelnews.co.kr/news/news_view/?idx=185741

윤신원. (2019. 5. 30). 디카프리오와 래리 페이지의 운동화...'메이드 인 코리아' 올버즈. 아시아경제. https://www.asiae.co.kr/article/2019052916172574358

이다혜. (2021. 1. 12). 새해 주목받는 친환경 브랜드 올버즈, 지속가능 파트 매니저 '한나 카지무라'. 테넌트 뉴스. http://tnnews.co.kr/archives/69251

이채연. (2020. 8. 10). [올버즈 CEO 랜선인터뷰] 올버즈는 전 세계 젊은이들이 만든 지속가능 브랜드. 패션포스트. https://fpost.co.kr/board/bbs/board.php?bo_table=special&wr_id=462

최보윤. (2020. 8. 20). 실리콘밸리 운동화를 아십니까? 오바마도 신는 '올버즈'. 조선일보. https://www.chosun.com/site/data/html_dir/2020/08/10/2020081000006.html

최보윤. (2020. 11. 20). '편함'속 착용감... 그 이상을 담다. 조선일보. https://www.chosun.com/special/future100/fu_general/2020/11/20/BNF4U24Z3RDY5GZHN7RL4NVVTU/

황상욱. (2021. 2. 28). 올버즈, 세계 최초 100% 자연식물성 가죽 '플랜트 레더' 선봬. 부산일보. http://naver.me/5h37cJZw

Allbirds. www.allbirds.com

Allbirds. Wikipedia. https://en.wikipedia.org/wiki/Allbirds

Allbirds Korea. https://allbirds.co.kr

Copeland, R. (2018, December 11). Trendy Sneaker Startup Allbirds Laces Up $1.4 Billion Valuation. Wallstreet Journal. www.wsj.com

Goldfine, J. (2020, December 29). Here's how Allbirds sparked an eco-fashion battle with a pair of wool sneakers. The Business of Business. www.businessofbusiness.com

Happist. (2020, May11). 세상에서 가장 편한 신발 올버즈 성공을 이끄는 6가지 인사이트. 꿈꾸는 섬. https://happist.com/559965/세상에서-가장-편한-신발-올버즈-성공을-이끄는-6가지

Kellie, E. (2021, August 31). Allbirds Files For IPO, Revealing Losses For The First Time. WWD. https://wwd.com/business-news/financial/allbirds-ipo-1234906150/

Leighton, M. (2020, November 28). Allbirds dropped a new limited-edition shoe for Black Friday and then raised the price of everything by $1 to support Greta Thunberg's climate movement. INSIDER. https://www.insider.com/allbirds-black-friday-sale-donating-to-greta-thunberg-climate-change-2020-11

Liffreing, I. (2017, October 11). How Allbirds uses Instagram as a focus group. Digiday https://digiday.com

Mansoor, S. (2020, November 19). A Greener Running Shoe, Allbirds Tree Dasher. TIME. https://time.com/collection/best-inventions-2020/5911347/tree-dasher/

McDonald, S. (2019, October 9). Digitally Native Allbirds Doubles Down on Brick-and-Mortar Expansion. Footwear News. https://footwearnews.com

SOLES4SOULS. https://soles4souls.org

Verry, P. (2020, April 28). Allbirds Is Now Making Running Shoes. Footwear News. https://footwearnews.com

9. 베자

김은영. (2019. 4. 30). 페트병 슈즈, 사탕수수 샌들...친환경 신발 뜬다. 조선비즈. https://biz.chosun.com/site/data/html_dir/2019/04/29/2019042902685.html

유지연. (2020. 1. 7). 친환경 위해 부활하는 착한 스니커즈. 중앙일보. https://news.joins.com/article/23675505

이윤재. (2020. 4. 9). [Consumer Journal] 제인 폰다도 6년 전 드레스...일상이 된 '지속가능패션'. 매일경제. https://www.mk.co.kr/news/economy/view/2020/04/370060/

홍석윤. (2018. 12. 4). 윤리적 패션 운동화 베자를 아시나요?. 이코노믹 리뷰. https://www.econovill.com/news/articleView.html?idxno=351906

ATELIERS SANS FRONTIÈRES. Ares. http://www.groupeares.fr/notre-groupe/ateliers-sans-frontieres

Beavis, L. (2012, May 30). Veja: an ethical passion for fashion. The Guardian. https://www.theguardian.com/sustainable-business/best-practice-exchange/veja-ethical-passion-fashion

B Corporation. https://bcorporation.eu

Colla, S. (2020, October 8). Veja se lance dans la réparation et le recyclage des baskets. WE DEMAIN. https://www.wedemain.fr/decouvrir/veja-se-lance-dans-la-reparation-et-le-recyclage-des-baskets_a4903-html/

Cook, G. (2019, October 11). How sustainable sneaker brand Veja went viral. Financial Times. https://www.ft.com/content/69b6e762-e8ee-11e9-a240-3b065ef5fc55

Drummond, J. (2015). MEET THE MOST ETHICAL SNEAKER BRAND IN THE WORLD. Highsnobiety. https://www.highsnobiety.com/p/sebastien-kopp-francois-morillion-veja-interview/

Farrell, A. (2012, May 31). The Observer Ethical Awards. Vogue UK. https://www.vogue.co.uk/article/observer-ethical-awards

Guyot, O. (2019, July 8). Veja appoints Laure Browne as general manager. Fashion network. https://ww.fashionnetwork.com/news/Veja-appoints-laure-browne-as-general-manager,1117543.html

Juliette A. (2020, June 29). Une boutique VEJA pose les pieds à Darwin. Le Bonbon. https://www.lebonbon.fr/bordeaux/news/une-boutique-veja-pose-les-pieds-a-darwin/

Maoui, Z. (2020, July 24). Veja-Sneaker aus Lebensmittelabfällen: Die vegane Schuhmarke launcht die bisher nachhaltigsten Schuhe. GQ Germany. https://www.gq-magazin.de/mode/artikel/veja-launcht-neue-urca-sneaker-schuhe-aus-lebensmittelaebfallen

Maoui, Z. (2020, October 19.). Rick Owens and Veja just dropped the most sustainable runners of 2020. British GQ. https://www.gq-magazine.co.uk/fashion/article/rick-owens-veja-autumn-2020

Rinderspacher, A. (2020, October 20). Umweltfreundlich und cool: Veja und Rick Owens zeigen ihre neue Kollaboration. GQ Germany. https://www.gq-magazin.de/mode/artikel/umweltfreundlich-und-cool-veja-x-rick-owens-zeigen-ihre-neue-kollaboration

Sandler, E. (2020, March 13). Sustainability efforts expand beyond products and into brick-and-mortar. Glossy. https://www.glossy.co/store-of-the-future/sustainability-efforts-expand-beyond-products-and-into-brick-and-mortar/

VEJA. https://www.veja-store.com

Project. VEJA. https://project.veja-store.com

Veja Sneakers. Wikipedia. https://en.wikipedia.org/wiki/Veja_Sneakers#cite_note-15

Willson, T. (2020, October 16). VEJA and Rick Owens Drop Latest Sustainable Sneaker Collaboration. HYPEBEAST. https://hypebeast.com/2020/10/veja-rick-owens-sneaker-collaboration-runner-mid-runner-2-release-information

그림 출처

그림 4-0a Ellen Macarthur Foundation. (2017). A New Textiles Economy: Redesignings Fashion's Future. https://ellenmacarthurfoundation.org/

그림 4-0b 고은주, & 패션마케팅연구실. (2015). 지속가능패션 브랜드 마케팅. 교문사

그림 4-1a, d, f 파타고니아 코리아. http://www.patagonia.co.kr

그림 4-1b 파타고니아. http://www.patagonia.com

그림 4-1c Pantagonia Europe. https://eu.patagonia.com/at/de/home/

그림 4-1e Patagonia. (2019). Annual Benefit Corporation Report. https://www.patagonia.com/on/demandware.static/-/Library-Sites-PatagoniaShared/default/dwf14ad70c/PDF-US/PAT_2019_BCorp_Report.pdf

그림 4-1g Segran, E. (2019, November 14). Patagonia's new line is made from old clothes damaged beyond repair. Fast Company. https://www.fastcompany.com/90430378/patagonias-new-line-is-made-from-old-clothes-damaged-beyond-repair

그림 4-1h Null, C. (2019, June 13). Review: Patagonia Provisions Long Root Pale Ale and Long Root Wit. Drinkhacker. https://www.drinkhacker.com/2019/06/13/review-patagonia-provisions-long-root-pale-ale-and-long-root-wit/

그림 4-2a, b, c, f, g, h, i, j, k, q H&M. https://hmgroup.com/

그림 4-2d, e, n 고은주 & 패션마케팅 연구실. (2015). 지속가능패션 브랜드 마케팅. 교문사

그림 4-2l Fashion Revolution. www.fashionrevolution.org

그림 4-2m UN Free & Equal. https://www.unfe.org/campaigns/

그림 4-2o 패션비즈. www.fashionbiz.co.kr

그림 4-2p Incredible Cotton, il Cotone Frutto della Biotecnologia. Vesti la natura. https://www.vestilanatura. com/incredible-cotton-galy/

그림 4-3a, b, c, d, e, f, g, h, i, j, k, l. Pangaia. https://thepangaia.com/

그림 4-4a, c, 표 4-4c. Save The Duck. www.savetheduck.it/ce_en

그림 4-4b. United Nations Global Compact. www.unglobalcompact.org

그림 4-4d, e. Save The Duck. (2019). Sustainability Report 2019. https://storage.googleapis.com/savetheduck/ sostenibilita/report/pdf/Sustainability_Report_2019.pdf

그림 4-5a, b, c, d 고은주, & 패션마케팅 연구실. (2015). 지속가능 패션 브랜드 마케팅. 교문사

그림 4-5e, g, h, i 코오롱 래코드 블로그(2021). https://blog.naver.com/re_code

그림 4-5f 이영희. (2017. 10. 1). 래코드, 파리 편집매장 '레끌레흐'서 팝업. 한국섬유신문. https://www.ktnews.com/ news/articleView.html?idxno=112582

그림 4-5m 코오롱 래코드 블로그(2021). https://blog.naver.com/re_code

그림 4-6a, b, d. 나우. www.nau.co.kr

그림 4-6c. 오경천. (2020. 3. 25). 나우(NAU), "국내 최초로 생분해 트렌치코트 선보여 눈길". 어패럴뉴스. http:// m.apparelnews.co.kr/news/news_view/?idx=181772

그림 4-7a, b, c, d, e, f, g, h 플리츠마마. https://pleatsmama.com

그림 4-7i 양근원. (2020). 플라스틱 프리 추자도, 함께 체험해요! 추자도 자원순환 프로젝트. 삼다소담. https:// webzine.jpdc.co.kr/html/vol13/sub02_03.php

그림 4-7j, k, l, m, n, o, p, q, r, s 플리츠마마. https://pleatsmama.com

플리츠마마 인스타그램 www.instagram.com/pleatsmama

플리츠마마 페이스북 www.facebook.com/pleatsmama

그림 4-8a, g, h, k Allbirds. www.allbirds.com

그림 4-8b Goldfine, J. (2020, October 29). Here's how Allbirds sparked an eco-fashion battle with a pair of wool sneakers. The Business of Business. www.businessofbusiness.com

그림 4-8c, d, e Allbirds Korea. https://allbirds.co.kr

그림 4-8f Allbirds. www.allbirds.com

Goldfine, J. (2020, October 29). Here's how Allbirds sparked an eco-fashion battle with a pair of wool sneakers. The Business of Business. www.businessofbusiness.com

그림 4-8i Allbirds shoes. (Photo courtesy of Allbirds)

그림 4-8j Meeker, M. (2017, May 31). INTERNET TRENDS 2017-CODE CONFERENCE. Kleiner Perkins. https://www.iab.it/wp-content/uploads/2017/06/349976485-mary-meeker-s-2017-internet-trends-report.pdf

그림 4-8l Allbirds. Our Materials Wool. https://www.allbirds.com/pages/our-materials-wool

그림 4-8m Fridays For Future. https://fridaysforfuture.org

그림 4-8n Allbirds Staple (Allbirds Credit)

Allbirds×Just Water Tree Runner (Allbirds Credit)

그림 4-8o Allbirds Shake Shack (Allbirds Credit)

그림 4-8p Allbirds-Carbon-Footprint-Information (Allbirds Credit)

그림 4-8q Certified B Corporation Vector Logo. Seekvectorlogo. https://seekvectorlogo.net/certified-b-corporation-vector-logo-svg/

그림 4-8r, s, u Allbirds Credit 그림

그림 4-8t 저자 이혜인 촬영

그림 4-9a, c, d, f, g. VEJA. https://www.veja-store.com

그림 4-9b, e, h. Cook, G. (2019.10.11). How sustainable sneaker brand Veja went viral. Financial Times. https://www.ft.com/content/69b6e762-e8ee-11e9-a240-3b065ef5fc55

그림 4-9i, j, k, l. Project. VEJA. https://project.veja-store.com

그림 4-9m, n, o. Shop Bordeaux. VEJA. https://www.veja-store.com/en_eu/shop-view-bordeaux

그림 4-9p. Veja New York. VEJA. https://www.veja-store.com/de_de/shop-view-newyork

각주 출처

2. H&M

1. H&M Careers. H & M Design Award. https://career.hm.com/content/hmcareer/en_gb/student/awards/hm-design-award.html

2. Helmersson, H. (2012, July 26). Sustainable Apparel Coalition launches Higg-Index. H&M Group. https://hmgroup.com/news/sustainable-apparel-coalition-launches-higg-index/

3. FTSE4Good Index. Wikipedia. https://en.wikipedia.org/wiki/FTSE4Good_Index

4. Textile Exchange. https://textileexchange.org

5, 6, 7. 윤예나 & 강현수. (2018. 3. 10). 우유로 만든 옷 입고 파인애플로 만든 가방 들고 포도로 만든 신발 신고. WeeklyBiz. http://weeklybiz.chosun.com/site/data/html_dir/2018/03/09/2018030901584.html

8. Canopy. Our Campaigns. https://canopyplanet.org/campaigns/

9. Ethisphere. About Ethisphere. https://ethisphere.com/about/

10. UNFE. About UN FREE & EQUAL. https://www.unfe.org/about-2/

3. 판게아

1. GOTS. Certification Programs. https://certifications.controlunion.com/en/certification-programs/certification-programs/gots-global-organic-textile-standard

2. TogetherFund. https://togetherfundpac.com/

3. WJSFF. https://www.wjsff.org

4. FCS. https://fsc.org/en

5. Lyocell. Sustain Your Style. https://www.sustainyourstyle.org/en/lyocell-tencel

6. Kintra Fibers. https://www.kintrafibers.com

7. SCoC(Supplier Code of Conduct). Wikipedia. https://en.wikipedia.org/wiki/Supplier_Code_of_Conduct

8. OEKO-TEX. Standard 100 by OEKO-TEX. https://www.oeko-tex.com/en/our-standards/standard-100-by-oeko-tex

9. Sedex. https://www.sedex.com

10. United Nations. Sustainable Development Goals. https://sdgs.un.org/goals

11. Milkywire. https://www.milkywire.com

12. SeaTrees. https://sea-trees.org

7. 플리츠마마

1. [효성적 일상] 이젠 지속가능한 지구를 위해, 리젠(regen). MY FRIEND HYOSUNG. https://blog.hyosung.com/4622

2. 김재범. (2020. 03. 11). 롯데L7, 플리츠마마와 협업 '에코 트래블러 프로젝트' 진행. 동아일보. https://www.donga.com/news/Culture/article/all/20200311/100111072/2

8. 올버즈

1. Allbirds. www.allbirds.com

2. About TENCEL fibers. Tencel. https://www.tencel.com/about

3. Allbirds. www.allbirds.com

4. ZQ Natural Fibre. www.discoverzq.com

5. Bio TPU. Lubrizol. www.lubrizol.com/Engineered-Polymers/Technologies/Bio-TPU

6. Allbirds. www.allbirds.com

7. SOLES4SOULS. https://soles4souls.org

8. Fridays For Future. https://fridaysforfuture.org

9. Earth Alliance. https://ealliance.org

10. 히릿. (2020. 4. 7). 내 집 봄 코디 플랜테리어. 행복할랩. www.hit-it.co.kr

9. 베자

1. Upcycling. VEJA. https://project.veja-store.com/en/single/upcycling

2. 가황. 위키백과. https://ko.wikipedia.org/wiki/가황

3. Project. VEJA. https://project.veja-store.com/en/story

4, 5. Cotton. VEJA. https://project.veja-store.com/en/single/coton

6. Leather. VEJA. https://project.veja-store.com/en/single/leather

7. Reintegration. VEJA. https://project.veja-store.com/en/single/reintegration

8. About B Corps. B Corporation. https://bcorporation.net/about-b-corps

연구노트

소비자들은 왜 지속가능한 제품에 호의적이지만, 왜 구매로까지 이어지지 않을까? 뉴로 마케팅의 관점에서 살펴보자

지속가능성은 마케팅과 실무적 측면에서 중요한 화두가 되고 있으며 기업들은 소비자의 지속가능한 소비를 촉진하기 위해 상당한 노력을 기울이고 있다. 지속가능성과 관련된 마케팅 연구는 증가하고 있음에도 불구하고, 소비자의 실제 구매 행동은 지속가능성을 소비의 요인으로 고려하지 않는 것으로 보여진다. 따라서 본 연구는 만약 소비자들이 지속가능성의 원리를 의식하고, 지속가능한 패션에 대해 호의적인 태도를 표현한다면 '왜 실제 구매 행동과는 일치하지 않는지?', '왜 지속가능한 패션이 바람직하다고 생각하면서도 지속가능한 패션 제품을 구매하고 싶어 하지 않는가?' 에 대한 두 가지 연구문제를 제시했다.

기존 선행연구에서는 인터뷰나 설문지와 같은 연구방법을 통해 차이를 밝혀내고자 했지만, 사실 해당 연구의 참가자들은 바람직한 대답을 해야 한다는 생각에 솔직하게 답변하지 않는 경우가 많다. 하지만 본 연구에서는 fMRI 기법을 적용한 '뉴로 마케팅'을 사용하였다. 인간은 기본적으로 특정 부위를 움직이거나 사용할 때 많은 에너지가 필요하게 되므로 해당 부위로 혈액이 더 많이 공급된다. 뇌도 이와 마찬가지로, 생각을 할 때 많은 에너지를 필요로 하므로 혈액을 공급받기 위해 노력한다. 뉴로 마케팅은 이렇듯, 뇌가 활성화되는 부분들을 파악하여 심리학의 과학적 근거를 제공해주는 결정적 단서 역할을 해오고 있다. 이는 점점 더 확장되어 소비자의 심리를 활용하는 새로운 마케팅 방법 중 하나로 자리 매김하였다. 따라서 본 연구는 뇌의 신경 활동을 분석함에 따라 무의식적인 소비자의 소비 패턴 메커니즘을 밝히고자 하였으며, 결론적으로 지속가능한 패션 제품의 소비 촉진을 유도하고, 친환경 로고와 메시지 프라이밍에 대한 전략을 세우고자 하였다.

Priming Message

Explicit Intervention Message

사실 지속가능한 패션 마케팅 커뮤니케이션은 환경문제에 대한 소비자의 인식을 높임으로써, 심지어 더 높은 가격의 친환경 제품이라 할지라도 그에 대한 소비자의 선호와 소비를 증가시킨다고 알려져 있다. 그럼에도 불구하고 소비자들이 지속가능한 패션 제품 구매를 망설이는 이유 중 하나는 가격대가 높고, 디자인 품질이 만족스럽지 못하다고 인식하기 때문이다. 그렇다면 어떻게 마케팅 담당자들이 지

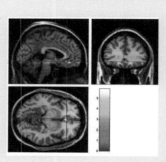

속가능성에 대한 소비자들의 태도와 행동에 대한 불균형을 줄이도록 도울 수 있을까?

본 연구는 친환경 품질 로고 표시가 있는 제품이 노출되었을 때 또는 환경 의식의 중요성을 강조하는 메시지 프라이밍 기법이 사용되었을 때 지속가능에 대한 태도와 행동의 격차를 줄일 수 있다고 보았다. 실제 선행 연구에 따르면, 일반적으로 소비자가 지속가능한 패션을 선택할 때 GOTS(The Global Organic Textile Standard)와 같은 지속가능한 품질 표시가 있는 제품을 구매한다고 나타났으며, 친환경 제품 선택에 있어 암시적인 환경 프라이밍 메시지는 명시적인 메시지보다 더 효과적일 수 있다고 한다.

본 연구는 국내 20~30대의 참가자 16명을 대상으로 서울 성균관대학교에서 진행되었고, 삼성서울병원 기관심사위원회(IRB)의 승인을 받은 fMRI 기기를 사용하였다. 메시지 유형을 암시적과 명시적, 그리고 친환경 로고의 존재 유무로 나누어 오른쪽과 같은 자극물을 설계하였다. 해당 동영상을 보여준 결과, 제시된 사진과 같이 친환경 로고를 본 후, 뇌가 활성화되어 지속가능한 패션 제품에 대한 소비자의 선호도가 높아진다는 것을 확인했다. 또한 환경에 대한 암시적인 메시지가 명시적인 메시지보다 지속가능패션 제품에 대한 소비자의 선호도를 증가시켰으며, 제품을 쇼핑하기 이전에 환경 친화적인 메시지가 노출되면 지속가능패션 제품에 대한 소비자들의 선호도가 증가하는 것으로 나타났다.

지속가능한 제품에 대한 소비자의 태도와 구매 행동 사이의 격차는 상당히 커서 심리적 불균형을 초래한다. 따라서 지속가능 마케팅을 진행함에 있어서, 패션 소비자들에게 환경에 대한 암시적인 메시지를 사용하거나 친환경 로고 표시를 드러냄으로써 지속가능 제품에 대한 태도나 구매 행동 사이의 차이를 줄일 수 있다. 이 연구 결과를 토대로, 지속가능한 패션의 캠페인은 "지속가능성"을 설명하는 대신, "왜" 소비자가 변화해야 하는지에 대한 메시지를 담고 있어야 함을 시사한다. 자세한 내용은 아래 논문에서 확인할 수 있다.

출처

Lee, E. J., Choi, H., Han, J., Kim, D. H., Ko, E., & Kim, K. H. (2020). How to "Nudge" your consumers toward sustainable fashion consumption: An fMRI investigation. Journal of Business Research, 117, 642–651

현대 사회의 급격한 발전은 무분별한 자원의 낭비와 환경오염의 문제를 일으켜 현대사회의 큰 위기로 다가오고 있다. 이러한 문제 탓에 소비자들의 환경에 관한 관심이 높아지면서 웰빙(Well-being)이라는 트렌드가 점차 확산되고 있다. 웰빙에 대한 관심과 중요성에 대한 인식의 증가로 건강 추구와 환경문제를 고려하는 채식을 선택한 소비자층이 증가하면서, 육식을 자제하는 것에서 나아가 동물성 제품을 자제 및 거부하는 비건 문화가

그림 1

확산되고 있다. 비건 문화에서 나타나는 비거니즘이란 동물의 부산물이 포함되어 있거나 동물성 상품, 나아가 동물실험을 진행한 제품이나 관련된 서비스에 대한 사용과 구매를 거부하며, 동물복지를 지지하는 문화를 뜻한다.

비건은 식품 산업뿐 아니라 패션유통업계에서도 활발히 나타나고 있다. 웰빙에 관심이 많은 소비자 요구와 맞물려 비건 패션 상품들은 비건 패션 시장의 잠재력과 브랜드들의 시장 점유 경쟁이 본격화되고 있다(박진아, 2019). 패션 업계에서는 세계적으로 연간 5,000만 마리에 가까운 동물이 모피의 재료로 도살되고 있으며, 모피 코트 한 벌에 여우 10~45마리, 토끼 30마리, 밍크 50~200마리가 필요하여 수많은 동물들이 비윤리적 생산 과정에 의해 희생된다. 이러한 문제점들이 지적되면서 'Fur-free'를 지향하며, 천연 모피나 천연 가죽을 대신하여 인조 모피나 인조 가죽을 사용하는 브랜드가 증가하고 있다. 스텔라 매카트니를 비롯하여, 구찌, H&M 등 많은 브랜드에서 비건 패션을 실천하기 위한 다양한 노력을 기울이고 있다. 이들이 주로 사용하는 소재는 다음 표와 같다.

인조 모피	아크릴 원사를 사용해 동물의 모피와 흡사하게 재현해낸 모피
인조 가죽	고분자 화합물을 원료로 하여 천연 가죽의 구조와 기능을 인공적으로 재현한 가죽
식물성 가죽	파인애플 잎, 포도 껍질, 사과 껍질, 선인장, 망고, 버섯 등 식물성 원료로 만든 가죽 → 화학섬유를 사용하지 않아 친환경적이라는 장점

하지만, 비건 패션에 동물성 소재를 대신해 사용하는 인조 모피나 인조 가죽의 주원료인 폴리에스테르나 아크릴 등의 합성섬유는 동물성 소재에 비해 자연에서 썩는 데에 훨씬 긴 시간이 걸린다.

즉, 동물 학대 이슈에 대한 도덕적 부담을 경감시킬 수는 있지만, 자연 파괴 및 환경오염 문제에서 면책되기는 어렵다는 비판을 받기도 한다. 그러나 폐기 과정 외에 생산 공정까지만을 고려한다면 비건 자체만으로도 의미가 있다고 볼 수 있다.

그림 2

비건 패션을 실천하기 위한 소비자의 노력으로는 구매하려는 옷의 재료를 꼼꼼히 살펴 윤리적 제조공정을 거쳤는지 확인하는 것이다. 또한 인증마크를 확인하는 것도 한 가지 방법이 될 수 있는데 그 중, RDS(Responsible down standard, 책임 다운 기준) 마크는 살아있는 동물의 털을 뽑지 않고 동물 학대와 관련된 행위를 하지 않으며 윤리적인 방법으로 털을 채취해서 만든 다운 제품에 발행하는 인증마크이다. 이렇듯, 구매 전 RDS마크 확인을 통해 동물 대상의 비윤리적 공정 과정을 줄이는 데 동참이 가능하다. 비건의 실천을 통해 불필요한 가축 소비를 줄여 비윤리적인 축산 환경을 개선시킬 수 있고 가축으로 인해 발생하는 온실가스의 양을 줄여 환경에 긍정적인 영향을 줄 수 있다.

비건 타이거는 동물 학대 없는 패션을 추구하는 국내 브랜드이다. 'Cruelty free'라는 슬로건 아래 모피 동물의 고통을 종식시키기 위한 비건 패션을 제안하고 있다. 산 채로 가죽을 벗겨 채취하는 모피뿐만 아니라 가죽, 양모, 실크, 오리털 및 거위털, 앙고라 등 생명을 착취하여 생산된 소재를 사용하지 않고, 비 동물성 대체 소재를 사용한다. 비건 타이거에서는 국내 비건 패션에 대한 인식을 높이기 위해 2016년부터 해마다 2차례 비건 페스티벌을 개최하고 있으며, 2019년 5월 5회째의 비건 페스티벌을 실시하여 비건에 대한 적극적인 홍보활동을 하고 있다. 70여 개의 부스에 채식 먹거리와 업사이클링 제품 비건 패션 제품, 비건(up-cycling) 화장품을 소개함으로써 점차 비건에 관심을 가진 참가 인원이 늘고 있다고 한다(최유리, 2017).

낫아워스(NOT OURS)는 브랜드명이 시사하는 바와 같이 우리의 자원이 아닌 미래 세대의 자원에 대해 고민하며 모피, 가죽, 깃털, 솜털, 실크, 울, 캐시미어, 소뿔 자개단추도 사용하지 않는 철저한 비건을 실천하고 있다. 또한 제품 기획에서부터 생산 폐기의 전 단계에 걸쳐 관심을 가지고 있다. 즉, 비건의 실천을 넘어서서 환경에 미치는 영향까지 고려한 사회적 책임을 인지하고 있는 브랜드라고 할 수 있다. 의류뿐만 아니라 단추 등 부자재에 쓰이는 모든 소재까지 친환경 소재를 사용하며 낫아워스의 모든 제품은 ANIMAL & PVC FREE를 지향한다. 마켓에 입점해서 판매하는 방식보다는 제품을 주문 받은 수량을 기준으로 제작하여 최대한 재고를 덜 만드는 방향으로 브랜드를 운영하고 있다.

그림 3

출처

박진아. (2019. 8. 29). [TECH meets DESIGN] 비건 뷰티, 니시 라이프스타일이 주류 소비운동으로. 녹색경제신문. http://www.greened.kr/news/articleView.html?idxno=210705

최유리. (2017. 2. 4). 모피는 그만! 동물 살리는 '비건 패션'. 뉴스앤조이. http://www.newsnjoy.or.kr/news/articleView.html?idxno=208664

그림 1. Pixabay. https://pixabay.com/vectors/cow-vegan-animal-plant-flower-4125323/

그림 2. VEGAN TIGER. https://vegantigerkorea.com

그림 3. NOT OURS. We are. https://thenotours.com/about

SUSTAINABLE FASHION

CHAPTER ————

지속가능유통 플랫폼

5

CHAPTER 5

지속가능유통 플랫폼

패션 산업에서 온라인의 비중은 점차 확대되고 있다. 2021년에 발행된 커먼스레드의 리포트에 따르면, 유통시장의 규모는 2021년 기준으로 759억 달러이며 매년 7.2%씩 성장할 것으로 예측하고 있다. 이는 패션 산업에서 온라인이 차지하는 중요성이 더욱 커지고 있다고 볼 수 있는데, 2020년 21%였던 온라인의 규모는 2023년에는 24%까지 올라가면서 지속적으로 성장할 것으로 보고 있다. 온라인의 성장을 이끄는 키워드로는 개인화 추천, 소셜 미디어의 확장 등과 함께 공유경제를 기반으로 한 플랫폼의 성장이 눈에 띈다.

물건을 소유하는 것이 아닌 공유하는 방식인 공유경제는 2008년 미국 하버드대 법대 로런스 레식Lawrence Lessig 교수가 처음 소개한 개념이다. 공유경제는 한 번 생산된 제품을 여럿이 공유하여 사용하는 협력적 소비를 기본으로 하는 경제적 의미이다. 물건을 구매하여 소유하는 전통적인 의미의 상품 경제에서 사용한 만큼 비용을 지불하는 개념으로, 소비의 철학이 소유에서 경험으로 바뀌면서 소비의 패러다임을 바꾸고 있다. 다양한 제품을 경험하는 욕구가 공유를 통해 실현되고 있는 것이다. 또한 비용으로 인한 상품이나 서비스에 대한 진입 장벽이 낮아 효율성이 높다는 점은 소비자들을 매료시키기에 충분하였다. 특히 자원 낭비로 인한 환경오염이 적다는 특징은 최근 지속가능성의 맥락과 연결되면서 더욱 주목받고 있다. 특히 젊은 세대를 중심으로 환경에 대한 관심이 증가하면서 쓰고 버려지는 물건에 대한 반감으로 이미 사용된 상품들을 재사용하고 거래하는 활동들이 하나의 문화적 맥락으로 자리 잡고 있다.

이러한 배경을 바탕으로 최근 지속가능패션이 협력적 패션 소비, 순환 패션이라는 다양한 용어들과 함께 사용되면서 그 범위가 확장되고 있다. 협력적 패션 소비는 새로운 패션 상품을 구매하는 대신 이미 쓰여졌던 상품에 대한 재분배의 소비 개념이다. 상품을 개인끼리 직접 교환하기도 하며, 상품의 품질과 위생 문제를 어느 정도 보장해주는 대여 회사를 통해 빌리는 방식이 되기도 한다. 협력적 패션 소비의 대표적인 사례로는 개인 간 패션 상품을 서로 바꾸는 상품 교환, 중고 거래, 대여 등이 이에 속한다. 이처럼 이미 사용 이력이 있는 상품에 대한 재분배라는 것을 협력적 패션 소비로 설명하기도 하며, 패션 상품을 공유하는 행동으로 이야기하기도 한다.

순환 패션은 기획 단계부터 생산, 재사용, 재활용을 고려해 최대한 오래 그 가치를 유지하는 재생 시스템이다. 지난 수십 년 동안 패션 산업은 재고를 폐기함으로써 발생하는 환경적 악영향을 거의 고려하지 않았으나 순환 패션의 개념으로 이에 대한 변화가 일어나고 있다. 순환 패션의 또 다른 개념은 새로운 생산으로 인한 환경 파괴의 악순환을 피하고, 사용하지 않는 옷이나 신발을 필요한 사람에게 전달하는 것이다.

이렇게 새롭게 등장하는 개념들의 공통점을 살펴보면 지속가능패션의 활동이 소재 선정이나 생산 단계에서만 집중하는 것이 아니라 생산된 이후에 어떻게 소비가 되는지에 대한 중요성 역시 강조하고 있다. 이에 중고나 대여를 통해 패션 상품의 수명을 연장하는 소비 활동이 증가하고 있으며 이를 기반으로 한 플랫폼들이 최근 활성화되고 있다.

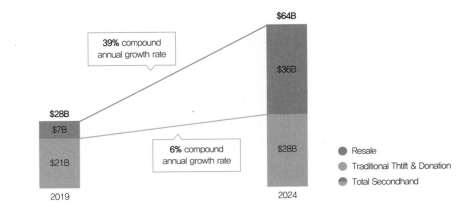

그림 5-0a
중고 패션 시장
규모와
예상 성장률

스레드업 리포트와 비즈니스 와이어 리포트의 수치를 기준으로 2019년 중고 패션 시장과 온라인 패션 대여 시장은 전체 82억 6,000달러이며 2024년까지 382억 달러 규모로 예상된다. 스레드업 리포트에 따르면 중고 패션 시장 규모는 2019년 기준으로 70억 달러이고 2024년까지 연평균 39%의 성장률이 예상되고 있으며, 2029년부터는 중고 시장의 규모가 패스트 패션 시장 규모보다 커져서 중고 의류 판매와 대여 서비스 등이 미래 패션 시장의 주류가 될 것이라는 예측도 이어지고 있다.

공유를 기반으로 한 패션 대여 시장 역시 빠르게 성장하고 있다. 비즈니스 와이어 리포트에 따르면, 온라인 의류 대여 시장은 2019년 기준 12.6억 달러이며, 2025년까지 연평균 성장률은 8.7%로 예상되고 있다. 이는 밀레니얼 세대를 중심으로 지속가능한 패션 소비에 대한 인식이 성장하고 소유보다는 사용에 초점을 맞추는 소비로 개념이 전환되고 있기 때문이다. 그동안의 패션 공유는 미국의 렌트더런웨이Rent the Runway나 일본의 에어클로젯airCloset 등과 같이 사회생활을 위해 다양한 옷이 필요한 30~40대 여성을 대상으로 고객과 대여 회사 간 이원적으로 거래가 이루어지는 B2C 방식이 일반적이었다. 그러나 대여뿐만 아니라 개인 간 패션 상품을 공유하는 P2P 방식의 공유 플랫폼도 함께 등장하고 있다. 패션 상품의 주기가 대여 등을 통해 더욱 유연해짐에 따라 패션 공유 비즈니스 모델은 계속 진화하고 있다.

본 장에서는 지속가능성 브랜드의 범위를 플랫폼 기업으로 확장하여 독자의 이해를 돕고자 했다. 지속가능 플랫폼의 차원을 소유권의 이동이 있는지 중고 거래인지, 소유권에 접근만 하는 대여인지와 공유하는 자원이 개인 대 개인peer-to-peer provided으로 이루어지는지, 기업에서 제공하는지market-provided로 나누어 살펴볼 수 있다. 사분면의 가로축은 소유권의 이동 유무를 나타내며 소유권의 이동이 있는 중고 상품 거래resale는 좌측으로, 소유권의 이동이 없는 대여의 경우rental 우측으로 구분한다. 또한 세로축은 협력적 패션 소비 참여자의 수로 구분할 수 있다. 고객과 플랫폼 기업 간의 B2C의 형태일 경우market-provided 축의 하단이며, 플랫폼에서 고객과 고객 간 거래가 일어나는 P2P 방식peer-to-peer provided은 축의 상단으로 구분하였다.

본 장에서는 패션 전문 플랫폼으로는 파페치Farfetch와 잘란도Zalando, 중고 리세일 플랫폼으로는 더리얼리얼The RealReal과 디팝Depop, 대여 플랫폼으로는 렌트더런웨이Rent the Runway와 워드로브Wardrobe를 중점적으로 다룬다.

럭셔리 글로벌 플랫폼을 지향하는 파페치는 파페치 세컨드라이프Farfetch Second Life라는 파일럿 플랫폼을 통해 디자이너 브랜드의 중고 가방이나 의류를 판매할 수 있도록 하였다. 유럽의 아마존이라고도 불리는 독일의 플랫폼 잘란도는 리세일 플랫폼 잘란도 지클Zalando Zircle을 출시하여 중고 의류를 쉽게 사고팔 수 있는 서브

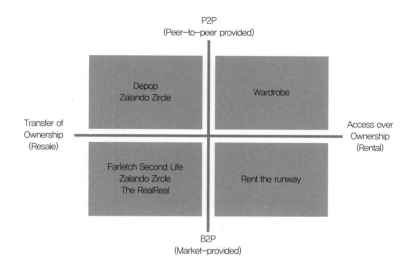

그림 5-0b
지속가능
플랫폼 유형 및
사례

플랫폼을 만들었다. 미국의 더리얼리얼은 럭셔리 브랜드들이 가장 조심스러워하던 중고 상품 판매의 장을 선도적으로 이끌어 나스닥에 상장하는 등의 성장세를 보이고 있다. 영국의 디팝은 또래의 친구와 인플루언서와의 교류를 즐기는 Z세대들의 중고 패션 놀이터로 자리매김하였다. 미국의 렌트더런웨이는 온라인 의류 대여의 개념에 구독제를 도입하여 럭셔리 디자이너 브랜드를 합리적인 가격에 입을 수 있도록 하여 패션 대여의 개념이 일상복으로까지 확대될 수 있도록 하였다. 미국의 워드로브는 패션의 에어비앤비를 표방하여 옷을 빌려주는 소비자와 빌리려는 소비자를 이어주는 플랫폼으로 패션 상품의 진정한 순환 구조를 실현하고 있다.

1. 파페치

1) 브랜드 역사

파페치는 포르투갈 출신의 기업가 호세 네베스José Neves가 2007년 설립한 글로벌 럭셔리 패션 온라인 플랫폼이다. 가업으로 내려오던 신발 제조업으로 슈즈 브랜드를 출시하여 영국에 오픈하였으며 2001년에는 b Store라는 리테일 패션 매장을 운영하였다. 그러나 온라인 판매 경험이 없는 많은 럭셔리 리테일러들이 겪는 어려움을 인식하고 소형 오프라인 럭셔리 브랜드 및 스토어에게 온라인 판매 기회를 열어주기 위해 파페치를 설립하였다. 온라인 시장이 확대되면서 꾸준한 성장세를 보이고 있으며 2020년 기준으로 1,200개 이상의 럭셔리 브랜드와 스토어가 입점되어 있다. 2019년 기준 순자산 10억 달러 규모로 빠르게 성장하였다. 2019년에는 뉴가즈 그룹New Guards Group을 6억 7,500만 달러에 인수하여 브랜드 사업으로 다각화를 시도하고 있다Business Wire, 2019. 온라인으로 럭셔리 브랜드와 편집매장들의 상품을 모아서 보여주고 판매하는 글로벌 럭셔리 플랫폼을 지향했다면, 이 인수를 통해 브랜드와 플랫폼의 전략적인 시너지를 기대하고 있다. 또한 까르띠에, IWC 등을 소유하고 있는 리치몬트 그룹이 중국 최대 전자 상거래 기업 알리바바와 함께 6억 달러는 파페치에, 5억 달러는 파페치 차이나 합작사 설립에 투자하였다윤정훈, 2020. 중국 시장에 대한 접근성이 높아지고 럭셔리 산업이 본격적으로 디지털화되며 파페치에 대한 기대감도 높아지고 있다. 파페치는 2020년 1분기에서 3분기까지 11억 3,382만 달러의 매출로 2019년 대비 77.5% 성장하였다박용범, 2020.

표 5-1a 파페치 프로필

설립 연도	2007년	전개 브랜드	버버리, 프라다, 생 로랑 등
산업 분야	온라인 플랫폼	매장 수	• 온라인 플랫폼 기반 • 영국 런던에 스토어 오브 더 퓨처 오프라인 매장 전개
창업자	호세 네베스	매출액	10억 달러(2019)
CEO	호세 네베스	웹사이트	www.farfetch.com
본사	영국 런던	주식상장 여부	뉴욕 증권거래소(2018)
직원 수	4,532명(2019)		

표 5-1b 파페치의 역사

연도	역사
2001년	• 포르투갈 출신 호세 네베스(José Neves)가 b Store 오픈
2007년	• 전 세계의 럭셔리 브랜드와 스토어를 연결하는 이커머스 마켓 플레이스로 파페치 출시
2010년	• 어드밴스 벤처 파트너스(Advance Venture Partners)로부터 450만 달러 투자 유치, 브라질, 북미 및 유럽 시장으로 확장
2015년	• 콘데나스트 인터내셔널(Condé Nast International), 지수 벤처(Index Ventures) 등으로부터 추가 투자 유치로 회사 가치 10억 달러 평가 • 유니콘 기업(기업 가치 1조 원 이상 비상장 스타트업)으로 선정 • 영국의 편집매장 브라운스(Browns) 인수
2016년	• 온라인 고객 100만 명 보유
2017년	• 패션과 기술의 결합을 추구한 스토어 오브 더 퓨처(Store of the Future) 오픈
2018년	• 기업공개 • 동물보호 단체인 PETA에서 모피 의류 판매 중단을 촉구하는 의미로 파페치의 주식을 매입 • 온라인 스니커즈 리셀 플랫폼 스타디움 굿즈(Stadium Goods) 인수
2019년	• 동물의 털로 제작된 제품 판매를 금지함 • 중국 JD 닷컴의 럭셔리 플랫폼 톱라이프(Top Life)를 인수하며 중국 시장 진출 • 8월 뉴가즈 그룹(New Guards Group)을 6억 7,500만 달러에 인수, 브랜드 사업으로 다각화 • 9월 뉴욕(NYSE)에서 상장
2020년	• 텐센트 250만 달러 투자

2) 브랜드 아이덴티티

그림 5-1a
파페치 로고

파페치는 전 세계 럭셔리 패션을 소개하는 글로벌 테크놀로지 플랫폼을 표방하고 있으며, 이를 위해 2020년 새로운 로고와 글로벌 캠페인을 선보이기도 했다. '패션의 세계로 문을 열다'Open Doors to a World of Fashion라는 콘셉트를 갖고, 직관적이고 모던한 이커머스 플랫폼으로의 아이덴티티를 구축하기 위해 노력하고 있으며 단순한 패션 기업의 이미지보다는 기술과 결합한 디지털 기반의 플랫폼임을 강조하고 있다. 파페치의 브랜드 최고 담당자인 홀리 로저스Holli Rogers는 '새로운 브랜드 아이덴티티를 통해 파페치만이 가진 미래지향적이고 혁신적인 기술을 표방하고 이를 통해 유명 디자이너나 신진 디자이너들을 함께 큐레이션 할 수 있는 플랫폼으로 도약하는 것을 추구한다'고 이야기하고 있다. 패션이 이제는 글로벌 커뮤니티 안에서 움직이며 함께 한다는 의미togetherness를 글로벌 캠페인의 주요 메시지로 내세우고 있다.

3) 브랜드 전략

파페치의 기업 미션은 '크리에이터, 큐레이터 및 소비자를 연결하는 럭셔리 패션 글로벌 플랫폼이 되는 것'이다. 럭셔리 브랜드와 스토어를 입점시키는 것으로 시작하여 2020년 기준 50개 이상의 국가에 위치한 약 1,100개의 브랜드 및 백화점을 전 세계 190개국 이상의 고객에게 연결하는 마켓플레이스로 운영되고 있다 Business Wire, 2019. 또한 2015년에는 런던 기반의 편집 스토어 브라운스Browns를 인수하면서 온라인뿐만 아니라 오프라인에서의 경험도 함께 제공할 수 있도록 노력하고 있다.

파페치는 패션 플랫폼의 역할을 수행하는 것 외에도 디지털 기술과 결합한 전략에 집중하고 있다. 특히 본격적으로 증강 리테일Augmented Reality ; AR을 표방한 스토어 오브 더 퓨처Store of the Future는 매장에서 경험할 수 있는 디지털 기반의 서비스를 선보이고 있다. 기존의 리테일에서의 AR 기술의 적용 범위는 마네킹 이마에 위치한 스크린이 관련 상품의 정보를 더 풍성하게 제안하는 정도의 단기 홍보용이 대부분이었다. 그러나 스토어 오브 더 퓨처는 고객의 데이터를 기반으로 고객과 판매 사원 간의 상호작용을 더욱 강화하는 것이 일차적인 목적이다. 이를 통해 리테일의 매출 증대뿐만 아니라 고객 만족을 높이는 것을 궁극적인 목표로 한다.

우선 고객이 매장에 입장하면서 파페치 애플리케이션으로 체크인을 할 때 고객의 위시리스트를 인식하여 자동으로 의류 선반을 구성하는 RFID 기술을 적용하였다. 그리고 여러 아이템을 가상으로 확인해볼 수 있도록 디지털 거울을 배치하여 여러 벌의 다양한 스타일, 색상, 사이즈의 옷을 입어 보기 위한 번거로움을 디지털 거울이 대신한다. 또한 간편하게 모바일 결제가 애플리케이션으로 이루어질 수 있도록 구성하였다. 스토어 오브 더 퓨처는 이를 통해 파페치의 매출을 높인다는 목적을 넘어서 럭셔리 브랜드를 포함한 다른 리테일러도 이를 적용할 수 있도록 솔루션을 제안하고 협업하는 형태로 움직이고 있다. 2018년에는 샤넬과의 파트너십을 발표하여 다양한 디지털 기술 적용과 활용을 통해 럭셔리 브랜드의 소비자 경험을 온라인과 오프라인 모두에서 제공하고자 한다.

2019년 하반기 파페치가 뉴가즈 그룹을 인수함에 따라 브랜드 플랫폼 부문이 추가되며 브랜드와 플랫폼의 전략적인 시너지를 꾀하고 있다. 뉴가즈 그룹은 오 프화이트Off-White, 팜 엔젤스Palm Angels, 앰부쉬Ambush, 오프닝 세레모니Opening Ceremony 등을 전개하고 있는 패션 브랜드 기반의 기업이다. 파페치에서 2020년 11월에 공개한 리포트에 따르면, 뉴가즈 그룹의 2020년 3분기 매출은 2019년에 비해 79.2% 성장한 1억 1,200만 달러이며, 기존 파페치의 디지털 부문은 코로나 바이 러스에도 불구하고 2019년 대비 68.1%의 성장을 보인 2억 6,300만 달러의 매출 을 올렸다.

4) 지속가능 전략

파페치에서는 글로벌 플랫폼으로서 지속가능성을 중요하게 인식하고 탄소 배출 을 최소화하기 위해 포지티블리 파페치Positively Farfetch 정책을 선보이고 있다. 입점 된 브랜드와 리테일러 파트너들과 함께 고객, 직원, 지구에 혜택을 줄 수 있는 방 식으로 4개의 카테고리[포지티블리 클리너Positively Cleaner, 포지티블리 컨셔스Positively Conscious, 포지티블리 서큘러Positively Circular, 포지티블리 체인징Positively Changing으로 나 누어 실천하고 있다.

특히 2019년 파일럿으로 시작한 파페치 세컨드라이프Farfetch Second Life는 주목할 만하다. 소비자는 해당 프로그램을 통해 자신이 가지고 있던 디자이너 브랜드의 핸드백을 파페치에서 제품을 구매할 때 사용 가능한 크레딧으로 교환할 수 있다. 샤넬, 디올, 구찌 등을 포함한 27개 브랜드의 핸드백을 크레딧으로 교환할 수 있 다. 우선 판매하고자 하는 상품의 사진을 올려서 어느 정도의 크레딧으로 교환할 수 있는지 파페치에서 확인을 할 수 있다. 거래가 확정이 되면 파페치에서 무료로 상품을 픽업한다. 상품의 이상 유무와 진품 여부가 결정되면 파페치는 고객에게 크레딧을 제공하고, 고객은 이 크레딧으로 다시 파페치에서 쇼핑을 할 수 있다. 이 프로그램을 위해 파페치는 홍콩에 본사를 둔 럭셔리 빈티지 전문 기업인 업 팀Upteam과 함께 협업하고 있다. 세컨드라이프에 고객이 판매할 수 있는 브랜드는 알렉산더 맥퀸Alexander McQueen, 발렌시아가Balenciaga, 보테가 베네타Bottega Veneta, 에르메

표 5-1c 파페치의 대표적인 지속가능 전략

포지티블리 클리너 (Positively Cleaner)	• 100% 재활용 가능하며 FSC(Forest Stewardship Council)의 인증을 받은 패키지 사용 • 글로벌 배송 등으로 인한 기후 변화의 영향을 최소화하기 위해 미국과 브라질의 숲을 가꾸고 중국과 인도의 재생 에너지 개발을 지원하고 있음 • 반품이나 교환에 따른 에너지 낭비를 최소화하고자 정확한 슈즈 사이즈를 측정할 수 있는 풋시(Ftsy) 기술 활용
포지티블리 컨셔스 (Positively Conscious)	• 지속가능성을 추구하는 브랜드를 소개하는 굿온유(Good on you)와 협업하여 다양한 정보 소개 • 2019년 12월 31일 이후에는 플랫폼에서 모피나 멸종위기 동물을 소재로 한 상품의 판매를 금지함
포지티블리 서큘러 (Positively Circular)	• 디자이너 브랜드의 중고 가방이나 의류를 판매할 수 있는 파페치 세컨드 라이프(Farfetch Second Life) 운영 • 미국 기반의 렌털 플랫폼 아르마니움(Armarium)과 협업하여 럭셔리 상품들이 버려지지 않고 대여로 순환될 수 있도록 함
포지티블리 체인징 (Positively Changing)	• 엘렌 맥아더(Ellen MacArthur) 재단의 Make Fashion Circular Initiative의 일원으로서 순환 경제에 참여하고자 노력함 • 지속가능성을 추구하는 스타트업을 지원하는 엑셀러레이터 프로그램을 시행하여 이들을 위한 비즈니스 운영 관련 지원을 제공함

스Hermès, 루이비통Louis Vuitton 등이다. 영국을 포함한 유럽 전역에서 시작한 이 파일 럿 프로그램은 지속가능 전략의 일환으로 2020년 미국으로도 확장하였다. 이에 대해 파페치의 지속가능성 최고 책임자인 토마스 베리Thomas Berry는 '패션 아이템의 수명을 연장하는 것이 현재 패션업계가 당면한 가장 중요한 과제'라고 이야기 하였다.

2020년 12월에 파페치는 지속가능 10개년 목표를 포지티블리 파페치 전략의 하나로 발표하였다. 2030년까지 순환 경제 비즈니스가 기존의 매출을 능가하는 것을 주요 골자로 하고 있다. 럭셔리 패션 플랫폼이 되기 위한 더 큰 계획으로 현재의 플랫폼 비즈니스에 효율성과 다양성을 높일 뿐만 아니라 지속가능성을 실현하기 위해 다음과 같은 영역에 집중할 것으로 선언하였다. 첫째, 탄소 중립을 위해 테이프를 적게 사용하고 FSCForest Stewardship; 산림관리협의회 인증을 받은 패키지 디자인으로 개선하여 재생 가능한 에너지로 단계적으로 전환한다. 둘째, 소비자가 사람, 지구, 동물을 위해 더 나은 선택을 할 수 있도록 공식적으로 지속가능성 및 친환경 인증이 된 제품을 적극 홍보한다. 셋째, 중고 상품 구매뿐만 아니라 재판매, 기부, 수선, 주문제작과 같은 비즈니스 모델을 통해 패션 상품의 수명을 연장하는 일을 적극 실행한다. 넷째, 파페치 조직 내에 차별적이고 배타적인 문화를 지양하고 다양성을 포용한다. 이러한 지속가능성 및 기업의 사회적 책임의 목표는 2020년 초에 설립된 파페치의 ESG_{Environmental, Social, Governance: 환경, 사회, 지배구조} 위원회에서 감독할 예정이다. 이 위원회는 파페치의 CEO인 호세 네베스_{José Neves}도 포함한다.

5) 브랜드 차별성

패션, 유통, 기술과의 접목을 강조하는 파페치는 다른 럭셔리 플랫폼과는 다르게 기술에 대한 투자를 활발하게 진행하고 있으며, 이를 활용한 지속가능성에 차별화를 두고 있다. 럭셔리 플랫폼에서 실행할 수 있는 지속가능한 실천으로 기술과의 결합을 중요한 전략으로 두고 실행하고 있다. 앞서 소개한 스토어 오브 더 퓨처_{Store of the Future}가 가장 대표적인 예다. 또한 온라인 플랫폼이기에 반품이나 교환에 따른 에너지 낭비를 최소화하고자 정확히 슈즈 사이즈를 측정할 수 있는 풋시_{Ftsy}와도 협업하였다. 풋시는 애플리케이션으로 발을 스캔하면 최적의 사이즈를 찾아주는 기술이다. 옷보다도 사이즈에 더욱 민감할 수밖에 없는 슈즈 아이템을 온라인에서 편하게 쇼핑할 수 있도록 하여 불필요한 교환이나 반품을 줄일 수 있도록 노력하고 있다.

또한 파페치는 단순한 리테일러가 아닌 리테일러들을 위한 플랫폼임을 강조하고 있다. 다른 온라인 리테일러들과 경쟁하는 구조가 아닌 기존의 럭셔리 리테일러들의 온라인 판로를 넓혀줌으로써 정상 판매율을 높일 수 있는 방법들을 함께 고민하고 있다. 또한 스타일별, 색상별 판매율에 대한 분석과 제안을 입점 브랜드 및 리테일러들에게 제안하여 파페치 기업의 미션인 '크리에이터, 큐레이터 및 소비자를 연결하는 럭셔리 패션 글로벌 플랫폼'으로서의 입지를 공고히 하고 있다.

1. 파페치는 글로벌 럭셔리 패션 온라인 플랫폼으로서 브랜드와 소비자를 연결하는 디지털 패션 산업의 선두 주자이다. 리테일 전략으로 디지털 거울과 같이 증강 리테일을 표방한 스토어 오브 더 퓨처를 선보이며 풍부한 온라인 경험을 제공한다.

2. 지속가능성을 위해 포지티블리 파페치 정책을 실천한다. 판매자, 소비자, 환경 모두 혜택을 받도록 4개의 하위 카테고리를 선정하고, 지속가능 10개년 목표를 발표하는 등 체계적인 모습을 보인다. 또, 파페치 세컨드라이프 제도를 통해 소비자가 가진 자원의 순환을 돕는다.

1. 파페치 온라인 플랫폼을 이용해본 경험이 있는가? 글로벌 패션 온라인 플랫폼에 대한 경험을 나누어보자.

2. 파페치의 스토어 오브 더 퓨처가 선보이는 미래를 위한 디지털 기술을 알아보자.

3. 지속가능성을 위한 파페치의 전략을 살펴보고, 앞으로 어떻게 발전할 수 있을지 예상해보자.

2. 잘란도

1) 브랜드 역사

잘란도는 독일 베를린을 기반으로 한 이커머스 기업으로 패션 및 라이프 스타일 상품을 선보이는 플랫폼이다. 독일 오토 바이스하임 경영대학 동기인 다비드 슈나이더David Schneider와 로베르트 겐츠Robert Gentz는 미국 신발 소매업체 자포스Zappos를 벤치마킹하여 신발 전문 온라인 쇼핑몰을 열었다. 초반에는 월세방을 사무실 겸 창고로 사용해 배송과 판매를 시작하였으며, 주택 지하실에서 상품을 포장하고 우체국에 가서 택배를 직접 접수하며 잘란도가 시작되었다. 2010년 대학 동기 루빈 리터Rubin Ritter가 세 번째 경영자로 합류한 후 잘란도는 남성복과 여성복 등으로 제품군을 확장하였다. 이후 이탈리아와 영국 등으로 진출하면서 물류 시스템에 과감하게 투자하여 유럽에서 가장 편리하고 빠른 플랫폼으로 성장하고 있다. 매출은 2013년 17억 6,200만 유로에서 2017년 44억 8,900만 유로, 2018년 53억 8,790만 유로, 2019년 64억 8,240만 유로로 성장하고 있다안별, 박소영, 2020. 특히 2020년 코로나19 사태로 유럽의 락다운이 된 상황에서 1/4분기 동안 거래액이 13.9%, 매출은 10.6% 성장하였다정해순, 2020.

표 5-2a 잘란도 프로필

설립 연도	2008년	전개 브랜드	나이키, 아디다스, 컨버스, 타미힐피거 등
산업 분야	온라인 플랫폼	매장 수	온라인 플랫폼 기반
창업자	다비드 슈나이더, 로베르트 겐츠	매출액	80억 유로(2020)
CEO	루빈 리터, 다비드 슈나이더, 로베르트 겐츠	웹사이트	www.zalando.com
본사	독일 베를린	주식상장 여부	프랑크푸르트 증권거래소(2014)
직원 수	13,763명(2019)		

표 5-2b 잘란도의 역사　　　　　　　　　　　　　　　　　　　　　　　　　　　　　　　267

연도	역사
2008년	• 다비드 슈나이더(David Schneider)와 로베르트 겐츠(Robert Gentz)가 함께 설립 • 이후 이름을 잘란도(Zalando)로 변경하여 풋웨어 전문 온라인 플랫폼으로 시작
2010년	• 패션 카테고리를 추가하여 네덜란드와 프랑스에 진출
2011년	• 영국, 이탈리아, 스위스 온라인 진출
2012년	• 스웨덴, 덴마크, 핀란드, 노르웨이, 벨기에, 스페인, 폴란드에 온라인 플랫폼으로 진출 • 독일에서 오스트리아로 배송하는 해외 첫 배송 진행
2013년	• 유럽을 대표하는 디지털 플랫폼을 표방하며 패션 하우스나 일반 소매 업체와의 파트너십을 시작하여 잘란도 플랫폼에서 판매할 수 있도록 함
2014년	• 프랑크푸르트 증권 거래소에 상장
2015년	• 탑샵(Topshop)과 협업하여 잘란도에서 판매 시작 • 독일의 패션 트레이드 페어 'Bread & Butter' 인수
2017년	• 독일의 농구 전문 풋웨어 전문 매장 Kickz 인수
2018년	• 독일, 폴란드, 오스트리아에 뷰티 전문관 오픈 • 독일 베를린에 뷰티 전문 콘셉트 스토어 오픈 • 아일랜드, 체코 진출로 물류 관련 오퍼레이션 확대
2020년	• 31명의 위원으로 구성된 일반 근로 협의회 첫 선출 • 2020년 기준으로 독일, 오스트리아, 스위스, 프랑스, 벨기에, 네덜란드, 이탈리아, 스페인, 폴란드, 스웨덴, 덴마크, 핀란드, 노르웨이, 아일랜드, 룩셈부르크, 체코, 영국에서 운영 중

2) 브랜드 아이덴티티

잘란도는 유럽 최대 온라인 패션 리테일 플랫폼이다. 리테일러에서 플랫폼으로 비즈니스 모델을 전환하면서 유럽에서의 패션 이커머스 기업으로 포지셔닝하고 있다. 플랫폼에 참

그림 5-2a
잘란도 로고

여하는 고객, 브랜드, 소매업체, 제조업체, 물류회사 등 모두를 연결하는 역할을 전략적으로 수행하는 기업 이미지를 바탕으로 잘란도만의 플랫폼 브랜드 아이덴티티를 구축하고 있다. 단순히 상품을 판매하는 이커머스의 역할뿐만 아니라 패션 비즈니스의 전체 생태계를 하나로 이어주고 서로의 만남의 장이 될 수 있도록 생산에서부터 소비까지의 전 과정을 연결하는 데 초점을 맞추고 있다. 잘란도의 브랜드 네이밍은 '농담을 던진다'making jokes 의 이탈리아어인 zalare에서 따왔다.

잘란도가 패션 리테일 플랫폼으로의 입지를 다질 수 있었던 계기는 2010년 광고 캠페인이었다. 캠페인에서는 여러 청년들이 자본주의 패션몰을 비판하는 대화를 나누다가 이 중 한 여성에게 잘란도 택배가 도착하게 된다. 단순한 샘플이라고 변명하다가 택배에서 나온 예쁜 구두를 보고 환호성을 지른다. 이 광고는 대중의 인식 속에 잘란도는 패션 전문 플랫폼이라는 아이덴티티를 각인시키는 계기가 되었다.

3) 브랜드 전략

잘란도는 유럽을 대표하는 패션 이커머스 플랫폼으로 디지털 시대의 새로운 기술을 통해 패션의 생태계에서의 모든 참여자(고객, 브랜드, 소매업체, 제조업체, 물류회사, 인플루언서, 서비스 제공업체, 콘텐츠 제공업체 등)를 연결하고 그들이 소비, 생산 및 비즈니스 역할을 수행할 수 있는 전략에 초점을 맞추고 있다. 이러한 전략의 핵심에는 플랫폼 기반의 비즈니스가 있다.

유럽을 중심으로 패션 산업에서 고객에게 제공되어야 할 가치가 무엇인지 탐색하고 이를 각 국가별로 현지화하여 통해 패션 브랜드와 리테일러가 고객에게 쉽게 접근할 수 있도록 한다. 이 과정에서 잘란도는 유럽 지역에 특화된 경험과 전문 지식을 큰 경쟁력으로 가지고 있다.

특히, 플랫폼 성공을 위한 필수적인 세 가지 영역인 고객, 인프라, 파트너에 집중하고 있으며, 이를 위해 고객의 편의를 위한 간단한 결제 및 반품 프로세스에 투자하고 파트너스 프로그램을 통해 기업 고객을 위한 최적의 인프라를 제공한다. 이를 통해 패션 카테고리에 전문화된 플랫폼으로서 위치를 확고하게 자리매김하고 있다.

또한 미국 아마존 물류 방식을 참고하여 자동화 물류센터를 구축하고 확

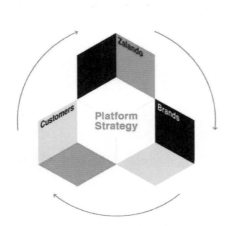

그림 5-2b
잘란도의
브랜드 전략

장하는 데 집중하고 있다. 2019년에는 2억 유로를 투자하여 네덜란드 로테르담에 14만m² 규모의 유럽 최대 수준 자동화 물류센터 구축을 시작했다. 이와 같이 잘란도는 경쟁사들보다 훨씬 저렴한 비용으로 배송이 가능하도록 물류에 대한 투자를 아끼지 않고 있다.

잘란도는 대표적인 전략 중 하나로 '원스톱 쇼핑'을 내세우고 있다. 옷뿐만 아니라 액세서리, 속옷, 화장품 등 패션에 관련한 모든 상품들을 제공한다. 잘란도의 뷰티 카테고리는 300여 개 브랜드와 1만 개 이상의 상품을 제공하고, 의류 카테고리는 수만여 개 제품을 선보이고 있다. 그러나 무조건적으로 많은 상품을 보여주는 것이 아니라 패션 전문 이커머스 플랫폼으로서 경쟁력을 가질 수 있도록 카테고리별 차별화된 전략을 실천하고 있다.

이러한 전략의 일환으로 잘란도에서는 럭셔리 시장에 주목하고 있다. 잘란도의 2019년 전체 수익은 2018년보다 20% 증가했지만, 같은 기간 럭셔리 관련 수익은 30% 넘게 증가했다안별, 박소영, 2020. 2019년 고객들이 잘란도 홈페이지에서 럭셔리 관련 브랜드와 키워드를 200만 번 이상 검색했다는 사실 역시 주목할 만하다. 이에 잘란도는 본격적으로 럭셔리 시장을 확대할 것을 발표하면서 다루는 럭셔리 브랜드는 기존 20개에서 40개까지 늘릴 계획이라고 밝혔다.

4) 지속가능 전략

잘란도는 사람과 지구에 긍정적인 영향을 끼치는 지속가능한 패션 플랫폼을 지향한다. 여기서 긍정적인 영향이란 사회와 환경에 더 많은 것을 돌려주는 방식의 비즈니스를 의미한다. 2019년 잘란도만의 새로운 지속가능 전략인 do.MORE를 선언하면서 환경에 '덜 나쁜 영향'이 아닌 '긍정적인 영향'을 미치기 위해 다음 세 가지 영역에 집중하고 있다.

그림 5-2c
잘란도의
지속가능 전략

그림 5-2d
잘란도의
리팩 프로젝트

우선 잘란도는 전체 공급망을 관리함으로써 기업으로서의 책임을 다하고자 한다. 기후 변화, 자원 사용, 근로자 권리문제를 해결하기 위해 업무 기준을 높이고 파트너와 협력하기 위해 노력하고 있다. 4주 동안 진행된 파일럿 프로젝트 리팩 RePack 을 통해 소비자가 우체통에 넣은 잘란도 패키지 봉투를 재활용하기도 하였다. 핀란드, 노르웨이, 스웨덴, 덴마크에서 만 명의 잘란도 고객들이 참여하였는데, 2019년 당시 고객 설문 결과 독일 응답자의 83%와 핀란드 응답자의 67%는 일상에서 사용하는 플라스틱량을 기꺼이 줄이고 싶다고 하였다. 실제로 핀란드의 스타트업 기업인 리팩과 함께 협업한 이 프로젝트를 통해 잘란도는 625.6톤의 플라스틱 사용을 줄일 수 있었다.

또한 유럽을 대표하는 이커머스인 만큼 배송 패키지의 환경적 영향을 낮추기 위해 노력하고 있다. 2019년에는 친환경 패키지 원료를 사용하여 부피를 최소화하고 일회용 플라스틱 사용량을 줄이기 위한 전략들을 펼쳤다. 배송 박스는 100% 재생종이를, 박스를 접합하는 부분은 식물성 녹말에서 추출한 원료를 사용하고 있다. 또한 배송백 하나의 80%는 재활용 플라스틱으로 구성되어 있으며 의류 손상을 막기 위해 사용되는 폴리백polybag 하나의 60%는 재활용 플라스틱 재질로 만들어졌다. 화장품을 담는 패키지는 100% 재생 종이로 제작한다.

두 번째로, 고객이 잘란도에서 상품을 구매할 때 지속가능성을 추구하는 상품을 적극적으로 구매할 수 있도록 지속가능한 상품에 지속가능성 플래그sustainability flag 를 달아 고객이 직관적으로 상품 정보를 알 수 있도록 구성하였다. 2020년 기준 잘란도에서는 650개 이상의 지속가능한 패션 브랜드 및 60,000개 이상의 상품을 만나볼 수 있다.

잘란도가 전개하는 여러 프
라이빗 레이블의 공급망은 투
명하게 공개되고 거래처 또한
표준 이상의 업무 윤리를 따르
도록 한다. 잘란도는 기업 홈페
이지를 통해 2년에 한 번씩 프
라이빗 레이블과 관련된 109개
의 파트너사와 15개국 193개국
공장의 정보를 공개하고 있다.

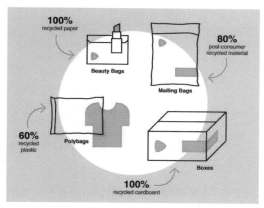

그림 5-2e
잘란도의
지속가능한
패키지 전략

세 번째로는 자원의 유한성에 대한 인식을 기반으로 기술 혁신과 함께 제품의
수명을 연장할 수 있는 방법에 대해 고민하며 실천하고 있다. 이에 잘란도 워드
로브_{Zalando Warderobe} 애플리케이션을 선보이며 고객이 중고 의류 상품을 잘란도에게
되팔아 쇼핑 바우처로 받을 수 있게 했다. 또한 2018년 약 1억 개 정도의 아이템
을 리세일 플랫폼 잘란도 지클_{Zalando Zircle}의 출시와 함께 선보였다. 중고 의류를 쉽
게 사고 팔 수 있는 이 플랫폼은 두 가지 방법으로 이용할 수 있다. 첫 번째는 중
고 상품을 가진 가입자가 이를 잘란도에 판매하는 방법이다. 가입자가 상품의 사
진을 올리면 잘란도에서 어느 정도의 금액에 구매할지를 결정한다. 최종 결정 후
이용자는 잘란도에 상품을 보내고 잘란도 패션 스토어에서 쓸 수 있는 크레딧으
로 판매 금액을 받는다. 이후 잘란도는 중고 상품을 온라인 플랫폼과 오프라인

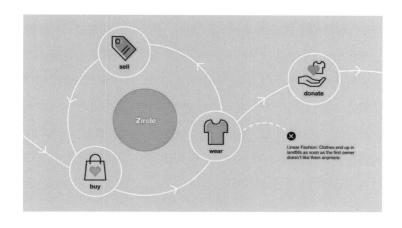

그림 5-2f
잘란도 지클

표 5-2c 잘란도의 지속가능 목표

구분	지속가능 목표
Take a Stand	• 파리 협정에 의거하여 탄소배출량을 줄이기 위한 과학 기반 목표(science-based targets) 설정 • 폐기물을 최소화하고 재료를 재활용할 수 있도록 패키지를 디자인하며 일회용 플라스틱은 사용하지 않음 • 윤리 표준을 향상시키며 이에 부합하는 파트너와 협력
Style with Care	• 지속가능한 제품을 전체 상품군의 20%까지 확장
Shape our Future	• 순환성의 원칙에 따라 최소 5천만 개의 패션 제품의 수명을 연장하고자 함 • 직원들에게 업무의 요구사항에 맞는 기술 지원 제공

매장을 통해 판매하고 있다. 두 번째는 가입자들끼리 패션 중고 상품을 사고파는 P2P 방식이다. 지클의 가입자가 온라인 마켓플레이스에 사진과 상품 정보를 올려서 그 상품을 사고 싶어 하는 사람과 개별로 연락하여 거래한다. 잘란도는 이미 누군가가 사용한 제품을 재판매하거나 기부함으로써 옷의 수명을 연장하는 것이야말로 지속가능성을 추구하는 플랫폼이 할 수 있는 강력한 전략 중 하나라고 이야기하며 소비자의 옷장을 가볍게 할 수 있는 지속가능한 대안을 모색하고 있다. 잘란도에서 중고 상품을 거래하는 형태는 지속가능성이라는 화두와 함께 중요한 가치로 자리잡고 있다.

5) 브랜드 차별성

잘란도는 프라이빗 레이블 운영으로 인한 환경적 영향을 최소화하고 상품 범위의 다양성을 유지하기 위해 직접 생산 공장을 운영하지 않고 높은 기술력을 가진 전 세계의 여러 파트너들과 함께 협력한다. 중국(46%), 동남아시아(5%), 아시아(34%), 유럽(14%)의 15개국에서 생산이 이루어지고 있다. 잘란도의 모든 프라이빗 레이블은 2020년 봄여름 시즌부터 최소 20% 이상을 지속가능한 상품으로 전개하고 있다. 예를 들면, 프라이빗 레이블인 자인Zign은 2020년 SS시즌부터는 지속가능성에 100% 부합하는 상품들을 선보이고 있다. 새로 제작하는 모든 상품들은 지속가능한 소재를 50% 이상 사용하거나 재활용 소재를 적어도 20% 이상 사용하는 방식으로 생산하고 있다.

또한 코펜하겐 패션 위크와 협업하여 2021년부터 매 시즌 지속가능성 어워드를 주최할 예정이다. 이 어워드는 패션 브랜드가 지속가능한 대안을 모색하고 이에 기여하는 것을 목표로 한다. 코펜하겐 패션 위크에 참여하는 모든 브랜드를 대상으로 선정하며 각 분야의 전문가들이 해당 브랜드의 지속가능한 발전과 혁신에 대해 검토하여 진행한다.

패션에 특화된 플랫폼인 잘란도는 중고와 대여를 통해 새로운 소비 방식을 적극적으로 만들고 있다. 이는 다른 플랫폼들과 차별화가 되며 패션 전문 플랫폼이 지속가능성으로 나아가야 할 방향을 제시하고 있다.

요약

1. 잘란도는 온라인 패션 리테일 플랫폼으로서 제조, 유통, 판매에 참여하는 모든 관계자를 연결한다. 유럽에 특화된 전문성을 바탕으로 하며, 아마존의 물류 방식을 참고한 자동화 물류센터를 운영하며 물류에 집중적으로 투자한다.

2. 환경에 더 긍정적인 영향을 미치는 것을 목표로, 배송 시 재활용 플라스틱과 친환경 원료를 활용한 패키지를 사용한다. 지속가능성 패션 제품 카테고리를 구성하여 고객의 적극적 참여를 장려하고 자원 순환과 제품 수명 연장을 위해 중고 의류 리세일 플랫폼을 운영한다.

생각해 볼 문제

1. 잘란도가 유럽 내의 다른 기업과 협업하여 지속가능성을 추구한 사례를 조사해보자.

2. 유럽 지역을 중심으로 하는 잘란도가 다른 지역으로 확장할 수 있는 전략을 생각해보자.

3. 더리얼리얼

1) 브랜드 역사

더리얼리얼의 창업자 줄리 웨인라이트Julie Wainwright는 친구가 한 위탁 판매 매장에서 20분 만에 5천 달러를 소비하는 것을 보고 플랫폼에 대한 아이디어를 얻었다. 2011년 고객이 완전히 신뢰할 수 있는 럭셔리 디자이너 중고 상품 온라인 플랫폼을 설립하였으며, 이것이 더리얼리얼의 시작이다. 그 동안 이베이에서도 중고 상품에 대한 거래가 이루어지기는 하였으나, 더리얼리얼은 플랫폼 차원에서 진품에 대한 인증과 럭셔리 콘셉트에 맞는 큐레이션에 대한 신뢰를 바탕으로 빠르게 성장하였다. 이에 2017년 럭셔리 디자이너 브랜드 스텔라 매카트니와 공식적인 파트너십을 체결하며 럭셔리 리세일 시장이 더욱 주목받았다. 이를 계기로 브랜드 이미지 등의 이유로 중고 상품 거래 시장에 대해 소극적이고 부정적이었던 럭셔리 브랜드들이 지속가능성의 의미와 함께 그 규모가 날로 성장하고 있는 중고 시장에 눈을 돌리게 된다. 이후 버버리와 구찌와의 파트너십 체결을 통해 더리얼리얼의 위상은 더욱 견고해지게 된다. 2019년 기준으로 3억 달러의 매출을 기록하였으며 나스닥에도 상장되었다. 더리얼리얼의 총 거래액은 2017년 4억 9,220만 달러에서 2019년 10억 달러를 넘기며 2년 만에 두 배로 늘어 지속적으로 성장하고 있다한경제, 2020.

표 5-3a 더리얼리얼 프로필

설립 연도	2011년	전개 브랜드	샤넬, 루이비통, 에르메스, 구찌 등
산업분야	온라인 중고거래 플랫폼	매장 수	14개 오프라인 매장 운영, 온라인 플랫폼 기반
창업자	줄리 웨인라이트	매출액	8,400만 유로(2019)
CEO	줄리 웨인라이트	웹사이트	www.therealreal.com
본사	미국 샌프란시스코	주식상장 여부	뉴욕 증권거래소(2019)
직원 수	2,353명(2019)		

표 5-3b 더리얼리얼의 역사

연도	역사	연도	역사
2011년	• 줄리 웨인라이트(Julie Wainwright)가 이커머스 형태의 럭셔리 중고 플랫폼 더리얼리얼 출시	2019년	• 나스닥 상장 • 뉴욕에 세 번째 리테일 스토어 오픈 • 버버리와 파트너십 체결
2017년	• 뉴욕에 리테일 스토어 오픈 • 스텔라 매카트니와 파트너십 체결	2020년	• 샌프란시스코에 네 번째 리테일 스토어 오픈 • 시카고에 다섯 번째 리테일 스토어 오픈 • 구찌와 파트너십 체결
2018년	• 샌프란시스코, 라스베가스 팝업 스토어 오픈 • 로스앤젤레스에 두 번째 리테일 스토어 오픈		

2) 브랜드 아이덴티티

그림 5-3a
더리얼리얼 로고

The RealReal
©courtesy of The RealReal

더리얼리얼은 이미 사용한 이력이 있는 럭셔리 중고 제품을 거래하는 플랫폼이다. 다른 중고 상품과는 다르게 럭셔리의 경우 가품의 가능성으로 인해 그 동안 리세일 시장에서 공식적으로 크게 주목을 받지 못하였으나, 더리얼리얼에서는 진품에 대한 100% 보장으로 이러한 우려를 해결하려 하였다. 이러한 의지는 '더리얼리얼'The RealReal이라는 플랫폼의 네이밍에서도 드러난다.

더리얼리얼의 창업자이자 CEO인 줄리 웨인라이트는 USA투데이와의 인터뷰에서 더리얼리얼에 대해 "이베이의 맨 위, 소더비와 크리스티의 맨 아래의 포지셔닝을 지향한다."고 이야기했다. 세계적인 미술품 경매 회사들을 언급했다는 것이 상품의 진품 여부에 대해 회사 차원에서 중요하게 다루고 있으며 그만큼 자신이 있음을 나타내고 있다. 럭셔리 중고 상품을 믿고 구매할 수 있는 플랫폼이라는 인식과 함께 중고 상품을 구매하는 일이야말로 패션 제품의 수명을 늘림으로서 지속가능성에 대한 실천도 함께 할 수 있는 활동이라는 것을 강조하고 있다.

3) 브랜드 전략

더리얼리얼은 럭셔리 상품의 판매자와 위탁자를 연결하는 역할로 양 쪽의 고객 모두가 만족할 수 있도록 노력하고 있다. 상품 구매자는 일반 이커머스와 마찬가지로 플랫폼에 가입하여 원하는 상품을 구매하면 된다. 반면 더리얼리얼에 위탁하여 판매하고 싶을 경우, 담당자와 화상으로 상담하여 위탁 품목을 정하고 결정된 상품은 UPS로 더리얼리얼에 전송한다. 판매금액은 더리얼리얼의 자체적인 기준에 따라 책정되며, 보통 30일 이내에 판매된 동일 혹은 유사한 상품의 가장 높은 금액으로 정해진다. 판매가 이루어지면 판매금액의 85%를 위탁자가 가져가고 나머지 15%는 더리얼리얼의 수수료로 책정된다.

더리얼리얼은 플랫폼에 대한 홍보뿐만 아니라 중고 상품에 대한 인식을 높이고자 인플루언서 프로그램을 운영하고 있다. 자신의 웹사이트나 소셜 미디어에 더리얼리얼에 대한 홍보글을 링크, 배너 등과 함께 게시하여, 팔로워가 그 링크를 통해 구매할 경우 인플루언서는 5%의 수수료를 받는다. 더리얼리얼에 따르면 톱 인플루언서의 경우 연간 5,700달러의 수익을 받고 있으며, 2017년에는 한 해에 6만 달러를 받은 인플루언서도 있다고 한다. 전통적인 홍보 방식에서 벗어나 소셜 미디어에서 오피니언 리더의 역할을 하고 있는 인플루언서들을 적극 활용하여 플랫폼에 대한 홍보뿐만 아니라 각 상품별 판매 역시 극대화하고 있다. 이를 통해 블로그 뿐만 아니라 인스타그램이나 유튜브를 통해 인플루언서들이 자발적으로 홍보에 참여하도록 하고 있다.

또한 고객수를 늘리기 위해 퍼스트룩First Look 프로그램을 운영하고 있다. 월 10달러를 지불하면 퍼스트룩 회원으로 회원만을 위한 전용 프로모션 이벤트를 주기적으로 진행하며, 새롭게 등록되는 상품을 일반회원 보다 하루 먼저 구매할 수 있다. 또한 월 30달러로는 퍼스트룩 프리미엄 회원이 될 수 있는데, 이들에게는 무료 이틀 배송 서비스가 제공된다. 현재 더리얼리얼에서는 미국 기준으로 상품가격과 관계없이 익일 배송은 30달러, 이틀 배송은 20달러, 일반 배송은 3~5일 소요로 11.95달러의 요금이 부과되므로, 프리미엄 회원에게는 빠른 배송과 함께 저렴한 배송비 서비스를 제공함으로써 상위고객들의 재방문 및 재구매율을 높이고 있다.

럭셔리 중고 상품의 구매자와 판매자를 연결하는 플랫폼인 만큼 구매 고객이 늘어날수록 그만큼 공급이 뒷받침되어야 한다. 원활한 상품 공급을 위해 더리얼리얼에서는 개인 판매자뿐만 아니라 기업의 판매자들과도 협력할 수 있는 B2B 전략을 내세우고 있다. 럭셔리 브랜드나 리테일 업체가 보유하고 있는 상품 재고들

그림 5-3b
더리얼리얼의
퍼스트룩
프로그램

을 더리얼리얼을 통해 익명으로 위탁하여 재고 처리뿐만 아니라 상품의 수명을 늘릴 수 있도록 협력하고 있다. 브랜드나 리테일러가 가진 재고 중에서 사이즈 범위가 고르지 못하거나 약간의 손상이 있는 제품에 대한 보관 및 판매 대행을 더리얼리얼에서 담당하게 된다. 더리얼리얼에 따르면 보통 90일 안에 맡긴 물량의 80%까지 재고 소진이 가능하며 판매 회사의 익명성이 보장되므로 손쉽게 재고를 처리할 뿐만 아니라 소비자들에게도 다양한 상품을 지속적으로 선보일 수 있다.

4) 지속가능 전략

더리얼리얼에서는 중고 거래에 참여하는 것 자체가 지속가능성에 부합하는 활동임을 전면적으로 내세우고 있다. 패션의 미래는 순환 경제라는 명제를 기반으로 더리얼리얼에서는 소비자, 판매자, 위탁 업체 간 중고 거래를 활성화하여 럭셔리 상품의 수명 주기를 늘릴 뿐만 아니라 이러한 활동들이 지속가능한 패션 산업의 기반이 될 수 있도록 노력하고 있다.

그림 5-3c
더리얼리얼의
탄소 중립을
추구

The RealReal Is Going
Carbon Neutral

또한 엘렌 맥아더 재단Ellen MacArthur Foundation과 세계 자원연구소World Resources Institute, WRI 등의 자문을 받아 더리얼리얼 지속가능성 계산기TRR Sustainability Calculator를 개발하였다. 이를 통해 온실가스, 에너지, 수자원의 절약 정도를 2012년부터 수치화하고 있다. 이 지속가능성 계산기에 따르면 현재까지 7억 5천만 리터의 물을 아꼈으며 만 6천 메트릭톤의 탄소 배출을 감축하였다. 더리얼리얼은 생산 공급망을 소유하지 않고 위탁하여 환경에 최대한 해가 덜 가는 방식의 순환 경제를 따르고 있다.

또한 여러 브랜드와의 파트너십을 통해 순환 경제에서의 지속가능성을 실천하기 위해 노력하고 있다. 2017년에는 스텔라 매카트니와 파트너십을 체결하였다. 스텔라 매카트니의 상품을 더리얼리얼에 처음 위탁하면 미국의 스텔라 매카트니 오프라인 스토어나 온라인 스토어에서 사용할 수 있는 100달러 프로모션 쿠폰을 지급하고 있다. 또한 2019년에는 버버리와도 파트너십을 체결하였다. 버버리 상품을 더리얼리얼에 처음 위탁하는 사용자는 버버리 오프라인 스토어에서 운영하는 개인 스타일링 서비스 등 전반적인 VIP 서비스를 받을 수 있다. 또한 구찌 역시 2020년에 더리얼리얼과 파트너십을 시작하였다. 구찌가 직접 여성용, 남성용 주얼리, 시계 등 품목의 재판매를 더리얼리얼 플랫폼을 통해 선보일 예정이다. 더리얼리얼에서 구찌 아이템이 판매될 때마다 전 세계의 숲 복원을 돕는 자선단체인 원 트리 플랜티드One Tree Planted에 수익을 일부 기부하여 나무 심기를 후원할 예정이다.

리얼리얼은 파트너십을 체결한 브랜드들에 대한 지속가능성 관련 행보를 더리얼리얼 홈페이지에서 자세히 다루어 브랜드와 플랫폼 간 시너지 효과를 내고 있다.

또한 더리얼리얼은 조직의 다양성을 추구한다. 인종과 성별에 대한 차별없이 협력하는 조직 문화를 위해 능력 중심으로 직원들을 평가하고 있으며, 어느 한 쪽에도 치우치지 않도록 기업 차원에서 인력을 구성하고 있다. 이에 대한 결과를 매년 공식 홈페이지에 공개하고 있다.

그림 5-3d
더리얼리얼과
파트너십을
맺은 브랜드

표 5-3c 2020년 기준 더리얼리얼의 인력 구성

구분	전체	법인	관리	경영진	이사회
흑인	16%	8%	10%	0%	13%
히스패닉계	24%	12%	17%	0%	0%
아시안	14%	16%	11%	25%	0%
백인	36%	49%	51%	75%	87%
여성	68%	59%	59%	38%	50%

　　지속가능성과 다양성에 대한 활발한 활동으로 인해 2020년에는 리세일 기업으로는 처음으로 세계에서 가장 큰 지속가능성 이니셔티브인 유엔 글로벌 컴팩트$_{UN}$ $_{Global\ Compact}$에 가입하였다. 유엔 글로벌 컴팩트는 기업의 사회적 책임$_{CSR}$에 대한 자발적 국제협약으로 기업들에게 환경, 노동, 인권, 반부패의 4개 분야의 10대 원칙을 준수할 것과 관련 연차 보고서 제출을 권유하고 있다. 더리얼리얼은 이러한 조건을 충족시키는 첫 리세일 비즈니스 플랫폼이다.

5) 브랜드 차별성

럭셔리 브랜드의 중고 판매 플랫폼이다 보니 상품의 진품 여부는 늘 이슈가 되어 왔다. 이를 의식하여 더리얼리얼에서는 진품 검사를 철저하게 진행하고 이러한 관리 절차를 투명하게 공개함으로써 소비자들의 의심과 불안을 최소화하기 위해 노력하고 있다. 2020년 기준 더리얼리얼에서는 150명 정도의 보석 감정사, 시계 장인 등의 진품 관리 전문가가 근무하고 있으며, 대표 감정사들의 프로필을 공식 홈페이지에 공개하여 플랫폼에 대한 신뢰를 구축하고 있다. 판매자에게 상품을 받아 더리얼리얼이 검수 과정을 거친 뒤에 판매하기 때문에 제품 사진 촬영, 설명 작성 등을 모두 내부 전문가가 진행한다. 가격도 판매자의 자의적인 판단이 아니라 전문가의 견해에 따라 책정하는 등 소비자들이 더리얼리얼에서 구매하는 제품들을 신뢰하도록 하는 것을 최우선 과제로 삼고 있다. 더리얼리얼은 진품 인증에 대한 자신감을 바탕으로 온라인 럭셔리 리세일 마켓의 선두주자가 되고자 한다.

1. 더리얼리얼은 럭셔리 디자이너 중고 상품 거래 온라인 플랫폼으로서, 중고 상품의 구매가 지속가능성에 대한 실천임을 강조하는 브랜드 아이덴티티를 내세운다.

2. 판매하는 중고 명품에 대한 소비자의 신뢰를 얻기 위하여 상품을 검수하는 진품 관리 전문가를 고용하고 정보를 공개한다.

3. 판매 전략으로 인플루언서를 활용하여 홍보와 인식 증가를 꾀하고 대가로 판매 수익의 일부를 수수료로 지급한다. 소비자들이 정기 금액을 납부하고 제품 구매에 부가적인 혜택을 받는 유료 멤버십 서비스인 퍼스트룩 프로그램을 만들어 고객 충성도와 재방문 및 재구매율을 높인다. 높은 수요를 만족시키고 지속가능성을 추구하기 위하여 기업의 판매자들에게 직접 재고 및 손상 상품을 받아 위탁 판매한다.

4. 기업의 지속가능성과 다양성에 대한 추구를 알리기 위해 여러 단체와 협업하고 더리얼리얼 지속가능성 계산기를 개발하였다.

1. 명품을 구매한 자신의 경험 혹은 주위의 경험을 말해보고, 중고 명품 구매에 대한 생각을 나누어 보자.

2. 기업의 판매자들과 협력하여 리테일 업체가 보유하고 있는 상품 재고들을 더리얼리얼에 익명으로 위탁하여 판매하는 과정에서 익명성을 추구하는 이유는 무엇인지 생각해 보자.

4. 디팝

1) 브랜드 역사

디팝은 PIG 매거진 선글라스 브랜드 레트로슈퍼퓨처RETROSUPERFUTURE의 창립자 사이먼 베커만Simon Beckerman이 2011년 출시한 리세일 플랫폼이다. 원래 PIG의 독자들이 매거진에 실린 상품을 구매할 수 있는 소셜 네트워크로 시작하였다. 처음에는 정보를 공유하는 목적의 네트워크였으나 여기에 쇼핑 기능을 더하면서 지금의 디팝이 탄생하였다. 애플리케이션으로 전 세계를 연결할 수 있는 마켓플레이스를 구현한 것이다. 2019년 기준으로 디팝의 가입자는 147개국 1,300만 명이며, 이용자의 90%가 26세 이하이다. 2017년 매출이 130% 성장했고 2019년 6월까지 1억 200만 달러를 투자 받아 성장세를 이어가고 있다박소현, 2019. 2019년 기준 연간 매출은 5천만 달러이다Lunden, 2019.

표 5-4a 디팝 프로필

설립 연도	2011년	전개 브랜드	탑샵, 나이키, 자라 등
산업 분야	온라인 중고거래 플랫폼	매장 수	매장 2개(LA, 뉴욕), 온라인 플랫폼 기반
창업자	사이먼 베커만	매출액	5,000만 달러(2019)
CEO	마리아 라가	웹사이트	www.depop.com
본사	영국 런던	주식상장 여부	비상장
직원 수	약 200명		

표 5-4b 디팝의 역사

연도	내용
2011년	• 사이먼 베커만(Simon Beckerman)이 밀라노에서 론칭
2012년	• 영국 런던으로 본사 이전
2013년	• 레드서클 인베스트먼트(Red Circle Investment)로부터 1억 파운드 투자 유치
2015년	• 발더톤 캐피탈(Balderton Capital)과 홀츠브링크 벤처스(Holtzbrinck Ventures)로부터 8백만 달러 투자 유치
2019년	• 제너럴 아틀란틱(General Atlantic) 등으로부터 6,200만 달러 투자 유치 • 가입자 1,300만 명 돌파

2) 브랜드 아이덴티티

디팝은 소셜 미디어와 쇼핑이 결합된 리세일 플랫폼으로
특히 Z세대들의 니즈를 정확히 간파하고 있다. 디팝은 또
래의 친구들에게 영감을 받고 서로 좋아하는 옷을 사고

그림 5-4a
디팝의 로고

파는 공간으로서 그들만의 패션 놀이터가 되었다. 브랜드 컨설팅 기업 인터브랜
드Interbrand는 2016년 'BreakThrough Brands'에서 성장하는 Mecosystem(나 중
심 생태계) 브랜드로 디팝을 소개하기도 했다. 그만큼 젊은 세대들은 가치와 문
화를 디팝을 통해 표현하고 있다.

　현재 디팝이 사용하고 있는 로고는 2017년 리뉴얼된 디자인이다. 플랫폼 안에
서 Z세대들의 커뮤니케이션을 최우선 가치로 생각하며 대담하지만 너무 심각하
지 않은 Z세대의 자유분방한 감성을 담았다.

3) 브랜드 전략

디팝은 커뮤니티 안에서의 사회적 상호작용을 브랜드의 최우선 전략으로 삼는
다. 디팝의 애플리케이션은 P2P 방식으로 중고 상품을 거래할 수 있는 상거래 기
능과 인스타그램과 같은 기능이 혼합되어 있다. 단순히 중고 패션 제품을 사고파
는 플랫폼 그 이상으로 패션 정보에 대해 공유하는 커뮤니티로 발전시킨 것이다.
이는 빈티지를 좋아하고 또래들의 스타일에 관심이 많은 Z세대들의 시선을 사로
잡았다. 소셜 미디어의 특징을 그대로 살린 디팝은 커뮤니티 안에서의 소통을 기
반으로 한 소비문화를 지향하
였다. 디팝은 단순히 상품을 구
매하고 판매하는 이커머스 형태
가 아닌 비슷한 나이대의 사용
자나 인플루언서의 패션 스타일
을 참고하여 제품을 구매하는
형태이다. 반대로 내가 인플루

그림 5-4b
디팝의
애플리케이션

언서가 되어서 내가 입었던 또는 부모님이 입었던 빈티지 옷을 거래할 수도 있다.

디팝은 사용자 간의 활발한 교류와 거래가 이루어질 수 있도록 탑 셀러를 선정하여 인증한다. 탑 셀러로 인증을 받기 위해서는 여러 조건을 충족시켜야 한다. 예를 들면 구매자들로부터 4.5 이상의 평가를 받아야 한다. 또한 매달 50개 이상의 아이템을 4개월 연속으로 판매하거나 2,000파운드 이상을 판매한 실적을 가지고 있어야 한다. 이 외에도 구매자가 구매를 결정한 날로부터 10일 이내에 상품을 수령할 수 있도록 빠른 배송이 이루어져야 하며 디팝에서 권고하는 기타 판매자 가이드라인을 따라야 한다. 탑 셀러로 인증을 받으면 디팝에서의 비즈니스가 원활하게 이루어질 수 있도록 월별 판매 등에 대한 분석 요약을 디팝으로부터 제공받는다. 인증 자체가 판매자의 신뢰도를 보장하기 때문에 구매자들은 안심하고 거래할 수 있다. 이와 같이 디팝은 탑 셀러 프로그램을 플랫폼 차원에서 전략적으로 운영하고 있다.

더불어 디팝은 공식 유튜브 채널을 통해 판매율을 높이는 방법도 공유하고 있다. 첫 번째 방법은 구매자와의 빠르고 적극적인 커뮤니케이션이다. 이를 위해 디팝은 비디오 셀링video-selling 기능을 자체적으로 추가하여 구매자와 판매자들이 더욱 가깝게 느낄 수 있도록 하였다. 또한 실제 디팝의 이용자들은 자신의 유튜브 채널에 어떻게 하면 디팝에서 상품을 전시하고 판매할 수 있는지 공유하기도 한다.

또한 온라인 소셜 네트워크를 기반으로 Z세대들의 문화를 적극 교류할 수 있도록 LA와 뉴욕에 오프라인 매장을 운영하고 있다. 두 매장 모두 예약제로 운영되고 있으며 단순한 매장으로서의 기능보다는 젊은 세대와의 공감을 이끄는 전시회를 개최하는 등 잠재 고객을 위한 커뮤니티 기능에 중점을 두고 있다.

최근 백화점에서도 중고 판매를 적극 수용하고 있는 추세를 보이고 있다. 이에 런던의 셀프리지 백화점에서는 2019년에 디

그림 5-4c
런던 셀프리지
백화점의 디팝
팝업 스토어

팝 팝업 스토어를 운영하기도 했다. 3개월 정도의 운영 기간 동안 판매자들의 다양한 상품을 선보이고 셀프리지 백화점 팝업 스토어에서만 구매할 수 있는 빈티지 제품을 선별하였다. 럭셔리부터 스트리트 웨어, 업사이클 제품까지 다양한 브랜드로 구성하여 중고 제품도 충분히 트렌디하고 패셔너블할 수 있다는 것을 팝업 스토어 방문객들에게 보여주었다.

4) 지속가능 전략

2016년 디팝의 CEO로 임명된 마리아 라가Maria Raga는 디팝이 추구하는 지속가능 전략은 Z세대가 추구하는 가치에 부합한다고 이야기한다. Z세대들은 자신만의 독특함을 추구하면서도 또래와 함께 취향을 공유하고 쇼핑하기를 원한다. 여기에 덧붙여서 자신만의 스타일을 유지하면서도 지속가능성의 가치를 적극적으로 실천하기를 원하고 있다. 이러한 타깃 고객들의 니즈를 반영하여 또래들과 패션 스타일에 대해 자유롭게 공유하며 중고 상품을 거래할 수 있는 장을 만드는 데 집중하였다. 중고 패션이 지속가능패션에 필수적이라는 것을 알림과 동시에, 젊은 세대에서부터 중고로 패션 제품을 구매하는 것이 하나의 문화로 자리매김할 수 있도록 노력하고 있다.

이러한 활동의 일환으로 2019년에는 뉴욕에서 디팝 라이브Depop Live 행사를 진행하였다. 애플리케이션 기반의 디팝을 실제 오프라인에서 경험할 수 있게 행사를 구성하여, 고객의 90% 이상을 차지하고 있는 Z세대들을 대상으로 다양한 이벤트를 진행하였다. '패션이 세상을 바꿀 수 있는가'를 주제로 한 워크숍, 유명 아티스트와 함께하는 커스터마이제이션 행사 등을 통해 패션에서의 지속가능성이 하나의 문화로서 자연스럽게 받아들여질 수 있도록 하였다.

또한 배송 시 사용하는 패키지의 환경적 영향을 줄이기 위하여 노력하고 있다. 디팝의 공식 사이트와 애플리케이션은 패키지에 대한 부분을 별도로 다루며 플라스틱 백 사용을 최소화하고 재활용이 가능한 패키지를 사용하도록 판매자에게 권고하고 있다. 이에 사용자들은 친환경 패키지에 대한 정보를 공유하고 판매자들은 지속가능성에 부합하도록 포장하여 배송한다는 것을 적극 홍보하기도 한다.

5) 브랜드 차별성

패션의 중심을 멀리 있는 대상에 국한하지 않고 나를 포함한 그 누구라도 패션에 주체적으로 참여할 수 있다는 인식을 심었다는 것이 디팝의 가장 큰 차별화 전략이다. 유명한 럭셔리 하우스나 일부 스타 디자이너들에 의해 움직였던 기존의 패션 업계의 관습에 정면으로 대치하는 활동들을 젊은 세대들에게 적극적으로 장려한 것이다. 디팝은 또래들의 패션 정보 공유를 장려하고 소유한 옷을 거래하여 지속가능한 라이프 스타일을 추구할 수 있도록 돕는 플랫폼이라는 점에 주목할 필요가 있다. 더군다나 중고 패션 제품에 대한 부정적인 인식이 있었던 기존의 관습에서 벗어나 중고 거래가 지구를 지키기 위한 올바른 소비 문화라는 것을 디팝을 통해 입증하였다.

현재는 유럽과 미국을 중심으로 운영하고 있으나 이러한 디팝만의 차별성을 바탕으로 향후 일본 시장을 공략하기 위한 계획을 추진할 것이라고 밝혔다. 특히 일본의 빈티지 커뮤니티는 그 어떤 나라보다 규모나 활동성 면에서 성숙한 시장이다. 앞으로 디팝의 행보를 통해 다음 세대들이 지속가능성을 어떻게 실천해 나갈지 주목해야 할 것이다.

1. 디팝은 Z세대의 패션 소셜 네트워크와 중고 상품 거래 기능을 혼합한 플랫폼이다. 온라인에서 사용자들 간 상호작용을 활성화하기 위한 전략으로 인플루언서 중심의 패션 스타일 공유 기능, 상품 교류 기능, 상품 판매 촉진을 위한 탑셀러 프로그램, 그리고 그러한 셀러들에게 정보를 제공하기 위한 공식 유튜브 채널을 운영하고 있다. 또, 오프라인 매장과 백화점 팝업 스토어를 통해 구매자 간 커뮤니케이션이 이루어지고 선별 제품을 판매하기도 한다.

2. 지속가능성을 추구하며 친환경 배송 패키지를 사용하는 한편, 디팝 라이브와 같이 지속가능한 패션에 관해 알리는 행사를 진행한다.

1. 빈티지 제품을 구매해본 적이 있는가? 빈티지 제품의 구매와 착용에 대한 생각을 나누어 보자.

2. 인플루언서의 역할이 소비자의 실제 제품 구매에 미치는 영향에 대하여 논의해보자.

5. 렌트더런웨이

1) 브랜드 역사

2009년 미국 하버드 비즈니스 스쿨 동기인 제니퍼 하이먼_{Jennifer Hyman}과 제니퍼 플라이스_{Jennifer Fleiss}가 공동 창업한 렌트더런웨이는 온라인 의류 대여 사업에 구독제를 도입하였다. 처음에는 런웨이를 빌린다는 사명대로 고급 의류만 취급하였다. 창업 당시 주변의 대학원생들이 중요한 모임이 있을 때마다 고급 정장이나 드레스를 마련하기 어렵다는 점에서 시작되었다. 2016년부터는 일상복도 대여하며 정기 구독 프로그램을 시작하였다. 이러한 결정은 소비자들에게 큰 인기를 끌어 연매출 1억 달러를 돌파했고 회원 수는 600만 명을 돌파하였다.

2018년에는 중국 전자상거래 업체 알리바바의 창업자 마윈으로부터 2,000만 달러를 투자받기도 하였다_{김문관, 2019}. 이러한 성장세에 힘입어 2019년에는 기업 가치가 1조가 넘는 유니콘 기업이 되었고 회원 수는 1,100만 명을 달성했다_{선한결, 2019}. 렌트더런웨이는 코로나의 영향과 함께 플랫폼의 본질에 충실하기 위해 2020

표 5-5a 렌트더런웨이 프로필

설립 연도	2009년	전개 브랜드	스텔라 매카트니, 랄프로렌, 마르니 등
산업 분야	온라인 대여 플랫폼	매장 수	온라인 플랫폼 기반
창업자	제니퍼 하이먼, 제니퍼 플라이스	매출액	1억 1,500만 달러
CEO	제니퍼 하이먼	웹사이트	www.renttherunway.com
본사	미국 뉴욕	주식상장 여부	비상장
직원 수	약 1,200명		

표 5-5b 렌트더런웨이의 역사

연도	역사
2009년	• 하버드 비즈니스 스쿨 동기 제니퍼 하이먼(Jennifer Hyman)과 제니퍼 플라이스(Jennifer Fleiss)가 출시 • 고급 정장, 드레스 대여로 시작
2016년	• 일상복 대여 및 정기 구독 프로그램 시작 • 고객 수 600만 명 돌파
2019년	• 기업가치 1조로 유니콘 기업 등극 • 고객 수 1,100만 명

년에 뉴욕, LA, 샌프란시스코, 시카고, 워싱턴DC에 위치한 오프라인 점포를 닫는 대신 온라인과 모바일에 투자를 집중하겠다고 밝히기도 하였다.

2) 브랜드 아이덴티티

렌트더런웨이는 자신감 있고 당당한 여성을 지지하는 것을 브랜드의 주요 아이덴티티로 삼고 있다. 무한하게 확장될 수 있는 '클라우드 옷장' 이라는 것을 표방하며 때와 장소에 맞는 적절한 옷을 합리적인 가격에 입을 수 있도록 하여

그림 5-5a
렌트더런웨이의
로고

여성들의 삶에 만족감을 주는 것을 목표로 하고 있다. 소비자는 지불한 월정액에 따라 새로운 아이템을 마음껏 입어볼 수 있으므로 렌트더런웨이는 소비자의 옷장을 확장하는 개념이다. 렌트더런웨이는 옷을 통해 어릴 적 꿈을 실현시키고 스스로 당당한 여성이 될 수 있다는 메시지를 전하고 있다.

렌트더런웨이의 로고는 다양하게 변형될 수 있는 격자를 기반으로 대여를 통해서 끊임없이 변화하는 옷장을 표현하였다. 직사각형 안에서 다양한 방향으로 그려진 직선을 통해 렌트더런웨이만의 모던한 느낌을 나타내고자 하였다.

3) 브랜드 전략

렌트더런웨이는 대여 고객을 위해 다양한 멤버십 플랜을 제공하고 있다. 베이직 클로젯Basic Closet 멤버십은 캐주얼 브랜드 중심으로 리테일가 최대 350달러까지의 상품으로 구성되어 있다. 풀 클로젯Full Closet 멤버십은 렌트더런웨이의 모든 상품을 대여할 수 있으며 리테일가 최대 3,500달러까지의 상품을 선보이고 있다.

모든 멤버십은 무료배송과 반납 서비스를 포함하며 모든 상품의 드라이클리닝과 대여 중 발생한 미세한 손상의 수선까지 렌트더런웨이에서 담당하고 있다. 또한 대여하고 있는 상품을 구매하고 싶을 경우 멤버십 가격으로 저렴하게 구매할 수 있다.

렌트더런웨이는 의류뿐만 아니라 실생활에 필요한 상품들을 대여하는 패션 라이프스타일 플랫폼으로 서비스를 확장하고 있다. 2019년에는 의류와 액세서리 카테고리에서 확장하여 미국의 홈 퍼니싱 기업인 웨스트 엘름West Elm과 협업하여 이불과 베개 커버 등을 정기적으로 대여할 수 있는 가정용품 구독 서비스를 시작하였다.

패션 대여 플랫폼에서는 다양한 브랜드의 상품군을 전개하는 것이 중요한 요소이다. 렌트더런웨이는 대여를 원하는 가입 고객이 증가할수록 대여 상품을 지속적으로 공급해야 하는 대여 비즈니스의 한계를 극복하기 위해 최근에는 패션 브랜드와 계약을 맺고 패션 상품을 공급받고 있다. 이는 패션 브랜드가 렌트더런웨이에 상품을 공급하고 대여 수익 중 일부를 가져가는 구조이다. 고객이 대여한 옷이 마음에 들 경우 향후 실제 구매로 이어지는 것은 물론이고 신규브랜드는 브랜드를 대중에게 미리 소개하는 창구로 활용하고 있다.

또한 플랫폼의 고객을 밀레니얼 세대로 명확히 타깃하여 커뮤니케이션 하고 있다. 인스타그램 등 소셜 미디어를 통해 타인과 교류하기를 즐겨하는 밀레니얼들에게는 같은 옷을 여러 번 입지 않는 성향이 있으므로 오히려 대여의 장점이 극대화될 수 있다. 밀레니얼 세대가 가진 환경 보호와 지속가능성에 대한 인식을 바탕으로 대여의 일상화는 자연 친화적인 소비활동이라는 것을 강조하고 있다.

2016년 구독 서비스를 시작한 것은 플랫폼의 성장과 패션 대여의 저변 확대에 크게 기여하였다. 특별한 날에만 대여를 한다는 인식에서 벗어나 일상에서도 대여를 할 수 있도록 한 것이다. 여기에 스마트 운송 물류 시스템을 도입하여 당일 반환받은 의류를 즉시 검수하고 세탁한 후 같은 날 다른 고객에게 발송될 수 있도록 하여 구독경제의 효과를 극대화하고 있다.

표 5-5c 렌트더런웨이의 멤버십 종류(2020년)

종류	내용	금액
1	• 한 달에 베이직 클로젯(Basic Closet)에서 4개 아이템 대여 가능 • 한 달에 한 번 배송 가능	월 89달러 (첫 달은 69달러)
2	• 한 달에 풀 클로젯(Full Closet)에서 8개 아이템 대여 가능 • 한 달에 두 번 배송 가능	월 135달러 (첫 달은 135달러)
3	• 한 달에 풀 클로젯에서 16개 아이템 대여 가능 • 한 달에 네 번 배송 가능	월 199달러 (첫 달은 149달러)

4) 지속가능 전략

패션 리테일 산업은 환경오염의 주범이기도 하다. 그렇기 때문에 어떻게 생산해야 하는지도 중요하지만, 이미 생산된 패션 상품을 어떻게 소비하면서 상품의 수명을 늘릴 것인지에 대한 고민도 함께 이루어져야 한다. 렌트더런웨이는 '옷 입는 방식을 바꾸자'는 명료한 콘셉트에서 시작되었다. 한 번 사서 몇 번 입고 버리는 것이 아닌 필요할 때마다 대여하는 방식으로 상품의 수명을 늘려 크게 대여Rent, 감소Reduce, 재사용Reuse의 키워드를 통해 지속가능성을 실천하고 있다.

이러한 가치에 따라 렌트더런웨이는 럭셔리 중심의 대여 플랫폼이라는 점에서 발생할 수 있는 반환경적인 활동들을 개선하기 위한 전략들을 실행하고 있다. 환경적인 측면에서 의류 대여의 가장 큰 문제 중 하나는 대여가 될 때마다 발생되는 배송과 관련된 비용이다. 렌트더런웨이에서는 이러한 패키지의 문제를 해결하고자 자연 분해가 더딘 플라스틱백이나 비닐 패키지는 사용하지 않고 자체적으로 특허를 받은 재사용 가먼트백을 사용하고 있다. 또한 플라스틱 폴리백을 사용하고 사용된 폴리백이 재활용될 수 있도록 처리하고 있다. 이러한 노력으로 2017년 이후 365톤 이상의 플라스틱을 재활용하는 성과를 보이기도 했다.

또한 렌트더런웨이에서 대여되기에는 오래된 옷은 샘플세일 행사를 통해 재고를 소진하거나 스레드업threadUP과 같은 파트너사를 통해 처분한다. 또는 드레스 포 석세스Dress for Success와 패브스크랩FabScrap과 같은 비영리 단체에 기부를 진행하기도 한다.

대여된 상품이 반납되고 다시 다른 고객에게 대여가 되기 위해서는 세탁이 이루어져야 한다. 잦은 세탁으로 인한 환경적 영향을 최소화하고자 세탁 시 생분해성 세제를 사용하며 독성이 강한 할로겐계 세정액은 사용하지 않고 있다.

그리고 플랫폼의 영역을 대여뿐만 아니라 중고 판매로도 확장하여 패션 상품 수명을 늘리기 위해 노력하고 있다. 회원 전용으로 온라인 샘플 판매를 진행하여 고객은 합리적인 가격에 중고 패션 상품을 구매할 수 있고 플랫폼은 운영에 필요한 대여 자원을 적절하게 처리하고 새로운 상품들을 고객에게 선보일 수 있다. 또한 동물 보호의 일환으로 2017년 이후 부터는 모피를 전개하지 않고 있다.

표 5-5d 렌트더런웨이의 지속가능 세부 전략

테마	내용
The RTR Garment Bag	• 재사용 가능한 가먼트백 사용
Revive by Rent the Runway	• 다른 중고 회사와 파트너십을 맺어 재고 처분 • 또는 비영리 단체에 기부
Squeaky Clean—Every Time	• 세탁 시 생분해성 세재 사용 • 독성이 강한 할로겐계 세정액은 사용하지 않음
Partners in Plastic Recycling	• 재활용이 가능한 플라스틱 폴리백 사용 • 다 사용한 플라스틱백은 Trex사에 보내 재활용이 되도록 함 • 2017년 이후 365톤 이상의 플라스틱을 재활용함
Less Waste	• 회원 전용 온라인 샘플 판매
Smart Buying	• 고품질의 의류로 선별하여 전개 • 2017년 이후 모피는 전개하지 않음

5) 브랜드 차별성

일반 소비자들이 패션 대여 회사에 대해 갖는 가장 큰 우려는 대여되는 상품의 위생상태이다. 이를 간파한 렌트더런웨이는 세탁에 관한 설비 및 전문가 영입에 많은 투자를 했다. 사람들이 옷 대여를 꺼리는 이유는 대여한 옷은 헌 옷이라는 인식이 있기 때문이라 판단하여 이러한 투자를 진행했다. 이에 렌트더런웨이에서는 대여한 옷에 문제가 발생하면 즉시 수리하여 세탁하는 것뿐만 아니라 대여를 마치고 반납이 된 옷은 살균 및 냄새 제거 처리를 하고 다림질로 마무리하여 다음 대여가 문제없이 진행될 수 있도록 한다. 1,200명의 전체 직원 중 세탁 업무에 투입

그림 5-5b
렌트더런웨이의
온라인 매거진
더 시프트

된 인원이 770명인 것을 감안한다면 고객에게 백화점에서 새 옷을 사서 입는 것과 같은 경험을 주고 싶었다는 제니퍼 하이먼Jennifer Hyman의 이야기에서 진정성이 느껴진다.

또한 렌트더런웨이 소식뿐만 아니라 가입 고객들에게 다양한 패션 및 공유 정보를 알리기 위해 온라인 매거진 더 시프트The Shift를 운영하고 있다. 일상에서 사용할 수 있는 간단한 패션 정보와 렌트더런웨이 가입자들의 이용 팁이나 그들의 라이프 스타일을 소개하며 패션 대여는 구매만큼이나 자연스러운 일상임을 지속적으로 나타내고 있다. 또한 여성 인권, 지속가능성에 대한 이야기도 함께 공유하며 플랫폼이 추구하는 가치를 고객들과 나누고자 노력하고 있다.

요약

1. 렌트더런웨이는 밀레니얼 세대를 타깃으로 한 패션과 라이프 스타일 상품 대여 구독 서비스 플랫폼이다. 무한히 확장되는 클라우드 옷장이자 여성들이 꿈꿔왔던 브랜드의 상품으로 가득한 옷장을 아이덴티티로 구독자들에게 일상 속의 옷을 통한 당당한 여성상의 실현이라는 메시지를 보낸다.

2. 의류 구독 서비스에서 확장하여 가정용품 구독 서비스를 제공하며 라이프 스타일 플랫폼으로 자리 잡았다. 대여 상품에 대한 중고 판매 서비스를 진행한다. 대여 상품의 위생상태를 철저하게 관리함으로써 헌 옷에 대한 인식을 개선하고자 한다.

3. 지속가능성을 추구하며 대여, 감소, 재사용의 키워드로 표현되는 상품의 수명 연장에 초점을 둔다. 제품 배송 과정에서 친환경 포장을 활용하고 세탁 작업 시 생분해성 세제를 사용한다.

생각해 볼 문제

1. 렌트더런웨이의 대여 의류 특징과 효과를 알아보자.

2. 라이프 스타일 플랫폼으로 확장한 이후 렌트더런웨이의 운영 전략과 제품군에 무엇이 달라졌는지 조사해보고, 앞으로의 발전 방향성을 제시해보자.

3. 렌트더런웨이의 성장이 럭셔리 패션 시장에 미칠 영향을 예측해보자.

6. 워드로브

1) 브랜드 역사

미국의 워드로브_{Wardrobe}는 비영리 기관인 프로젝트아트_{ProjectArt}를 설립한 인도 출신의 예술가 아달쉬 알폰스_{Adarsh Alphons}가 2019년에 출시한 플랫폼이다. 그는 사람들이 자신의 옷장에 있는 옷의 20%만 주기적으로 입는다는 사실에 착안하여 자신의 옷장에 다 보관할 수 없을 정도로 많은 패션 상품을 가지고 있는 비슷한 또래들끼리 같은 공간에서 옷을 서로 빌리고 빌려줄 수 있는 디지털 플랫폼을 기획하였다. 옷을 빌릴 수도 빌려줄 수도 있는 패션 상품의 순환 구조를 실현하고자 한 워드로브는 에어비앤비의 투자를 받으며 공유경제가 적용될 수 있는 자원을 패션 상품으로 확대하였다.

2020년 워드로브는 미국의 또 다른 P2P 패션 대여 플랫폼인 렌트 마이 워드로브_{Rent My Wardrobe}를 4백만 달러에 인수하면서 본격적인 시장 공략에 나서고 있다. 출시 당시에는 뉴욕 및 인근 지역에 한정하여 서비스를 시작하였으나 2020년 하반기부터는 미국 전역에 배송을 시작하였다.

표 5-6a 워드로브 프로필

설립 연도	2019	전개 브랜드	디올, 발렌티노, 알렉산더맥퀸 등
산업 분야	온라인 대여 플랫폼	매장 수	온라인 플랫폼 기반
창업자	아달쉬 알폰스	매출액	비공개
CEO	아달쉬 알폰스	웹사이트	www.wearwardrobe.co
본사	미국 뉴욕	주식상장 여부	비상장
직원 수	비공개		

표 5-6b 워드로브의 역사

연도	역사
2019년	• 비영리 기관인 프로젝트아트(ProjectArt)의 설립자 아달쉬 알폰스(Adarsh Alphons)가 출시
2020년	• 미국의 P2P 패션 대여 플랫폼 렌트 마이 워드로브(Rent My Wardrobe) 인수 • 미국 전역으로 서비스 확대

2) 브랜드 아이덴티티

워드로브는 출시 때부터 패션의 에어비앤비를 표방하고 있다. 렌트더런웨이 등과
같은 전통적인 B2C 패션 대여 플랫폼에서는 대여
고객 수가 증가할수록 이들을 위한 상품 수급이
지속적으로 이루어져야 한다는 어려움이 존재한

WARDROBE

그림 5-6a
워드로브 로고

다. 그러나 개인이 기존에 가지고 있는 상품을 플랫폼을 통해 서로 대여하거나 임
대하는 P2P 방식은 플랫폼 입장에서는 재고에 대한 부담이 없을 뿐만 아니라, '유
휴 자원의 활용'이라는 관점에서 B2C 플랫폼보다 더 매력적인 방식이 될 수 있다.
  워드로브는 '옷장'이라는 네이밍에서부터 브랜드 아이덴티티를 표현하고 있다.
또한 지속가능성을 기반으로 순환 경제에 기여하는 플랫폼이라는 점을 강조하기
위해 순환 패션Circular Fashion 로고를 함께 사용함으로써 워드로브가 추구하는 브랜
드 아이덴티티를 보여주고 있다.

3) 브랜드 전략

워드로브는 개인 간 패션 대여 거래라는 점을 고객에게도 강조하고 있다. 내가 가
지고 있는 패션 상품을 다른 이에게 빌려줌으로써 일정 수익을 얻을 수 있다는
점은 더 많은 소비자를 플랫폼으로 유인할 수 있다. 대여를 위한 별도의 멤버십이
나 월 정액제 없이 아이템별 대여 금액을 워드로브에서 책정한다. 금액은 내부 기
준을 따르고 있으며 해당 시즌 정상 판매 가격의 10~20% 정도를 기준으로 삼고
있다. 임대자는 임대에 대한 수익으로 대여된 금액의 70~75%를 수익으로 가져

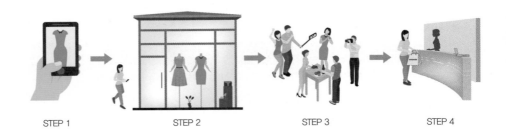

그림 5-6b
워드로브
이용 방법

STEP 1   STEP 2   STEP 3   STEP 4

가고 나머지는 워드로브의 수수료로 책정된다.

워드로브에서 상품을 대여하기 위해서는 가입한 뒤 대여하고자 하는 상품을 선택하고 대여 기간을 4일, 10일, 20일 중에서 정한다. 그 후, 대여 상품을 택배로 받을지 또는 근처의 워드로브 허브에서 수령할지 결정한다. 대여 기간이 끝나면 워드로브 허브로 반납한다.

워드로브를 통해 패션 상품을 임대하는 방법은 대여보다 훨씬 간단하다. 워드로브에 보내기만 하면 나머지 임대, 보관 등의 과정을 모두 플랫폼에서 관리하게 된다. 플랫폼이 대여 과정뿐만 아니라 상품 관리를 도맡아 한다는 점은 소비자의 옷장 관리가 수월해진다는 장점을 가진다. 이와 같이 금전적인 이득뿐만 아니라 공간에 대한 합리적인 이용 방식임을 강조하는 전략들을 소비자에게 내세우고 있다.

4) 지속가능 전략

워드로브는 개인 간 대여 및 임대 거래를 기반으로 한 비즈니스이다. 유휴자원을 활용한다는 관점에 있어서 플랫폼 활동에 참여하는 것 자체가 지속가능 전략임을 강조하여, 입지 않는 패션 상품을 임대하는 활동을 적극 권장하고 있다. 옷장 안에 있지만 내가 잘 입지 않은 상품들을 다른 사람이 입도록 기회를 줌으로써 패션 제품의 수명을 연장할 수 있다는 점을 강조한다. 또한 워드로브에서는 SPA 브랜드나 가죽, 모피 등의 상품은 지속가능성에 부합하지 않아 받지 않는다.

워드로브는 세탁 및 보관 시설을 갖춘 자체 물류 센터인 워드로브 허브Wardrobe Hub를 뉴욕에 40개 이상 운영하고 있다. 뉴욕에서 가장 큰 세탁 체인점 중 하나인 제이스 클리너J's Cleaner와 협업하여 상품을 깨끗하게 관리하고 있다. 개인 간 대여 거래이다 보니 워드로브에서 자체적으로 재고를 보유하는 구조는 아니므로 플랫폼 입장에서는 재고 부담이 적은 유연한 구조이기도 하다. 더 나아가, 상품의 이동에서 발생하는 환경적인 문제를 최소화하기 위해 워드로브 허브를 적극 활용하고 있다. 대여자가 원하면 배송이 이루어지지만 대여나 반납이 집 근처에 위치한 워드로브 허브에서 바로 이루어질 수 있도록 장려하여 택배로 인해 발생되는 포장 등의 낭비를 최소화한다.

5) 브랜드 차별성

워드로브는 대여자와 임대자와의 교류를 중심으로 이루어지는 플랫폼으로 비슷한 패션 취향을 가진 이용자들이 플랫폼 활동에 참여할 수 있도록 노력하고 있다. 예를 들면 워드로브를 이용하는 고객이 다른 고객의 추천으로 가입할 경우 플랫폼 내에서 쓸 수 있는 크레딧을 지급하는 제도를 운영한다. 또한 워드로브에서 빌려주거나, 빌린 상품을 직접 입은 모습을 자신의 소셜 미디어에 게시하여 워드로브 이용자들만의 이너서클inner circle이 형성될 수 있도록 차별화하고 있다. 패션 상품을 개인끼리 공유하는 플랫폼은 에어비앤비, 우버 등과 같이 숙박, 교통 등의 영역과 비교하여 성장이 다소 느린 경향을 보였다. 그러나 지속가능성에 대한 인식의 확장으로 워드로브와 같이 새로운 개념의 소비에 대해 소비자들은 눈을 뜨고 있다. 소유보다는 사용에 가치를 두는 워드로브의 나아가는 방향을 계속 지켜볼 필요가 있다.

1. 패션 제품 대여 디지털 플랫폼인 워드로브는 개인 간 제품 공유와 유휴 자원의 활용을 통한 순환 패션을 추구한다. 다른 B2C 제품 대여 플랫폼과 다르게 P2P 방식을 이용하여 재고 부담을 없애고 상품의 수급을 원활하게 하였다.

2. 입지 않는 상품을 공유한다는 아이덴티티로 지속가능성을 추구하고, 워드로브 허브를 이용해 세탁 및 보관 과정에서 발생하는 환경 부담을 최소화한다.

1. 워드로브에서 채택한 P2P 방식의 플랫폼의 특징과 장점은 무엇인가?

2. 워드로브에서 대여할 수 있는 제품과 대여의 활발한 정도를 조사해보자.

참고문헌

김창우. (2019. 3. 23). 혁신 아이콘 공유경제, 플랫폼 업자의 '약탈' 막는게 과제. 중앙선데이. https://news.joins.com/article/23419421

이혜인. (2020. 1. 6). 2020년, '지속가능'을 넘어 '순환 패션'으로. 어패럴뉴스. http://m.apparelnews.co.kr/news/news_view/?idx=180270

조민정, & 고은주. (2020). 협력적 패션 소비 플랫폼 연구. 한국의류산업학회지, 22(6), 1-12.

Becker-Leifhold, C., & Iran, S. (2018). Collaborative fashion consumption-Drivers, barriers and future pathways. Journal of Fashion Marketing and Management: An International Journal, 22(2), 189-208.

Business of Fashion, & McKinsey&Company. (2018). The State of Fashion 2019. https://cdn.businessoffashion.com/reports/The_State_of_Fashion_2019_v3.pdf

Business Wire. (2020). Global Online Clothing Rental Market, Forecast to 2025-ResearchAnd-Markets.com. https://www.businesswire.com/news/home/20200505005656/en/Global-Online-Clothing-Rental-Market-Forecast-to-2025---ResearchAndMarkets.com

Common Thread Collective. https://commonthreadco.com

Iran, S., & Schrader, U. (2017). Collaborative fashion consumption and its environmental effects. Journal of Fashion Marketing and Management: An International Journal, 21(4), 468-482.

스레드업 리세일 리포트 2021 RESALE REPORT. (2021). www.thredup.com/resale/#resale-industry

1. 파페치

박용범. (2020. 12. 28). [자이앤트레터] 명품 '온라인 보복소비' 부른 팬데믹…파페치 주가 10배 급등. 매일경제. https://www.mk.co.kr/news/stock/view/2020/12/1324314/

유지연. (2019. 11. 24). "새 물건 말고 헌 물건 사라" 부추기는 패션 브랜드들. 중앙일보. https://news.joins.com/article/23640111

윤정훈. (2020. 12. 26). 패션계의 넷플릭스 '파페치'. 이데일리. https://www.edaily.co.kr/news/read?newsId=01210326626002456&mediaCodeNo=257

이광주. (2020. 10. 7). '언택트 특수'… 셀렉온 등, 불황 속 웃는 국내 럭셔리 플랫폼. 패션비즈. https://www.fashionbiz.co.kr/PE/view.asp?idx=180699

Business Wire. (2019, September 8). Farfetch Acquires Brand Platform New Guards Group, Advancing its Strategy to be the Global Technology Platform for the Luxury Fashion Industry. https://www.businesswire.com/news/home/20190808005847/en/Farfetch-Acquires-Brand-Platform-New-Guards-Group-Advancing-its-Strategy-to-be-the-Global-Technology-Platform-for-the-Luxury-Fashion-Industry

Danziger, P. N. (2020, May 16). Farfetch Is Perfectly Positioned For Luxury Market's Digital Post-Coronavirus Future. Forbes. https://www.forbes.com/sites/pamdanziger/2020/05/16/farfetch-is-perfectly-positioned-for-luxury-markets-digital-post-coronavirus-future/?sh=315996f77834

Farfetch. https://aboutfarfetch.com

Farfetch. (2020, November 19). Bank of America Consumer & Retail Virtual conference. https://s22.q4cdn.com/426100162/files/doc_presentations/2020/11/2020.11.19-BANK-OF-AMERICA-CONSUMER-RETAIL-VIRTUAL-CONFERENCE-Farfetch-presentation.pdf

Hughes, H. (2019, May 13). Farfetch launches resale platform for designer bags. Fashion United. https://fashionunited.com/news/fashion/farfetch-launches-resale-platform-for-designer-bags/2019051327755

Kansara, V. A. (2017, April 12). Inside Farfetch's Store of the Future. Business of Fashion. https://www.businessoffashion.com/articles/technology/inside-farfetchs-store-of-the-future

Statista. (2021). Revenue of Farfetch from financial year 2015 to 2019. https://www.statista.com/statistics/980145/ecommerce-revenue-farfetch/

Wightman-Stone, D. (2020, December 7). Farfetch unveils ambitious long-term sustainability goals. Fashion United. https://fashionunited.com/news/business/farfetch-unveils-ambitious-long-term-sustainability-goals/2020120736901

Wightman-Stone, D. (2020, September 16). Farfetch unveils new brand identity with a global campaign. Fashion United. https://fashionunited.com/news/business/farfetch-unveils-new-brand-identity-with-a-global-campaign/2020091635488

Yahoo News. (2019, May 13). Farfetch breathes new life into pre-loved designer bags. https://news.yahoo.com/farfetch-breathes-life-pre-loved-designer-bags-144444474.html

2. 잘란도

안별, & 박소영. (2020. 5. 1). 아마존의 유럽 진격을 막는 독일 패션 전사들. 조선위클리비즈. http://weeklybiz.chosun.com/site/data/html_dir/2020/04/30/2020043001091.html

정해순. (2020. 6. 1). 잘란도 파워! 연평균 25% 폭풍 성장. 패션비즈. http://www.fashionbiz.co.kr/article/view_login.asp?idx=178441&rurl=%2Farticle%2Fview%2Easp%3Fcate%3D2%26sub%5Fnum%3D%26idx%3D178441&a=2

Hughes, H. (2019. 8. 23). Zircle: Zalando tests resale with second-hand clothing pop-up. Fashion United. https://fashionunited.com/news/retail/zircle-zalando-tests-resale-with-second-hand-clothing-pop-up/2019082329585

Statista. (2021). Annual revenue of Zalando from 2009 to 2020. https://www.statista.com/statistics/260450/annual-revenue-of-zalando/

Zalando. https://corporate.zalando.com/en

Zalando zircle. https://www.zircle.de/

3. 더리얼리얼

한경제. (2020. 12. 23). 명품 중고거래업체 더리얼리얼, MZ세대 사로잡은 비결은. 한국경제. https://www.hankyung.com/finance/article/2020122311551

Business of Fashion. (n.d.) Julie Wainwright_BoF 500. https://www.businessoffashion.com/community/people/julie-wainwright

Davis, D. M. (2020, October 6). Gucci just partnered with The RealReal, joining a growing number of legacy luxury brands on the platform. It shows how the appetite for high-end clothes will never die, just evolve. Business Insider. https://www.businessinsider.com/gucci-and-therealreal-announce-partnership-as-demand-in-resale-grows-2020-10

GlobeNewswire. (2020, February 25). The RealReal Announces Fourth Quarter and Full Year 2019 Results. https://www.globenewswire.com/news-release/2020/02/25/1990465/0/en/The-RealReal-Announces-Fourth-Quarter-and-Full-Year-2019-Results.html

GlobeNewswire. (2020, October 5). The RealReal and Gucci Launch Circular Economy Partnership. https://www.globenewswire.com/news-release/2020/10/05/2103336/0/en/The-RealReal-and-Gucci-Launch-Circular-Economy-Partnership.html

GlobeNewswire. (2020, September 2). The RealReal Becomes First Resale Company To Join United Nations Global Compact. https://www.globenewswire.com/news-release/2020/09/02/2087857/0/en/The-RealReal-Becomes-First-Resale-Company-To-Join-United-Nations-Global-Compact.html

Novellino, T. (2016, June 9). From Pets.com to The RealReal: Advice from a luxury retail entrepreneur. Industries & Topics. https://www.bizjournals.com/newyork/news/2016/06/09/julie-wainwright-fashion-therealreal.html

The RealReal. (2021). The RealReal Announces Fourth Quarter and Full Year 2020 Results. The RealReal Announces Fourth Quarter and Full Year 2020 Results | The RealReal

The RealReal. www.therealreal.com

4. 디팝

박소현. (2019. 9.12). DEPOP, 동묘가 플랫폼으로 진화하다. 패션지오. http://www.fashiongio.com/news/view.html?smode=&skey=%B9%DA%BC%D2%C7%F6&x=0&y=0&section=165&category=186&no=21384

한국패션산업협회. (2018. 12. 7). 리세일 디스럽터(Resale disruptor), 디팝(Depop). https://www.facebook.com/fashionnetkorea/posts/2496300717052828/

Bobila, M. (2019, June 11). WITH DEPOP LIVE IN NEW YORK CITY, THE ONLINE MARKETPLACE COMES TO LIFE. Fashionista. https://fashionista.com/2019/06/depop-live-2019-new-york-city

Dawood, S. (2017, July 27). Online shop Depop rebrands to take on "f*ck it" attitude. Designweek. https://www.designweek.co.uk/issues/24-30-july-2017/online-shop-depop-rebrands-take-fck-attitude/

Depop. www.depop.com

Mantor. C. (2018, March 21). Depop opens first brick-and-mortar location in LA. Fashion Network. https://ww.fashionnetwork.com/news/depop-opens-first-brick-and-mortar-location-in-la,960730.html

Hanbury, M. (2021, June 2). Etsy plans to spend $1.6 billion buying Depop, a social shopping app that's helping teens get rich. Some Depop sellers pull in $300,000 a year-here's how to make money on it. Business Insider. https://www.businessinsider.com/how-to-make-money-selling-clothes-depop-2019-5

Knowles, K. (2018, April 26). Depop CEO: Solving 3 Big Problems For Young Cool Shoppers. Forbes. https://www.forbes.com/sites/kittyknowles/2018/04/26/depop-ceo-solving-3-big-problems-for-young-cool-shoppers/?sh=446f4cb17b40

Lunden, I. (2019, June 7). Depop, a social app targeting millennial and Gen Z shoppers, bags $62M, passes 13M users. Techcrunch. https://techcrunch.com/2019/06/06/depop-a-social-app-targeting-millennial-and-gen-z-shoppers-bags-62m-passes-13m-users/

Selfridges & Co. www.selfridges.com

5. 렌트더런웨이

김문관. (2019. 4. 7). 패션계 넷플릭스 '렌트 더 런웨이' 성장비결. 조선비즈. https://biz.chosun.com/site/data/html_dir/2019/04/05/2019040502158.html

선한결. (2019. 5. 23). "입을 옷이 없네" 동생 푸념 듣고 대학원때 의류 대여 서비스 시작…10년 만에 유니콘 기업으로 도약. 한국경제. https://www.hankyung.com/international/article/2019052353051

조민정, & 고은주. (2020). 협력적 패션 소비 플랫폼 연구. 한국의류산업학회지, 22(6), 1-12.

홍성호. (2019. 9. 30). 의류 업계의 넷플릭스, 옷을 구독하다! '렌트더런웨이'. BIZION. http://www.bizion.com/bbs/board.php?bo_table=startup&wr_id=665&sca=O2O%2CCommerce

Biron, B. (2020, October 15). Rent the Runway is permanently closing all of its physical stores as the company rethinks retail during the pandemic. Business Insider. https://www.businessinsider.com/rent-the-runway-permanently-closing-all-stores-amid-pandemic-2020-8

Rent the Runway. www.renttherunway.com

The Shift. www.rtrshift.com

Taylor, G. (2019, March 7). West Elm Brings Exclusive Home And Bedding Products To Rent The Runway. Retail Touch Points. https://retailtouchpoints.com/features/news-briefs/west-elm-brings-exclusive-home-and-bedding-products-to-rent-the-runway

6. 워드로브

조민정, & 고은주. (2020). 협력적 패션 소비 플랫폼 연구. 한국의류산업학회지, 22(6), 1-12.

Noto, A. (2020, September 9). ProjectArt Founder Joins Airbnb Exec On 'Wardrobe' Startup To Rival Rent The Runway. Benzinga. https://www.benzinga.com/news/20/09/17375182/projectart-founder-joins-airbnb-exec-on-wardrobe-startup-to-rival-rent-the-runway

PYMNTS. (2020, November 17). Wardrobe Expands Reach In Closet-Sharing Economy With Rent My Wardrobe Merger. https://www.pymnts.com/news/partnerships-acquisitions/2020/wardrobe-closet-sharing-economy-merger/

Sinha, S. (2020, November 26). Wardrobe, a E-commerce App Which Allows You to Buy and Sell Luxury Clothes. Unboxing Startups. https://unboxingstartups.com/blog/wardrobe-a-e-commerce-app-which-allows-you-to-buy-and-sell-luxury-clothes/

Stoddard, T. (2019, January 24). Monetize Your Closet With New Peer-To-Peer Fashion Marketplace, Wardrobe. Forbes. https://www.forbes.com/sites/taylorboozan/2019/01/24/monetize-your-closet-with-new-peer-to-peer-fashion-marketplace-wardrobe/?sh=49596adf783d

Wardrobe. wearwardrobe.co

표, 그림 출처

그림 5-0a thredUP. 2021 RESALE REPORT. (2021). www.thredup.com/resale/#resale-industry

그림 5-0b 조민정, & 고은주. (2020). 협력적 패션 소비 플랫폼 연구. 한국의류산업학회지, 22(6), 1-12.

그림 5-1a ⓒ nikkimeel/Shutterstock.com

그림 5-2a, b, c, d, e, f Zalando. https://corporate.zalando.com/en

표 5-3c, 그림 5-3a, b, c, d The RealReal. www.therealreal.com

그림 5-4a Depop. www.depop.com

그림 5-4b Knowles, K. (2018, April 26). Depop CEO: Solving 3 Big Problems For Young Cool Shoppers. Forbes. https://www.forbes.com/sites/kittyknowles/2018/04/26/depop-ceo-solving-3-big-problems-for-young-cool-shoppers/?sh=446f4cb17b40

그림 5-4c 셀프리지 백화점. www.selfridges.com

그림 5-5a ⓒ viewimage/Shutterstock.com

그림 5-5b The Shift. www.rtrshift.com

그림 5-6a Wardrobe. wearwardrobe.co

그림 5-6b Stoddard, T. (2019, January 24). Monetize Your Closet With New Peer-To-Peer Fashion Marketplace, Wardrobe. Forbes. https://www.forbes.com/sites/taylorboozan/2019/01/24/monetize-your-closet-with-new-peer-to-peer-fashion-marketplace-wardrobe/?sh=49596adf783

연구노트

SNS를 통해 지속가능성 메시지를 전달했을 때, 패션 브랜드에 대한 소비자의 반응은 어떨까?

지속가능성에 대한 소비자의 인식과 지속가능한 제품을 구매하고자 하는 욕구가 커지면서 패션업체들은 지속가능성을 우선순위에 두고 있다. 지난 몇 년 동안 패션 브랜드들은 소셜 미디어 채널이 소비자와 교류하며 브랜드와 소비자의 관계를 구축하고 소비자의 의사결정을 용이하게 하는 데 가치가 있다는 것을 인식해왔다. 소셜 미디어 채널을 통해 긍정적인 입소문, 브랜드 충성도 및 구매 의도를 창출하기 때문이다.

본 연구는 지속가능성이 브랜드에 미치는 영향을 확인하기 위해, 문화적 차이를 고려하였다. 지속가능성에 대한 인식이 높고, 친환경 제품에 대해 돈을 지불하고자 하는 의지가 높은 경향을 보이는 유럽 및 미주 지역의 소비자들에 비해 아시아 지역의 소비자들은 상대적으로 이에 대한 인식이 낮은 것으로 나타난다. 따라서, 패션 브랜드는 환경 친화적인 제품을 광고할 때, 소비자의 지속가능성에 대한 이해 수준과 문화적 배경을 고려해야 한다. 여기서는 지속가능성에 대한 인식이 높은 독일 소비자들과 상대적으로 인식이 낮은 한국 소비자들을 대상으로 연구를 진행하였다. 본 연구는 소셜 미디어를 통해 지속가능성을 전달할 때, 럭셔리 브랜드 구찌와 럭셔리가 아닌 패션 브랜드, 타미 힐피거에 대한 구전 의도와 구매 의도가 어떻게 달라지는지 파악하고자 했다. 연구의 참가자들은 문화적, 경제적, 환경적, 사회적 메시지가 담긴 SNS 게시물을 본 후, 설문에 응답했다.

그 결과, 독일 소비자의 경우에는 SNS 콘텐츠를 통해 지속가능성을 인지했을 때, 브랜드 태도와 구매 의도에 긍정적인 영향을 미쳤다. 또한 브랜드의 경제적, 사회적 지속가능 메시지가 럭셔리 브랜드의 지속가능성에 대한 구전 의도에 더 많은 동기를 부여하는 반면, 문화적, 환경적 지속가능 메시지는 럭셔리가 아닌 패션 브랜드에서 더 높은 콘텐츠 공유 의도를 보였다.

지속가능성에 대한 인식이 상대적으로 낮은 한국 소비자의 경우에는 전반적으로 지속가능 인식 메시지에 대한 구매 의도가 드러나지 않았고, 럭셔리 브랜드가 SNS를 통해 경제적, 환경적 메시지를 나타냈을 때, 브랜드 태도와 구전 의도에 대해 부정적으로 반응하였다.

 본 연구에서는 럭셔리 브랜드에서의 지속가능 콘텐츠는 오히려 고급스러운 이미지를 희석시킬 수도 있다는 우려를 확인했다. 이는 럭셔리가 추구하는 희귀성, 과시성과 지속가능성이 충돌함을 나타내며, 소비자들에게 지속가능성을 드러내는 SNS 게시물은 제대로 검증할 수 없는 모호하고, 암묵적인 속임수로 인식될 수 있다. 즉, 브랜드가 실제로는 환경에 악영향을 끼치는 제품을 생산하면서도, 브랜드 게시물을 통해 친환경 이미지를 내세우는 그린워시로 비춰질 수가 있다. 또한 소비자들이 지속가능성의 중요도를 인식하는 정도는 높아지고 있지만, 결국 브랜드를 선택할 때, 환경에 관련된 부분은 부수적으로 여긴다. 지속가능성 메시지는 브랜드의 구매 의도 보다는 SNS 내에서의 긍정적인 구전 의도를 높이는 미미한 영향을 끼쳤을 뿐이다.

 본 연구를 통해 SNS를 통한 지속가능 커뮤니케이션에 있어서, 문화적인 차이를 신중하게 고려해야 함을 알 수 있었다. 특히 소비자들이 지속가능성에 대해 잘 알고 있는 문화권에서 이러한 전략이 진행된다면, 럭셔리가 아닌 패션 브랜드에서 성공할 가능성이 높다. 본 연구에 대한 자세한 내용은 아래의 원문에서 확인할 수 있다.

출처

Kong, H. M., Witmaier, A., & Ko, E. (2020). Sustainability and social media communication: How consumers respond to marketing efforts of luxury and non-luxury fashion brands. *Journal of Business Research*, 131, 640-651

'빈티지'는 본래 양질의 포도로 만든 품격 있는 와인에서 유래된 말로, '오래되어도 가치있는 것 (Oldies but Goodies)'이라는 뜻을 갖고 있다. 최근 빈티지(Vintage)는 패션 및 인테리어 등 다양한 분야로 영역을 넓히며 하나의 트렌드로 떠오르고 있다. 레트로 열풍을 기반으로 패션 내에서 지속가능성을 실천할 수 있는 방안이면서도, 독특하면서도 희소하여 개인의 개성을 살릴 수 있기 때문이다. 이와 함께 중고 거래가 활성화되며 빈티지 패션에 대한 인식이 많이 개선되었지만 빈티지 패션이 갖는 다양한 매력 요소에 비해 중고 의류시장 마케팅이 부진한 실정이다.

빈티지 패션은 크게 재활용 패션과 재생 패션으로 분류된다. 재활용 패션은 과거에 생산된 제품을 그대로 가져와 현대 패션에 이용하는 패션으로 벼룩시장이 발달한 유럽, 일본에서 이미 자리를 잡은 패션이다. 재생 패션은 과거 특정 시대의 스타일을 모방해 현대적으로 재해석하는 패션이며, 90년대 초반부터 익숙했던 복고주의 개념인 레트로 패션이 이에 해당한다.

사실 해외, 특히 유럽과 같은 서양 문화권의 경우 빈티지 문화의 역사가 길며 이에 대한 인식이 꽤 긍정적이다. 앤티크(Antique) 제품부터 스토리가 담긴 물건을 수집하는 사람들이 많으며 빈티지 제품을 구매한다는 개념 자체도 중세 유럽에서 시작되었다. 파페치(Farfetch), 리씨(Re-See), 베스티에르 컬렉티브(Vestiaire Collective) 등의 브랜드가 빈티지 숍으로서 두각을 나타내고 있다.

이에 반해 우리나라는 '중고 제품'에 대한 부정적인 인식이 강했다. 그러나 최근 중고 패션을 소비하는 것이 개인의 취향과 가치관이 반영된 합리적이고 친환경적인 개념 소비로 여겨지며 중고 의류 판매, 대여 서비스 등이 미래 패션 시장의 주류가 될 것이라는 예측이 많다. 또한 주 소비자 층으로 떠오르고 있는 MZ 세대는 공유경제 서비스를 통해 윤리적인 방식으로 제품을 거래하고 있으며 직접 경험해보지 못한 과거를 레트로 패션을 통해 경험하고 있다. 국내 빈티지 의류 시장은 광장시장 구제상가와 동묘의 구제시장을 기반으로 활성화되었다. 최근에는 여러 패션 유튜버 사이에서 구제시장을 체험하는 형식의 콘텐츠가 유행하고 있으며, 인스타그램 등 SNS에 빈티지 숍을 검색하면 온오프라인 기반의 다양한 빈티지 숍이 인기를 끌고 있음을 확인할 수 있다.

특히, 주목할 만한 빈티지 숍 중에는 '벨앤누보(Bell & Nouveau)'가 있다. 아트 빈티지 업사이클링 오뜨 꾸뛰르 브랜드로 '옛 것의 가치에 지금의 가치를 더한다'는 방향성을 갖고 있는데, 예전에 갖고 있던 럭셔리 제품을 현대적인 스타일로 재탄생시켜 다양한 셀러브리티들에게 인기가 있다. 하지만 벨엔누보 자체에서도 마케팅의 부진을 인지하고 있다.

빈티지 패션에 대한 마케팅 활성화를 위한 SWOT 분석의 결과는 다음의 표와 같다.

강점	약점
• 지속가능성 • 서사가 있는 제품 • 다양하고 개성있는 디자인 • 희소성 있는 나만의 옷 • 비교적 저렴한 가격	• 새 제품에 비해 떨어지는 품질 • 초보자들에게 어려운 제품 선별 • 중고 의류 플랫폼의 부재 • 국내 빈티지 시장 규모에 비해 부진한 마케팅
기회	위기
• 레트로, 뉴트로 패션의 부상 • 빈티지 의류 시장의 규모 확대 • 지속가능성에 대한 관심 증가 • MZ세대의 가치있는 소비 트렌드	• 낡은 빈티지 의류에 대한 부정적 편견 • 가늠하기 어려운 가격대

빈티지 의류 자체에 대한 인식 개선이 우선적으로 필요하다. 따라서 '중고'라는 단어의 사용을 최소화하고, 인플루언서를 활용하여 제품에 대한 선호도를 높여야 한다. 또한 환경 문제나 지속가능성에 대한 콘텐츠를 이야기식으로 전달하는 것이 중요하다. 나아가, 빈티지 트렌드의 주된 소비층인 MZ세대에게 효과적으로 도달할 수 있는 마케팅 방식을 취해야한다.

그림 1   그림 2

출처

이병길. (2020). 지구 환경을 위한 지속가능한 패션의 착한소비 확산. 서울연구원. https://bit.ly/39KjYJe

이혜인. (2020. 8. 21). [이혜인] 중고 패션은 왜 지속가능한 미래의 키워드가 되었나. 어패럴뉴스. http://m.apparelnews.co.kr/news/news_view/?idx=184479

정윤주. (2007). 국내 온라인 빈티지 쇼핑몰 패션 디자인 분석–여성복을 중심으로. *건국대학교 석사학위논문*, 1–81

그림 1. @beccamchaffie. Unsplash. https://unsplash.com/photos/Fzde_6ITjkw(오픈 소스)

그림 2. @clemono. Unsplash. https://unsplash.com/photos/HNTuVU2F_kw(d오픈 소스)

SUSTAINABLE FASHION

CHAPTER ————

지속가능패션의 미래

6

CHAPTER 6
지속가능패션의 미래

1. 지속가능패션 사례 요약

본 절에서는 앞서 살펴본 지속가능패션의 개요, 지속가능 소비자, 그리고 대표적인 지속가능패션 브랜드의 사례를 요약하고자 한다. 지속가능성의 개념을 생물학적 다양성을 유지하면서 친환경적이고 윤리적으로 생산하는 것으로 정의하며, 패션 산업에서는 지속가능성이 생산 과정에서의 지속가능성뿐만 아니라 운송, 보관, 판매, 재사용, 재활용에 이르기까지 광범위하게 적용되고 있다. 친환경, 그린 패션, 윤리적 패션 등으로도 사용되고 있는 지속가능패션은 기업의 장기적인 발전을 위해 이제는 선택이 아닌 필수가 되었다. 1장에서는 이러한 관점에서 지속가능패션에 대한 이해를 도울 수 있도록 지속가능패션의 환경을 살펴보았다.

2장에서는 지속가능패션을 바라보고 실천하는 소비자들에 대해 다루었다. 특히 COVID-19으로 인해 환경에 대한 관심이 증가하면서 책임감 있는 소비 행동 양식들이 나타나고 있다. 슬로우 패션, 중고 및 대여 거래, 몇 벌의 기본적인 옷으로 옷장을 구성하는 캡슐 옷장 등 소비자들의 지속가능 라이프 스타일 트렌드를 살펴보았다. 특히 순환 경제의 핵심으로 떠오르고 있는 리커머스는 공유를 기반으로 한 중고 및 대여 거래로, 제품의 운송, 판매, 폐기, 재활용, 재생산 과정을 포함한 수명 주기를 플랫폼 차원에서 늘린다는 의의가 있다. 이러한 지속가능패션 소비에 가장 핵심이 되는 소비자는 MZ세대로, 이들은 기후 변화와 환경 문제에 관심이 많고 이를 해결하기 위해 자신의 습관과 생활 방식을 바꿀 의향이 있다. 필립 코틀러는 이러한 간소한 생활을 지향하는 라이프 스타일 변화에 후기 소비주의라는 개념을 도입하였다. 또한 계절에 상관없이 사계절 모두 입을 수 있는 시즌리스 패션의 등장 역시 주목할 필요가 있다.

3, 4, 5장에서는 1장 연구노트에서 다룬 지속가능패션 비즈니스 모델별 카테고리가 어떻게 확장되고 있는지 살펴보았다. 과거에는 지속가능패션의 범위가 생산과 제조 수준에 머물렀으나, 기업과 소비자들이 지속가능성의 중요성을 인식하게 되면서 지속가능한 패션 비즈니스 모델이 다양하게 제시되고 있다. 이러한 변화를 이끄는 축으로 크게 순환 경제, 공유 경제, 기업의 사회적 책임, 기술혁신, 소비자 인식이 제시_{Todeschini et al, 2017}되었으며, 이러한 지속가능패션 비즈니스 모델은 기존의 패스트 패션을 대체하고 새로운 메가 트렌드로 자리잡고 있다. 3장에서는 럭셔리 브랜드의 지속가능패션 사례를 브랜드 및 럭셔리 패션 그룹 차원으로 구분하여 지속가능한 제품 개발 및 경영 전략에 대해 살펴보았다. 케어링은 환경 손익 계산서를 통해 기업의 환경 영향을 평가하고 LVMH는 그룹 내에서 환경 정책을 실행하고 유네스코와 같은 외부 단체와의 파트너십을 통해 지속가능성에 대한 가치를 지키기 위해 노력하고 있다.

4장에서는 지속가능패션 브랜드의 사례 연구를 통해 사회적 책임의 중요성과 환경 보전의 필요성을 구체적으로 살펴보았다. 기업의 경제 수익성, 환경적 건전성, 사회적 책임성과 문화적 지속가능성까지 4가지 기준을 모두 실천하고 있는 글로벌 패션 브랜드, 스타트업 브랜드, 국내의 지속가능패션 브랜드를 살펴보았다.

패스트 패션 브랜드 H&M은 순환 패션에 초점을 맞춘 지속가능 브랜드 전략을 통해 기존 SPA의 한계성을 극복하며 차별화를 추구하고 친환경 프리미엄 아웃도 어 브랜드 파타고니아는 기업이 가져야 할 사회적 책임을 보여주고 있다. 판게아, 세이브더덕, 올버즈를 포함한 지속가능패션 브랜드 스타트업 기업들은 특화된 기 술을 기반으로 지속가능성을 실천하고 있으며, 베자 역시 독자적으로 소재를 개 발하여 성장하고 있다. 국내에서는 래코드가 선도적인 역할을 하고 있으며 블랙 야크가 인수한 지속가능성 아웃도어 브랜드 나우는 지속가능한 라이프스타일을 추구하는 패션과 문화 마케팅에 주력하고 있다. 폐페트병에서 짜낸 원사로 가방 을 만드는 플리츠마마는 다양한 협업을 통해 브랜드를 확장하고 있다.

　5장에서는 지속가능패션의 확장으로 유통 플랫폼의 사례를 살펴보았다. 지속 가능유통 플랫폼의 차원을 소유권의 이동이 있는지 중고 거래인지, 소유권에 접 근만 하는 대여인지와 공유하는 자원이 개인 대 개인P2P으로 이루어지는지, 기 업에서 제공하는지B2C로 나누어 다루었다. 파페치는 파페치 세컨드라이프Farfetch Second Life를 통해 소비자가 디자이너 브랜드의 중고 가방이나 의류를 판매할 수 있 도록 하였다. 독일의 플랫폼 잘란도는 리세일 플랫폼 잘란도 지클Zalando Zircle을 출 시하였으며, 미국의 더리얼리얼은 럭셔리 중고 상품 판매를 대중적인 차원으로 확장시켰다. 영국의 디팝은 또래와의 교류를 즐기는 Z세대들의 중고 패션 플랫폼 으로 자리잡았고, 미국의 렌트더런웨이는 온라인 의류 대여 개념에 구독제를 도 입하여 패션 대여의 개념을 일상복으로 확장시켰다. 미국의 워드로브는 옷을 빌 려주는 소비자와 빌리려는 소비자를 이어주는 플랫폼으로 패션 상품의 순환 구 조를 실현하고 있다. 지속가능성의 영역이 더 이상 제조의 영역만이 아니라는 것 을 최근 유통 플랫폼의 트렌드를 통해 살펴보았다.

2. 지속가능패션 실천 전략

1) 소비자 관점의 지속가능성

매크로트렌드의 관점에서 살펴보면 소비자들은 소비사회 내에서의 환경, 사회, 경제, 문화적 문제점을 인식하고, 자발적으로 이를 해결하려는 움직임을 보이고 있다. 반소비주의, 슬로우 패션 등의 트렌드가 조금씩 자리잡고 있으며 목적에 맞는 신중한, 그리고 필수적인 소비를 지향한다.

이러한 트렌드와 함께 제품의 수명 주기 자체를 늘리기 위한 다양한 방법이 행해지고 있다. 구입 단계에서부터 시즌리스 제품을 구매하거나 입지 않는 옷은 중고의류 플랫폼으로 거래하는 것이 이에 속한다. 최근에는 유튜버 및 인플루언서들이 미니멀한 라이프스타일을 선보이고 새 옷을 구매하는 대신 기존의 옷을 활용하는 옷장 비우기 프로젝트 등을 소개하며, 소비자 또한 이러한 라이프스타일을 실천해보고 있다.

또한 패션 브랜드에서도 자사의 지속가능 프로젝트 및 이벤트를 알리는데 힘쓰고 있다. 소비자들은 직접 이러한 행사에 참가하며 브랜드의 방향성 및 지속가능 행동을 경험한다. 일례로 H&M에서 실시한 의류 수거 프로젝트는 패션 산업이 환경에 미치는 영향을 줄이고자 진행되었으며, 버려지는 폐기물을 제한하는 것이 목적이었다. 소비자들의 적극적인 참여로 얻어진 수익은 지역 자선 단체에 기부되거나 혁신적인 재활용 방법 연구를 위한 기금으로 쓰이는 등 다시 고객에게 환원되는 방식으로 진행하여 긍정적인 평가를 받았다. 블랙야크의 나우 또한 정기적으로 실시하는 나우 클래스에서 폐자재를 재활용하며 브랜드의 가치를 알리고 소비자에게 재활용에 대한 인식을 고취시켰다.

더 나아가, 지속가능한 소비를 할 수 있도록 도와주는 인증마크가 더욱 중요하게 떠오르고 있다. 친환경 소재로 만들어진 제품에 대한 소비자들의 선호도가 증가하면서 소비자들은 이를 한눈에 확인할 수 있는 인증마크의 부착을 통해 착한 소비에 동참하고자 한다. 하지만 원료 생산 및 취득, 제조, 생산, 기업까지의 각 과정에 따른 인증마크에 대한 인식은 다소 부족하기에 각 생산 단계에서 받을 수 있는 인증마크에 대한 교육이 필요하다.

다음 그림은 소비자가 패션 탄소발자국을 줄이기 위해 행할 수 있는 9가지 실천전략이다 그림 6-1. 패션 기업 또는 브랜드에서 다양한 지속가능 전략을 실천해도, 소비자 단계에서 행해지지 않는다면 의미가 없기에 소비자의 지속가능한 소비가 중요한 시점이다.

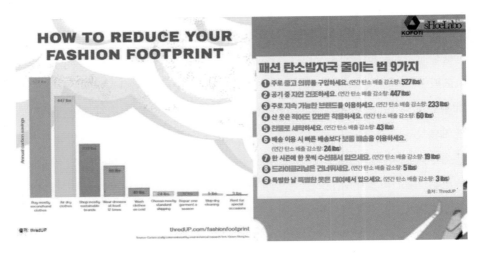

그림 6-1
스레드업의
탄소발자국
계산기, 패션
탄소발자국을
줄이는 법

2) 기업 관점의 지속가능성

표 6-1은 트리플 보텀 라인Triple bottom line, TBL의 세 가지 기준인 환경, 사회, 경제 측면과 문화적 측면에서 지속가능성 패션 브랜드의 실천 전략에 대한 범주별 실천 수준, 시사점, 대표 성과 등을 살펴보았다. 브랜드별 특성별 실천전략을 살펴보기 위해, 럭셔리 브랜드와 국내외에서 두각을 나타내고 있는 지속가능패션 브랜드 그리고 이커머스를 중심으로 한 유통 플랫폼으로 분류하였다. 또한, 매크로트렌드 관점인 순환 경제, 공유 경제, 사회적 책임, 기술 혁신, 소비자 태도에 대한 실천 전략, 실행 수준과 시사점은 표 6-2에 제시하였다. 마지막으로, 지속가능패션의 인증단계별 브랜드의 도입현황을 소개하였다.

(1) 지속가능럭셔리

① 실천 범주별 브랜드 전략

패션 산업의 지속가능성에 대한 실천은 트리플 보텀 라인(TBL, 환경적 건전성, 사회적 책임성, 경제적 수익성)의 관점에서 각각의 공급망 단계에서 점검하여 실행에 옮겨야 한다. 럭셔리 패션 기업들은 그룹 내 자체 프로그램을 구축하고 중장기 계획을 수립하여 단계별 전략을 실천하고 있다.

환경적 관점에서 각 브랜드의 순환 경제 실천을 위한 기술 혁신은 지속가능한 친환경 소재와 다양한 재생 소재의 발전으로 이어졌다. 특히 소비자가 신뢰할 수 있도록 국제 인증 소재의 사용을 확대하는 등 환경을 고려한 지속가능한 소재 개발에 초점을 맞춘 노력이 확대되었다. 또한 동물 복지를 근간으로 한 구찌의 퍼프리Fur Free 선언, 기후 변화에 대응한 루이비통의 자체 프로그램 Life360 등은 장기적인 지속가능성을 실천하는 실행 전략으로 진화했다.

이 외에도 사회적 책임성 관점에서 럭셔리 기업들은 유니세프와의 글로벌 파트너십을 통한 기금 마련, 세계 난민 지원, 패션 스쿨과의 교육 협업 등을 통해 생산자를 비롯한 관련 산업 종사자들의 인권 보호에 힘쓰고 있다. 특히 성별 다양성의 인정 그리고 협력 파트너사의 인권 및 노동자 권리를 보장하는 인권 보호와 공정 노동에 대한 프로그램이 확대되는 추세이다.

경제적 수익의 관점에서의 패션의 지속가능성은 구매 상품을 유지, 수리 또는 처분하는 방법을 소비자에게 명확하게 알리는 것을 포함한다. 이 외에도 투명성 지수 획득, 가죽 생산 체인 백업 및 추적 등 기업의 투명성 확보에도 초점을 두고 있다. 또한 파트너 기업과의 신뢰와 투명성을 기반으로 한 장기적인 관계 중심의 거래를 통해 지속가능한 협력을 하고 있다.

럭셔리 브랜드들은 순환 경제를 실천하기 위한 자체 프로그램을 구축하여 중장기적으로 운영하며, 기업의 특색있는 지속가능한 문화를 정착하여 소비자들에게도 장기적인 비전을 제시한다. 예로, 기후 위기에 대응하는 탄소제로 정책을 수립하고 친환경 소재를 적용한 제품을 출시하여 제도화했다. 또한 성별, 인종, 지역 다양성을 존중하고 이에 대한 기금을 마련하고 교육을 하는 등 실천적인 행보를 보였다. 케어링과 LVMH 모두 성소수자 차별 반대, 다문화 존중 등을 통한 상생과 화합을 추구하고 있다. 이 외에도 브랜드들은 관련 지수를 획득하여 기업의 투명성과 신뢰도를 확보하고 있다. 케어링과 LVMH는 매년 보고서를 통해 성과를 공유하고 있다. 또한 공정무역 인증을 받은 지속가능한 소재를 사용하고, 지역단체와 협업하여 경제 기여 프로그램을 하는 등 현지화에 기여한다. 대표적으로 구찌의 인도지역 경제활성화 프로그램인 'I was a sari'가 있다.

② 매크로트렌드별 실천 전략

순환 경제 측면에서 각 브랜드들은 소비자들의 높아진 환경의식에 따라 변화한 라이프스타일과 소비 패턴에 대응해 차별화되고 다양한 지속가능한 소재를 개발하는 추세다. 특히 지속가능 인증 제도의 활성화는 소비자들에게 브랜드의 신뢰와 투명성을 증명하고 있다.

럭셔리 패션 브랜드들은 지속가능한 소재를 적용한 상품라인업을 통해 환경보호에 동참함을 소비자에게 알리고 있다. 케어링은 재생 나일론 에코닐$_{Econyl}$과의 파트너십으로 재활용 소재를 전략적으로 사용하고 있다. 케어링의 오너인 앙리 피노는 "럭셔리와 지속가능성은 하나며 같은 것이다"라 말하며 지속가능성을 전략의 중심에 두고 지속가능한 럭셔리를 지향하고 있다. LVMH는 재활용 소재의 신상품 생산보다 재고를 통해 옷을 만드는 업사이클링을 통하여 순환 경제를 실천하며 지속가능패션을 선두하고 있다. 럭셔리 브랜드의 지속가능성 속성을 기업 내부 전략으로 인지하여 자체 관련 프로그램을 구축하고 단계별 전략을 실천하고 있다. 매년 각 그룹의 지속가능성 보고서를 통해 단계별로 투명한 공급망을 관리하고 LGBTQI+[1], 인종, 나이 등을 아우르는 포용성을 중심으로 소비자와 소통하고 있다.

또한 럭셔리 패션 분야에서도 새 제품만을 판매해야 한다는 고정 관념에서 탈피하여 순환 경제 관점의 재판매와 대여를 중심으로 한 리커머스 도입을 확대하

---

1 LGBTQI+: 레즈비언(Lesbian), 게이(Gay), 양성애자(Bisexual), 트랜스젠더(Transgender), 퀴어(Queer), 인터섹스(Intersexual)의 약자이다.

고 있다. 케어링의 경우 미국 최대의 재판매 플랫폼 더리얼리얼The RealReal과 협업하고 있다.

(2) 지속가능패션

① 실천 범주별 브랜드 전략

환경적 관점에서 해외 지속가능성 패션 브랜드들은 다양하게 개발한 지속가능 소재를 적용하여 혁신 상품을 제안하고 인증 제도 도입을 확대하여 투명성과 신뢰를 바탕으로 운영되고 있다. 또한 사회 현안의 해결방안으로 기부와 지원 활동을 활용하고 공정무역과 지역별 경제에 기여하는 프로그램을 마련하고 있다. 이렇듯 환경적, 사회적, 경제적 관점의 TBL을 균형있게 고려하여 적극적인 실천 방안을 수립하고 있다.

사회적 책임성 관점에서 패션의 지속가능성은 기업과 근로자의 권리, 임금, 근무 환경 등 관련된 사람들의 지속가능한 환경을 창출하기 위한 것이다. 이들은 장기적인 관계를 중심으로 한 거래로 지역 사회 경제에 기여하고 있다. 기업들은 공장, 판매 현장의 근로 조건을 개선하거나 발생한 수익을 사회에 환원함으로써 윤리적 책임을 다하고 있다. 폐기물 및 기후 영향을 줄이기 위해 자원 사용을 신중하게 관리하고, 동물의 복지를 보호하고, 공급망 전체에서 작업자의 안전과 공정한 대우를 보장하는 것을 포함한다.

환경, 사회, 경제적 관점의 TBL영역은 순환 경제의 구체적인 실천 방안의 밑바탕이 되어 '지속가능한 미래를 지향하는 문화'를 조성하는 것을 목표로 한다. 무엇보다 문화적 실천 범주 관점에서 최근 사회 현안의 이슈(e.g. COVID-19, 기후 위기 등)에 사람들의 참여를 독려하고 공감대 형성을 목표로 한 사회공헌 활동(e.g. 프라이데이 포 퓨처Friday For Future)이 확대된 것이 특징이다.

또한 문화적 관점에서 인권을 존중하고 양성평등, 취약 계층을 지원하는 등으로 다양성과 포용성을 실천하고 있다. 플리츠마마의 경우 해외의 지속가능패션 브랜드 대비 지속가능한 소재 사용의 다양성 및 인증 제도의 활용이 상대적으로 미비하나 소비자 참여를 통한 문화 행사로 문화적 측면에서 지속가능성의 중요성을 알리려는 노력이 이루어지고 있다.

② 매크로트렌드별 실천 전략

순환형 패션은 '요람에서 요람으로'to Cradle to Cradle 철학을 기반으로 폐기 단계에 이른 제품의 수명 주기를 재활용, 재사용 등으로 연장하는 구조이다. 낭비를 줄이고, 이미 만들어진 제품을 보존하여 천연자원을 절약하는 것이다.

파타고니아는 재활용을 넘어 업사이클, 재판매, 수선을 통한 순환 패션의 실천에 앞장서고 있다. 이렇듯 지속가능한 패션은 패스트 패션과 다르게 옷을 지속적으로 입을 수 있게 하는 것을 목표로 한다.

H&M은 환경 오염의 주범이라는 패스트 패션의 이미지에서 탈피하여 기업 전반에 걸쳐 지속가능성을 실천하고 있다. 다양한 친환경 및 재생 소재 적용의 확대, 기술 개발 투자, 재판매 비즈니스 모델의 도입 등 순환 경제의 각 단계별에서 지속가능성 전략을 실행하고 있다.

베자, 올버즈, 판게아 등 지속가능패션을 주도한 스타트업 패션 브랜드들은 슈즈와 라운지 웨어 등 단일 아이템에 집중하여 단기간에 성장하는 성과를 보여주었다. 점차 의류, 액세서리 등 각 브랜드가 주력하는 소비자의 라이프스타일 아이템으로 사업을 확장하는 공통적인 행보도 주목할 만하다. 이와 같이 소비자와 직접 커뮤니케이션하는 D2C 스타트업 브랜드의 성공을 통해 지속가능한 패션의 성장 가능성을 가늠해 볼 수 있다.

최근 다양한 지속가능 관련 혁신 소재에 대한 투자와 개발이 이루어지고 혁신 소재를 상품에 적용하고 있다. 럭셔리 브랜드는 인증된 지속가능한 원재료의 비중을 확대하고 H&M은 매년 글로벌 체인지 어워드Global Change Award를 통해 순환패션 혁신 브랜드와 기업을 지원한다. 이 외에도 지속가능 소재를 연구하는 과학자와 디자이너 집단으로 구성된 판게아, 친환경 혁신 소재 개발과 투자에서 한 단계 더 나아가 오픈 소스로 공개하는 올버즈 등이 지속가능패션 산업의 소재 혁신 의지를 보여주고 있다. 이와 같이 패션 기업들은 기술 혁신을 통해 다양한 지속가능성 소재를 개발하고 제로 웨이스트 중심의 활동으로 단계별 순환 경제를 실천하고 있다. 제조에 국한되었던 지속가능성 활동은 대여와 재판매 등 공유 경제 부분의 비즈니스로 확장되는 추세이다.

(3) 지속가능유통 플랫폼

① 실천 범주별 브랜드 전략

유통 플랫폼 기업은 브랜드에 비해 친환경 소재를 사용하는 등의 직접적인 생산 활동이 적어 다른 방식으로 지속가능성을 추구하고 있다. 예로, 잘란도는 지속가 능성을 추구하고 실천하는 브랜드들을 적극 소개하고 동물 복지에 반하는 상품 의 전개를 지양하는 등 브랜드 및 상품을 선별하고 제안하는 방향에서 지속가능 전략을 확인할 수 있다.

우선 환경적 관점에서 유통 플랫폼 기업들은 동물 복지와 자원 보호에 힘쓰고 있다. 잘란도는 자체 브랜드를 통해 플랫폼이 지향하는 가치를 전파하고 있다. 예 로 잘란도의 자체 브랜드 자인Zign은 2020년 봄여름 시즌부터 지속가능한 소재를 50% 이상 사용하거나 재활용 소재를 20% 이상 사용하고 있다. 또한 유통 플랫 폼 기업은 기후 변화 대응을 위해 전과정 관리 항목에서 상품이 소비자에게 전 달되는 과정까지의 기후 영향력을 최소화하기 위해 재활용 혹은 FSC 인증 종이 를 사용하는 등의 노력을 하고 있다. 특히 대여 플랫폼은 상품의 이동 과정에서 의 탄소 배출량을 최소화하기 위해 노력하고 있다. 대여를 통해 중고 상품이 여러 번 사용되므로 제품의 수명을 늘릴 수 있으나, 대여와 반납이 지속적으로 이루어 지는 과정에서 발생하는 이산화탄소 배출 등의 환경적 영향을 무시할 수 없기 때 문이다. 워드로브의 경우 워드로브 허브를 세탁 및 대여와 반납의 거점으로 활용 하여 이용 고객들이 직접 방문하여 대여 및 임대를 할 수 있도록 권장한다. 렌트 더런웨이는 상품이 반납 후 다른 고객에게 대여되기 전 세탁하는 과정에서 친환 경 세제를 사용하여 환경적 영향을 최소화한다.

또한 사회적 관점에서는 포괄적인 사회 공헌 및 기부 활동을 지속적으로 실천 하고 있으며, 경제적 관점에서는 지역 사회 커뮤니티 활성화를 위해 노력하고 있 다. 문화적 관점에서는 기업 내부적으로 지속가능성을 중요한 키워드로 삼고 이 를 전략화하여 실천하고 있다.

② 매크로트렌드별 실천 전략

표_表 6-2에서 살펴보면, 지난 몇 년간 지속가능패션의 범위가 생산에 초점을 둔 브랜드 단위에서 유통 플랫폼으로 확대되었음을 알 수 있다. 자체 브랜드를 운영하는 유통 플랫폼의 경우 친환경 소재를 사용하는 등 지속가능성을 생산 단계에서부터 구체적으로 실천하고 있다. 지속가능패션의 핵심인 '패션 상품의 수명을 늘리는 것'이 플랫폼에서도 적용되며 이미 사용한 이력이 있는 패션 상품을 다시 사용하는 중고 및 대여 거래가 더욱 활발해지고 있다. 특히 공유경제와 순환형 패션이라는 키워드로 접근한 렌털_{대여}와 리세일_{중고거래} 플랫폼이 성장했다. 그리고 잘란도 지클, 파페치 세컨드라이프처럼 대여와 중고 거래가 핵심인 플랫폼이 아니더라도 기업 차원에서 지속가능성의 중요성에 공감하며 파일럿 플랫폼을 진행하는 등 적극적인 행보를 보이고 있다. 지속가능성과 관련된 수상이나 인증은 생산 프로세스가 중심인 브랜드들과 비교했을 때 현재 도입과 성장 단계에 위치해 있다. 이에 여러 유통 플랫폼 기업들은 엘렌 맥아더 재단이나 히그 인덱스와 같이 지속가능성을 대표하는 단체에 가입하는 등 지속가능 활동을 전략적으로 접근하고 있다.

또한 지속가능패션 유통 플랫폼은 중고와 대여에 대한 소비자 우려를 잠식시키기 위하여 노력하고 있다. 예를 들어 럭셔리 중고 플랫폼은 제품의 진품 보장을 위해 여러 프로그램을 마련하였다. 더리얼리얼은 럭셔리 전문 감정 전문가들의 활동을 공식 웹사이트의 전면에 소개하고 이에 대해 소비자들과 적극적으로 소통한다. 또한 대여 플랫폼은 세탁 과정에서의 위생을 보장하여 소비자들이 안심할 수 있도록 하고 세탁으로부터 발생되는 환경적 영향력을 최소화하기 위해 구체적으로 어떤 과정을 거치는지에 대해서도 소비자에게 적극 알리고 있다.

표 6-1 지속가능성 실천 범주별 브랜드 전략

기준	실천 범주	럭셔리			
		Kering	LVMH	Gucci	Louis Vuitton
환경적	친환경 소재 사용	Materials Innovation Lab에서 소재 개발	순환경제를 위해 지속가능한 재료나 디자인에 관련된 유용한 정보를 그룹 차원에서 공유	오프더그리드 컬렉션	2020년 기준, 사용하는 원료의 70%는 환경인증(RDS, BCI, GOTS)을 받음
	자원보호, 동물복지	환경보호, 동물 복지, 화학물질 사용 등의 기준을 담은 'Kering Standard'에서 합격한 업체의 제품만을 사용	자체 동물 복지 헌장 (Animal-Based Raw Materials Sourcing Charter)	• 퍼 프리 (fur-free) • 야생동물 보호기금	자체 동물 복지 헌장 (Animal-Based Raw Materials Sourcing Charter)
	기후변화 대응을 위한 전과정 관리(생산-물류-매장에너지 사용 등 모두 포함)	EP&L 접근법을 통해 패션 제품이 만들어지는 과정에서 나타나는 온실가스 배출, 대기 오염, 수질 오염, 물 소비, 폐기물 처리와 관련된 환경적 영향을 계속하고 이를 평가해 수정해 나가는 노력	Life 360	REDD+를 통해 온실가스 배출량 상쇄	탄소의존적 운송 감소
사회적	인권보호, 공정노동	여성관리자 교육 및 코칭을 후원 프로그램 시행, 모든 국가에서 멘토링 프로그램 실시	• Ellesvmh, 성별 다양성 프로그램에 대한 교육, 코칭, 멘토링 및 지원 • 패션모델의 웰빙, Body Positive에 대한 지원	전 세계 여성과 소녀를 지원하고 성폭력을 해결하기 위한 비영리 기금 캠페인 #StandWithWomen 운영	EllesVMH 프로그램을 통한 여성의 발전 장려
	사회공헌, 사회적 윤리실천, 기부활동	• London College of Fashion과 제휴하여 럭셔리 패션과 지속가능성에 관한 최초의 MOOC (Massive Open Online Course) 론칭 • 프러그 앤 프레이와 함께 K제네레이션 어워드 출범, 전세계 스타트업을 지속적으로 스카우트	• LV FOR UNICEF 유니세프와의 글로벌 파트너십 • Central Saint Martins와 협업하여 학생들에게 연구 보조금 지원 • COVID-19 치료제 개발을 지원하기 위해 Insitut Pasteur에 기부	• UNICEF USA(유엔 아동 기금)에 기부 • North America Changemakers Scholarship • 세계 난민 지원	• Silver Lockit Bracelet 컬렉션을 통해 유니세프 기금 마련 • LV World Run 모금 • LVMH Carbon fund
경제적	기업의 투명성	EP&L 보고서를 매년 홈페이지에 공시	다양성 & 포용성 지수 (Diversity and Inclusion index, D&I) 공유	Gucci Digital EP & L을 출시하고 온라인 데이터를 공유	다양성 & 포용성 지수 (Diversity and Inclusion index, D&I) 공유
	공정무역	공정무역 인증받은 광산에서 원재료 조달	공정무역 인증을 받은 Cotton 재료 조달	공정무역 인증받은 광산에서 원재료 조달	시계와 주얼리 컬렉션에서 킴벌리 프로세스 인증
	지역사회 경제 기여	Solidaridad와 함께 가나의 금광 주변의 여성이 자신의 비지니스를 개발할 수 있도록 도움	United Way of New York City와 협력하여 Coalition for the Homeless First Step 프로그램	인도지역 경제 활성화 I was a sari 프로그램	전 세계 현지 단체들과의 파트너십 개발
문화적	정신적 가치 존중 (비전과 미션 레벨)	지속가능성 목표를 그룹 차원에서 공유하고 각 브랜드별 EP&L 비교 가능	LVMH 그룹 창설 이후 지속가능한 개발을 전략적 우선 과제로 삼음	구찌 이퀼리브리엄(환경과 인류를 생각하는 경영)	지속가능한 가치를 예술로 승화해서 소비자에게 전달 (영상, 전시 등)
	상생과 화합, 다문화 및 다양한 인종 존중 (소비자의 인식을 변화시키고 기업의 사회적 책임을 수행하는 문화, 커뮤니티, 비전 수립 활동)	직원을 대상으로 다양성 및 포용성에 대한 교육, 인종 및 LGBTQIA+커뮤니티가 직면한 문제에 대한 토론	LGBTQH+에 대한 차별 반대	소녀와 여성의 인권 강화 운동	LGBTQH+에 대한 차별 반대, 장애인 직원 고용 및 육성
	기업 유형별 시사점	• 그룹 자체 프로그램을 구축하여 중장기 계획에 맞는 단계별 전략적 실천 • 단계별로 구체적인 순환경제 실천 전략 수립 • 경제적, 문화적 지속가능성에 충실한 다양한 활동을 통해 지속가능한 문화 정착 • 환경 관점: 기후변화 대응, 친환경 인증 소재 적용 제품 라인 출시 • 사회적 책임성 관점: 다양성 인지 프로그램, 국제기구와 협업을 통해 기금 모금 및 교육 • 경제적 관점: 기업의 투명성 강조, 지수획득을 통한 신뢰도 확보, 공정한 무역, 현지화된 지역 경제 기여 프로그램 • 문화적 관점: 럭셔리 브랜드 자체의 지속가능성 속성 활동. LGBTQH+, 및 다문화 존중을 통한 상생과 화합			

표 6-1 계속

기준	실천 범주	브랜드		
		H&M	파타고니아	판게아
환경적	친환경 소재 사용	• preferred cotton 소싱 1위 기업 • 오가닉 코튼, 인크레더블 코튼, 피나텍스, 비제아, 오렌지 섬유 사용 • 컨셔스 라인 출시	오가닉 코튼 및 울, 폐페트병에서 추출한 섬유 사용	GOTS 인증 섬유, 오가닉 코튼, C-Fiber, 포도가죽 사용
	자원보호, 동물복지	RDS(책임있는 다운) 사용	RWS(책임있는 울) 사용	야생 동물 보호(Bee The Change; 비 더 체인지)
	기후변화 대응을 위한 전과정 관리(생산-물류-매장에너지 사용 등 모두 포함)	• 기후 회복력 강화, 온실가스 흡수 가능 혁신 기술 지원 • 재생 에너지 적극 활용-100% 재생 전기 전환, 2016년 전세계 H&M 매장 96% 재생 전기 에너지 사용	제품 출시부터 입고까지 모든 과정을 추적하는 풋프린트 크로니클(Footprint Chronicles)	Net Zero 실천, ISO 14001 및 9001 인증 획득
사회적	인권보호, 공정노동	• H&M 생산, 공급 기업 1,200여 개의 임금 관리 시스템 개선 • Ethisphere 선정, 세계에서 가장 윤리적인 기업 9차례 진입	협력 파트너사의 인권 및 노동자 권리 보장, 공정 노동 위원회(Fair Labor Association)의 일원으로 공정한 임금 프로그램 실시	기본 인권을 보호하는 윤리적 거래 표준인 세덱스(Sedex)에 의해 고용 관리
	사회공헌, 사회적 윤리실천, 기부활동	FTSE4GOOD Index 시리즈 기업 선정(윤리적 투자주식시장지수), 가먼트 컬렉팅(의류 수거 프로그램), 자선단체 기부	지구를 위한 1%를 설립하여 환경 단체에 기부 및 활동 지원	판게아 자체의 자선 플랫폼인 판게아미션(#PANGAIAMissions) 운영, COVID-19 구호, 사회 문제 해결, 수익금 기부
경제적	기업의 투명성	Fashion Transparency Index 2019년 5위, 2020년 1위	파타고니아 사회환경보고서 발행	공급업체행동강령(SCoC), 스탠다드 100(Standard 100) by Oeko Tex® 및 ISO 표준
	공정무역		미국 공정 무역 협회(Fair Trade USA)와 협력	
	지역사회 경제 기여	H&M Mitte Garten	전 세계의 생산 파트너사의 지역 커뮤니티 지원	
문화적	정신적 가치 존중 (비전과 미션 레벨)		무분별한 소비를 지양하는 행사 등을 통한 지속가능성의 건전성 제시	• 판게아 체인지 메이커스(#PangaiaChangemakers): 각 분야에서 삶을 지속가능한 방식으로 변화시키고자 하는 인플루언서 선정 • 내일을 위해 함께(Together for Tomorrow)
	상생과 화합, 다문화 및 다양한 인종 존중 (소비자의 인식을 변화시키고 기업의 사회적 책임을 수행하는 문화, 커뮤니티, 비전 수립 활동)	• 여성 권리, 바디 포지티브 지지 • UN Free &. Equal 캠페인 통해 성소수자 지원	여성 근로자 인권 등 다양성 존중	• 판게아 체인지 메이커스(#PangaiaChangemakers) • 내일을 위해 함께(Together for Tomorrow): 인종 및 양성 평등 • 비 더 체인지(Bee the Change)
	기업 유형별 시사점	• 인증된 기술 혁신 지속가능 소재 적용 • 현재 가장 이슈가 되고 있는 사회 문제 해결에 실질적인 기여, 공헌 • TBL의 균형적인 고려, 적극적인 실천 방안 수립 • 환경 관점: 기술 인증을 획득한 소재의 사용, 기후 변화에 따른 면밀한 대응 노력 • 사회적 책임성 관점: 사회현안 해결을 위한 기부, 지원 활동 • 경제적 관점: 기업의 투명성 강조, 지수획득을 통한 신뢰도 확보, 공정무역과 지역별 경제 기여 프로그램 • 문화적 관점: 인권 존중, 양성평등, 취약계층 지원 등 다양성과 포용성 강조, TBL을 아우르는 소비자 참여형 문화 행사(리테이블, 액트나우, 나우 매거진)		

브랜드			
세이브더덕	올버즈	베자	래코드
플라스틱병을 재활용한 플룸테크 기술	ZQ인증 친환경 메리노 울, 트리노(유칼립투스와 ZQ 메리노 울로 제작한 재생가능 원료), 트리노 XO(키토산 추출 원단), 캐스터 빈 오일, 바이오TPU, 스위트폼(사탕수수) 사용	• 코코넛 섬유 등 천연 재료로 만든 가죽, 안감(e.g. 옥수수로 구성된 CWL 비건 가죽, 유기농 코튼, 아마존의 야생고무, 무두질된 비건 가죽) 사용 • 무석유 슈즈(post-petroleum running shoes)제조 • 미드솔: 사탕수수, 바나나 오일 함유 • 아웃솔: 천연 코르크	업사이클링 DNA에 기반한 브랜드
100% 애니멀 프리(Animal Free) 지향			
패키지의 90%는 생분해성으로 제작, FSC인증 재활용 종이 사용	스위트폼(사탕수수) 제조기술-전통적인 신발 제조 공정 대비 90%의 물과 60%의 에너지를 절약하고 탄소 50% 적게 배출. 100% 탄소 중립(carbon neutral)전략 실천, 자발적인 '탄소세'부과	프랑스 국가 원자력 공급자 녹색전기 조합(Enercoop)에서 100% 재생 가능한 전기 사용	
비콥(B corp)인증 기업	비콥인증기업, 사회적 기업 추구	비콥인증 기업	
개발도상국에 환경적, 사회적 혜택을 제공하는 트리덤(Treedom) 프로젝트 후원	프라이데이 포 퓨처(Fridays For Future)에 기부, 저소득층 무료 신발 나눔 기업 Soles4Souls에 기부, 스레드업(thredUp)과 제휴하여 중고 신발을 기부하고 판매		래코드 박스 아뜰리에: 소외된 계층 여성 지원 오픈형 공간 개방, 지속가능패션 전달
지속가능보고서 발간, 국제 기업협회 암포리(amfori)에 가입하여 독립적인 감사 진행	올버즈 제품의 탄소 배출량을 브랜드 공식 홈페이지에 공개	가죽생산 체인 백업, 추적성, 화학적 투명성 초점	
공급망의 이해관계자들의 인권 보호 및 건강 안정 보장		• 공정 무역 인증 오가닉 코튼, 야생고무 라텍스, 천연고무 등 사용 • 브라질, 페루 생산자 협회와 협의하여 가격 책정	
		브라질 생산라인 장기 협업, 동반상생	'나눔 공방': 노들섬, 명동성당에서 주말 체험공간 운영
비건 아우터웨어를 전면적으로 표방하여 동물뿐만 아니라 사람과 환경 존중	비콥(B-Corp)인증, 사회적 기업 추구	• 비콥 인증 • 공급 업체, 팀, 환경, 작업장 또는 거버넌스에 대한 상세한 지속가능성 인증 관련 항목 점검	리;테이블: 업사이클링 가치를 알리는 비정기 대형 워크숍
인력 구성에 대한 결과 공개		ASF: 국경 없는 통합 작업 공간, 매년 취약 청년 생활 프로젝트 구축 지원, 브라질 재활조직과 협력	지적장애인단체 굿윌스토어 통해 소재 해체 작업

• 인증된 기술 혁신 지속가능 소재 적용
• 현재 가장 이슈가 되고 있는 사회 문제 해결에 실질적인 기여, 공헌
• TBL의 균형적인 고려, 적극적인 실천 방안 수립
• 환경 관점: 기술 인증을 획득한 소재의 사용, 기후 변화에 따른 면밀한 대응 노력
• 사회적 책임성 관점: 사회현안 해결을 위한 기부, 지원 활동
• 경제적 관점: 기업의 투명성 강조, 지수획득을 통한 신뢰도 확보, 공정무역과 지역별 경제 기여 프로그램
• 문화적 관점: 인권 존중, 양성평등, 취약계층 지원 등 다양성과 포용성 강조, TBL을 아우르는 소비자 참여형 문화 행사(리테이블, 액트나우, 나우 매거진)

표 6-1 계속

기준	실천 범주	브랜드		유통 플랫폼	
		나우	플리츠마마	파페치	잘란도
환경적	친환경 소재 사용	GOTS 인증받은 섬유, 무농약 코튼 사용	항균 재활용 원사 사용		자체브랜드 Zign: 오가닉 코튼, 재활용 폴리에스테르 등의 소재 사용
	자원보호, 동물복지	• RWS(책임있는 울)인증 받음 • 침구에서 모은 다운을 재가공하여 겨울 아우터에 사용 • 페트병에서 추출한 재생 폴리에스테르 사용	'다시 태어나기 위한 되돌림' 시리즈를 통해 섬(제주도, 추자도, 우도) 보호	동물 털로 제작된 제품 판매 금지	자체브랜드 Zign: 모피, 앙고라, 모헤어, 캐시미어, 멸종 위기 동물로 만든 소재 금지
	기후변화 대응을 위한 전과정 관리(생산-물류-매장에너지 사용 등 모두 포함)	과불화화합물이 함유되지 않은 친환경 발수제(PFC Free) 사용, 생분해 트렌치코트 씨루프 전개, 필요한 원단만 염색하는 친환경 염색 기법 가먼트다잉(Garment dying) 기법 사용	제주도, 추자도, 우도 자원 순환프로젝트	포지티블리 클리너(Positively Cleaner) 전략으로 100% 재활용 가능한 패키지 등의 기후 변화 영향을 최소화	리팩 프로젝트, 친환경 패키지 사용
사회적	인권보호, 공정노동				잘란도에서 자체적으로 세운 업무 윤리 준수
	사회공헌, 사회적 윤리실천, 기부활동	고객이 구매할 때 마다 판매금액의 2%를 비영리 단체에 기부하는 파트너스 포 체인지(Partners for Change) 프로그램 운영	'다시 태어나기 위한 되돌림' 시리즈를 통해 섬(제주도, 추자도, 우도) 보호		잘란도 지클을 통해 중고 상품 일부를 지역 사회에 기부
경제적	기업의 투명성	나우가 추구하는 가치와 활동을 고객과 공유하기 위해 미국 공식 홈페이지의 저널(The Journal)을 통해 활동 내역 공유		파페치 ESG 위원회 구성	자체 브랜드 Zign : 생산 과정에서 협력하는 모든 파트너사 공장 정보를 회사 홈페이지에 공개
	공정무역	뉴질랜드, 호주 등 울 전문 파트너로부터 직접 거래			생산 파트너사와 공정 거래
	지역사회 경제 기여		'다시 태어나기 위한 되돌림' 시리즈를 통해 섬(제주도, 추자도, 우도) 보호		해외 생산 파트너사(인도 등)의 지역 커뮤니티 지원
문화적	정신적 가치 존중 (비전과 미션 레벨)	지속가능성 가치의 확산과 나우가 지향하는 가치를 공유하고자 나우 매거진 발간		포지티블리 파페치(Positively Farfetch) 전략으로 기업 차원의 지속가능성 가치 공유	코펜하겐 패션위크와 협업하여 2021년부터 지속가능성 어워드 주최, 잘란도 행동 규범 준수
	상생과 화합, 다문화 및 다양한 인종 존중 (소비자의 인식을 변화시키고 기업의 사회적 책임을 수행하는 문화, 커뮤니티, 비전 수립 활동)			근무 직원들의 인권 및 다양성 존중 선언	성별, 연령, 인종 등의 인력 구성 등을 기업 홈페이지에 공개
	기업 유형별 시사점	p.323 '유형별 시사점' 내용 참조		오른쪽 페이지 '유형별 시사점' 내용 참조	

유통 플랫폼				실천범주별 시사점
더리얼리얼	디팝	렌트더런웨이	워드로브	
				• 순환경제를 위한 기술혁신. 지속가능한 친환경 및 재생 신소재 사용 • 다양한 국제 인증 소재 사용의 구체화, 확대
구찌와 협력하여 판매액 일부를 나무심기에 기부하는 캠페인 진행		2017년 이후 부터 모피를 전개하지 않음		퍼 프리(fur Free), 동물 보호 기금 등 장기적 지속가능성 실천
더리얼리얼 지속가능성 계산기(TRR Sustainability Calculator) 개발	판매자에게 지속가능한 패키지 사용 독려	자연 분해가 더딘 플라스틱백, 비닐 패키지 사용 금지, 자체적으로 특허받은 재사용 가먼트백 사용, 세탁시 생분해성 세제 사용	워드로브 허브(Wardrobe Hub) 픽업 시스템을 통해 대여와 반납시 발생하는 환경적 영향력 최소화	• 그룹차원 지속가능성 전략적 시스템 구축 • 기후변화 자체 점검 시스템 마련, 넷제로(Net Zero)실천
직원과 협력사를 위한 인권 보호 정책 선언				생산자 비롯, 관련 산업 종사자의 인권보호
사회적 약자를 지원하는 단체(Black Girls CODE 등)에 지속적인 기부 활동	앱을 통한 판매 발생 1건마다 프로젝트 개발업체 사우스 폴(South Pole)의 탄소 크레디트를 구매하고 그들의 환경 솔루션 프로젝트 후원	대여가 오랫동안 진행된 옷은 드레스 포 석세스(Dress for Success)와 같은 비영리 단체에 기부		현재 사회 이슈를 해결하기 위한 공헌 활동 확대: 난민, 저소득층. 유니세프, UN, COVID-19, Friday for Future, 소외된 계층 지원, 유방암 기금, 인종 차별, 인권 보호, 지역 협업 등 다양한 분야에서 사회 공헌 활동
사회적 영향력에 관한 세부 리포트를 회사 홈페이지에 공개				다양성, 포용성, 투명성 지수 획득을 통한 신뢰성 확보
				장기적 관계 중심의 거래를 통한 지속가능한 시너지 도모
				지역 특성에 맞는 협업을 통한 지원, 지역 사회 경제에 기여
중고 거래를 통해 패션 제품의 수명을 늘릴 수 있음을 고객과 지속적으로 소통	디팝의 지속가능성 가치를 공유할 수 있는 디팝 라이브(Depop Live) 행사 진행	대여 활동을 통해 패션 제품의 수명을 늘릴 수 있음을 고객과 지속적으로 소통, 온라인 매거진 더시프트(The Shift) 운영으로 대여의 가치 공유	대여자와 임대자간의 이너서클을 형성할 수 있는 분위기를 소셜미디어를 통해 형성	환경문제에 관한 주요 현안에 대해 사람들의 참여를 독려하고 공감대 형성 목표
인력 구성에 대한 결과를 공식 홈페이지에 공개	흑인 인권 단체를 비롯한 다문화, 인종 존중을 위한 여러 단체에 기부(NAACP, Black & Pink, The Okra Project, LGBTQ Freedom Fund 등)			인권 존중, 다문화, 다양성 인정 등 상생과 존중에 대한 다양한 노력

• 유통 플랫폼의 채널적 특성에 맞는 사회 공헌, 기부 활동, 문화 관련 활동 중심
• 유통플랫폼의 경우 도입, 성장 단계에서 단체, 인증(e.g. 엘렌 맥아더 재단, 히그 인덱스) 가입
• 환경 관점: 동물복지, 자원보호. 내부 기준에 따라 기후 변화에 미치는 영향 측정 후 지속가능성 전략 실천의 구체화
• 사회적 책임성 관점: 포괄적인 사회 공헌 및 기부 활동을 통한 실천
• 경제적 관점: 지역 특성을 고려한 지역 사회 경제 기여 중심 활동
• 문화적 관점: 기업 내부 운영 시 지속가능성 속성 인지 및 실천

표 6-2 매크로트렌드별 지속가능성 실천 전략

구분	Macrotrend	Drivers of sustainable innovation		럭셔리 브랜드			
				Kering	LVMH	Gucci	Louis Vuitton
1	순환경제 (Circular economy)	1	Recycling	ECONYL®과 전략적 파트너십, 재생나일론ECONYL®을 사용	재활용 재료를 활용한 패키징(the Environmental Center for Ecofriendly Packaging Breakdown and Recycling (CEDRE))	Gucci Off the Grid 컬렉션–ECONYL®, 재활용 소재	재활용 실버를 활용한 실버 락킷 팔찌(유니세프 후원 및 파트너십)
		2	Vegan	• 버섯 균사체로 만든 비건 가죽 마일로(Mylo)에 주목 • 케어링 소속 구찌, 발렌시아가, 알렉산더 맥퀸 등 퍼 프리(fur free) 선언	LVMH 내 Innovation award에서 비건 소재를 활용한 신진 브랜드 선발 및 육성	• 2018 S/S 컬렉션부터 퍼 프리(fur free) 선언 • PETA award 수상	
		3	Upcycling	자투리 나일론, 가죽, 캐시미어를 새로운 제품의 재료로 활용	재고를 통해 옷을 만드는 등 업사이클링 제품 생산	업사이클링 제품을 만드는 인도 사회적 기업 I Was a Sari 지원	"Be Mindful" 첫 업사이클 컬렉션: 미판매 실크 스카프 사용
		4	Eco friendly	패션제품의 주된 원료인 면, 양모, 가죽 등 생산의 환경 오염 정도 완화를 위해 글로벌 환경단체인 국제보호협회(Conservation International)와 협력하여 기금 조성	스텔라 맥카트니 지분 인수를 통해 그룹 내 친환경 이미지 구축, 에코디자인 정책(ecodesign policy)	• 친환경패키지(FSC)인증 • 더리얼리얼과 협업(글로벌 산림보호 비영리단체 '원 트리 플렌티드'에 기부)	사용 후 남은 실크로 만든 액세서리 출시
2	공유경제 (Sharing economy)	5	Rental				
		6	Recommerce (Resale= Secondhand)			리세일플랫폼 더리얼리얼과 협업	
3	기업의 사회적 책임 (Corporate social responsibility)	7	Sweatshop free				
		8	Fair trade	면 조달	면 조달	공정무역 인증받은 광산에서 원재료 조달	시계와 주얼리 컬렉션에서 킴벌리 프로세스 인증
		9	Locally sourced				
4	기술혁신 (Technological innovation)	10	Sustainable raw material	The Kering Materials Innovation Lab (MIL)을 통해 지속가능 원재료 개발	Matières à Penser (Food for Thought) 출간, 450개의 지속가능 원재료 리스트업	다양한 인증을 받은 지속가능 원재료를 사용	다양한 인증을 받은 지속가능 원재료를 사용(2025년까지 온전한 사회적 책임을 실현한 원재료 사용 목표
		11	Zero waste	환경 손익 계산서(EP&L)를 통해 환경 영향을 기록 waste production 관리	매년 폐기물 생성양 기록 및 감소 노력	Gucci Scrap-less 프로그램을 통해 폐기물 줄임	모델 스캔부터 시제품 제작까지 모든 단계에 걸쳐, '3D 프로토타이핑 기술 도입'하여 제로 웨이스트를 위해 노력
	실천레벨별 시사점			순환경제, 공유경제, 사회적 책임, 기술혁신 등 지속가능성의 속성을 기업 내부의 전략으로 인지하여 자체 지속가능성 관련 프로그램 구축 및 중장기 계획에 맞는 단계별 전략적 실천			

327

브랜드					
파타고니아	H&M	판게아	세이브더덕	래코드	나우
폐페트병에서 추출한 섬유 사용	Recycle Cotton, Lyocell, Circluose (지속가능한 재활용 직물), 재활용울, 재활용데님	FLWDWN(플라워다운), RDS, 재활용 캐시미어, 재활용코튼	100% 재활용 소재로 제작한 Recycled 컬렉션	재활용 소재의 믹스 매치, 업사이클링 전문	페트병을 활용한 친환경 리사이클 폴리 플리스, Redown8, 재생 다운 사용
	pinatex(파인애플), Vegea(와인가죽), Orange Fiber (오렌지추출원단)	FLWDWN(플라워다운)	플룸테크로 오리털, 거위털 대체		
리크래프티드 컬렉션 (Recrafted Collection)	업사이클링 프로젝트 denim redesign			코오롱 브랜드 의류 재고 업사이클, re: nano bag, recode by Nike, 진태옥 협업 등	
1996년부터 모든 스포츠웨어에 쓰이는 소재를 100% 유기농 면으로 생산	Conscious line: 오가닉 코튼, 프리퍼드 코튼(Preferred cotton)	C-fiber, FLWDWN (플라워다운), GOTS 인증, 오가닉 코튼	블루사인(Bluesign), 오코텍스(Oeko-Tex) 등을 통해 인증된 공급망에서 원단 사용		옷을 모두 만든 후 필요한 원단만 염색하는 친환경 염색 기법인 가먼트 다잉(Garment dying) 적용, BCI, 오가닉 코튼 사용
	H&M Mitte Garten 대여 서비스			렌트 더 온리 원(Rent the Only One)	
원웨어(Worn Wear)	Sellpy(중고의류 판매 플랫폼)투자				
생산 파트너사 노동자의 인권 보호, 최저시급 보장					
공정무역 인증	RDS(책임있는 다운) 인증 받은 농장 소재 사용				
	베를린 미떼 가튼,스웨덴 중고플랫폼 셀피 투자				
유기농 재배 면 사용	글로벌 체인지 어워드(Global Change Award) 통한 순환 패션 혁신 브랜드(e.g. Incredible Cotton) 지원	해초와 유칼립투스 펄프에서 추출한 유기농 면으로 구성한 바이오 기반 섬유 C-FIBER™로 티셔츠 제작	동물 깃털을 사용하지 않는 플룸테크 기술을 활용하여 제작		유기농 재배 면 사용, 페트병에서 추출한 재생 폴리에스터 사용
자투리 면이나 버려진 페트병을 이용	스웨덴 스톡홀름 드로트닝가탄(Drottninggatan) 매장에서 의류 파쇄와 재활용 과정을 소비자에게 보여주는 재활용 시스템 룹(Looop) 운영	폐기 의류를 사용한 재활용 캐시미어 제작		재고를 활용하여 여러 벌의 옷과 소재를 해체하고 재조합하는 방식으로 제작	

단계별 순환 경제 실천, 특히 기술 개발과 혁신을 통한 다양한 지속 가능성 소재 적용과 제로 웨이스트 중심 활동. 제조에 국한되었던 지속가능성 활동에서 대여, 재판매 등 공유 경제 부분의 비즈니스 전략 실행 확대

표 6-2 계속

구분	Macrotrend	Drivers of sustainable innovation		브랜드		유통 플랫폼
			플리츠마마	올버즈	베자	파페치
1	순환경제 (Circular economy)	1 Recycling	폐페트병으로 제작한 원사 리젠(Regen)	재활용 플라스틱,재활용 나일론,재활용 폴리에스테르, 재활용 골판지	폐플라스틱병 재활용 폴리에스테르로 만든'비-메쉬(B-Mesh: bottle mesh)', 헥사메쉬(Hexamesh), 제이 메쉬(J-Mesh) 직물 개발. 재활용 전문 매장 스튜디오 베자 운영	
		2 Vegan		메리노울, 유칼립투스, 스위트폼, 텐셀, 라이오셀, 트리노, 캐스터빈 오일, 바이오TPU	CWL가죽(바이오 기반의 옥수수로 구성된 비건 소재)	
		3 Upcycling			B Mesh, Hexa Mesh, Corn Upcycling	
		4 Eco friendly		트리노 XO(TrinoXO™) 원단, ZQ인증 메리노울,트리노 푸퍼(Trino™ Puffer)—메리노울과 텐셀 혼합	• 코코넛 섬유 등 천연 재료로 만든 가죽 안감(e.g. 옥수수로 구성된 CWL 비건 가죽, 유기농 코튼, 아마존의 야생고무, 무두질된 비건 가죽) 사용 • 무석유 슈즈(post-petroleum running shoes) 제조 • 미드솔: 사탕수수, 바나나 오일 함유 • 아웃솔: 천연 코르크	포지티블리 클리너 (Positively Cleaner) 전략으로 100% 재활용 가능한 패키지를 사용하는 등 기후 변화 영향을 최소화
2	공유경제 (Sharing economy)	5 Rental				
		6 Recommerce (Resale= Secondhand)		스레드업(thredUP) 재판매	스튜디오베자, 상품 재활용 판매	파페치 세컨드라이프 (Farfetch Secondlife)
3	기업의 사회적 책임 (Corporate social responsibility)	7 Sweatshop free				
		8 Fair trade			원부자재 공정 무역 거래: 면과 고무는 브라질과 페루의 생산자로부터 직접 구매	
		9 Locally sourced			브라질 기업 장기거래, 원료 공급 및 생산	
4	기술혁신 (Technological innovation)	10 Sustainable raw material	페트병 재활용 원사 리젠 활용	자연 식물성 가죽 '플랜트 레더' 출시	친환경 비건 가죽 CWL 사용	
		11 Zero waste	'에어니팅완충기법'을 적용하여 자투리 원단이 없도록 제로 웨이스트 실현, 자가접착식 완충 포장재 사용: 환경 유해물질 최소화, 쓰레기배출 감소 노력	사탕수수를 가공해 만든 스위트폼을 밑창으로 사용하여 일반적인 신발 공정 대비 90% 물 절약	6개월 동안의 주문에 대해서만 생산하는 정책으로 원자재의 낭비 최소화	
	실천레벨별 시사점		단계별 순환 경제 실천. 특히 기술 개발과 혁신을 통한 다양한 지속가능성 소재 적용과 제로 웨이스트 중심 활동. 제조에 국한되었던 지속가능성 활동에서 대여, 재판매 등 공유 경제 부분의 비즈니스 전략 실행 확대			오른쪽 페이지 '실천레벨별 시사점' 내용 참조

유통 플랫폼					지속가능 트렌드별 시사점
잘란도	더리얼리얼	디팝	렌트더런웨이	워드로브	
리팩 프로젝트(패키지 수거 재활용)					친환경, 재생, 재활용, 천연 소재 확대. 인증 기술의 발전, 다양한 소재 재활용 확대
					식물에서 추출한 섬유와 가죽 등 기술 혁신
					기존 자원 활용을 통한 업사이클링과 브랜드간 협업, 기술 개발 등 전략의 다각화
자체브랜드 Zign: 오가닉 코튼, 재활용 폴리에스테르 등의 소재 사용	구찌와 협력하여 판매액 일부를 나무심기에 기부하는 캠페인 진행	판매자에게 지속가능한 패키지 사용 독려	자연 분해가 더딘 플라스틱백, 비닐 패키지 사용 금지, 자체적으로 특허받은 재사용 가먼트백 사용, 세탁시 생분해성 세제 사용		천연 소재 적용 확대, 오염물질 발생이 적은 인증 소재 사용
잘란도 지클 (Zalando Zircle)		대여를 통한 패션 제품 수명 연장	대여를 통한 패션 제품 수명 연장		신상품 생산을 지양, 지속가능성을 실천하는 대여 서비스 도입
잘란도 지클 (Zalando Zircle)	중고 판매를 통한 패션 제품 수명 연장	중고 판매를 통한 패션 제품 수명 연장	대여 상품 판매		중고상품 판매를 통한 제품 수명 연장
					순환 경제 실천에 기여도가 높아 최근 가장 많이 도입된 지속가능성 비즈니스 모델
자체 브랜드 자인 (Zign)					공정무역 확대
				워드로브 허브	장기적 관계 중심의 거래를 통한 지속가능한 시너지 도모
					다양한 측면의 지속가능기술 도입 확대, 소재 혁신 노력
					소재, 상품 기획단계부터 제로 웨이스트 개념 도입
유통 플랫폼의 채널 특성에 특화된 다양한 재판매 비즈니스 모델과 대여 프로그램을 통한 공유경제 적극 실천					

표 6-3 지속가능패션 인증라벨

유형	브랜드	도입 단계(인증 가입)				
럭셔리 브랜드	Kering	HIGG Index (2012)	Ellen MacArthur Foundation	WBCSD(the World Business Council for Sustainable Development) (2011)	SAC(Sustaianble Association Coalition(2012)/ UN Global Compact(2008)	G7 Fashion Pact
	LVMH	LIFE(LVMH Initiatives for the Environment) program	Sustainable Innovation Initiative	The Carbon Fund created by LVMH during the 2015 COP21 Conference	UN Global Compact/ Communication on Progress(CoP)in November(2019)	유네스코와 5년간 파트너십
	Gucci	HIGG Index –Kering			SAC(Sustaianble Association Coalition)–Kering	유니셰프(United Nations Children's Emergency Fund; UNICEF)와 파트너십
	Louis Vuitton	LIFE program		LVMH Carbon Fund		유니셰프(United Nations Children's Emergency Fund; UNICEF)와 파트너십
패션 브랜드	파타고니아	HIGG Index			SAC(Sustaianble Association Coalition)	
	H&M	HIGG Index (2012)	Ellen MacArthur Foundation	MSI (Material Sustainability Index)	SAC(Sustaianble Association Coalition)	G7 Fashion Pact
	판게아	Universal Declaration of Human Rights	ILO (International Labour Organisations)	UN Global Compact		
	세이브더덕	AMFORI BSCI			UN Global Compact (2020)	
	래코드					
	나우					
	플리츠마마					
	올버즈				SAC(Sustaianble Association Coalition)	
	베자	ASF(Atelier Sans Frontières)				
유통 플랫폼	파페치		Ellen MacArthur Foundation		SAC(Sustaianble Association Coalition)	G7 Fashion Pact
	잘란도	HIGG Index	Ellen MacArthur Foundation		SAC(Sustaianble Association Coalition)	
	더리얼리얼	UN Global Compact			SAC(Sustaianble Association Coalition)	
	디팝					
	렌트더런웨이					
	워드로브					
인증 단계별 시사점	• 주요 럭셔리 브랜드와 파타고니아, H&M 등 지속가능성을 표방하는 선도기업 중심으로 주요 인증제도 적극 가입 • 유엔글로벌컴팩트(UNGlobalImpact)와 HIGG 인덱스, SAC, 앨런맥아더(EllenMcArthur) 재단 중심으로 가입, 유통 플랫폼의 경우도 선도기업 중심으로 가입이 활발히 이루어짐					

성장 단계(인증 획득)						
FSC(Forest Stewardship Council)	ICEC(Institute of Quality Certification for the Leather Sector)	RJC(Responsible Jewellery Council)	GOTS(Global Organic Textile Standard)	BCI(Better Cotton Initiative)	RWS (Responsible Wool Standard)	공정무역
FSC(Forest Stewardship Council)	LWG (The Leather Working Group)	RJC(Responsible Jewellery Council)	GOTS(Global Organic Textile Standard)	BCI(Better Cotton Initiative)	RWS (Responsible Wool Standard)	공정무역
FSC(Forest Stewardship Council)		RJC(Responsible Jewellery Council)	GOTS(Global Organic Textile Standard)	RDS (Responsible Down Standard)	GRS(Global Recycled Standard)	공정무역
FSC(Forest Stewardship Council)	LWG(Leather Group Certified)	RJC(Responsible Jewellery Council)	GOTS(Global Organic Textile Standard)	BCI(Better Cotton Initiative)	Responsible Wool Standard(RWS)/ GRS(Global Recycled Standard)	Kimberley Process
FSC(Forest Stewardship Council)	B corp	Bluesign	RWS (Responsible Wool Standard)		공정무역	
FSC(Forest Stewardship Council) 천연고무	BCI(Better Cotton Initiative)	OCS(Organic Content Standard)	RWS (Responsible Wool Standard)		RDS (Responsible Down Standard)	GOTS(Global Organic Textile Standard)
FSC(Forest Stewardship Council): 라이오셀, C fiber	BCI(Better Cotton Initiative)	STANDARD 100 by OEKO-TEX®				GOTS(Global Organic Textile Standard)
	B corp	LAV(Antivivision Section) VVV+ 등급				
FSC(Forest Stewardship Council)		Bluesign	RWS(Responsible Wool Standard)	BCI(Better Cotton Initiative)		GOTS(Global Organic Textile Standard)
FSC(Forest Stewardship Council)	B corp		뉴질랜드산 ZQ인증 메리노울			
	B corp	LWG(Leather Working Group)				GOTS(Global Organic Textile Standard)
FSC(Forest Stewardship Council) 패키지						
	BCI(Better Cotton Initiative)-Zign	LWG(Leather Working Group) -Zign	RWS(Responsible Wool Standard) -Zign		RDS(Responsible Down Standard) -Zign	GOTS(Global Organic Textile Standard)-Zign

다양한 방면에서 지속가능성을 실천하는 표준이 되는 B Corp인증, FSC(국제 산림협회), 책임있는 면화, 다운 등 기술 혁신을 통한 인증제도 활용

표 6-3 계속

유형	브랜드	성장 단계(인증 획득)			발전 단계(인증 관련 수상)	
럭셔리 브랜드	Kering	OCS(Organic Content Standard)	KERING ANIMAL WELFARE STANDARDS	GRS(Global Recycled Standard)	Corporate Knights 2021 Global 100 Sustainable Companies 7위	2020년 Dow Jones Sustainability Index (DJSI)에 8년째 이름을 올림
	LVMH	RDS(Responsible Down Standard)	Animal-Based RawMaterials Sourcing Charter/ LVMH Crocodilians Standard	RSPO sustainable palm oil certification	Inclusion index awards(2020)	2019년 5월 Euronext Vigeo Eurozone 120 Index에서 상위 5위권 내에 랭킹
	Gucci	TDS(Traceable Down Standard)	KERING ANIMAL WELFARE STANDARDS	매장 및 사무실에 LEED certification	Fashion Transparency Index 41~50%	welcome. working for refugee integration award by UN refugee Agency(UNHCR). 2018, 2019
	Louis Vuitton	RDS(Responsible Down Standard) or Downpass	Animal-Based RawMaterials Sourcing Charter/ LVMH Crocodilians Standard	certified BREEAM® very good	Fashion Transparency Index 21~30%	Positive Luxury로부터 Butterfly Mark 받음
패션 브랜드	파타고니아					
	H&M	GRS(Global Recycled Standard)	RCS(Recycled Claim Standard)	서큘로스(Circulose®)-재활용직물 세계 최초 사용	Ethisphere 선정, 세계에서 가장 윤리적인 기업 9차례 진입	Fashion Transparency index(2019: 5위/ 2020: 1위)
	판게아	GRS(Global Recycled Standard)				탄소 배출량 감소, 탄소 중립 ISO 14001 및 9001 인증
	세이브더덕					
	래코드					
	나우	Recycled 100 claim standard(RCS)				
	플리츠마마					
	올버즈					
	베자					
유통 플랫폼	파페치					
	잘란도					
	더리얼리얼					
	디팝					
	렌트더런웨이					
	워드로브					
인증 단계별 시사점		다양한 방면에서 지속가능성을 실천하는 표준이 되는 B Corp인증, FSC(국제 산림협회), 책임있는 면화, 다운 등 기술 혁신을 통한 인증제도 활용				

발전 단계(인증 관련 수상)				
Carbon Disclosure Project(CDP) A score 럭셔리 그룹으로는 유일하게 2년 연속 리스트에 오름	Thomson Reuters Diversity & Inclusion Index(D&I)에서 7000개 기업 중 7위(2018)	European Gender Diversity Index에서 "Most Feminine Board of Directors" 수상	Refinitiv Diversity & Inclusion Index에서 7000개 기업 중 10위(2019)	Bloomberg Gender Equality Index에서 Gendery diversity and equality 분야 최고 순위(2018)
ESG MSCI에서 A등급 (2019)	FTSE Russell 4/5 등급 순위(2019)	ESG risk rating 81/100 (Textiles & Apparel), 89/100(Luxury Apparel) (2020)		
PETA awards	Corporate Consciousnesss Award(2018)			
Diversity & Inclusion Index(D&I)	FTSE4GOOD Index 시리즈 기업 선정	2020년 5월 비영리 단체 텍스타일 익스체인지 (Textile Exchange)로부터 프리퍼드 코튼(Preferred cotton) 소싱 1위 기업으로 선정	국제 비영리 조직으로 기업 환경경영 수준 평가하는 CDP(Carbon Disclosure Project) 조사에서 최고 등급인 'CDP Climate A List'에 선정	2019 RDS 인증다운 1위 (소재변화 인사이트 보고서, 2019)

럭셔리-KERING 그룹, SPA- H&M 그룹, 적극적인 지속가능성 관련 활동으로 다양한 부문 수상, 지속가능성 실천에 대한 의지 반영

3. 지속가능패션의 미래

지속가능패션_{Sustainable Fashion}은 패션의 현재이자 미래이다. 지속가능패션은 우리가 옷을 디자인하고 제작하고 입을 때 지구와 사람들의 미래를 보호하는 것을 의미한다. 지속가능한 방식으로 제조, 판매 및 사용되는 패션 아이템으로서 원료 생산, 제조, 운송, 보관, 마케팅, 최종 판매, 제품의 사용, 재사용, 수리, 재활용에 이르기까지 패션 제품의 라이프 사이클 모든 과정에서 지속가능성에 대해 고민해야 한다.

지속가능한 패션을 실천하는 첫번째 실천 전략은 디자인의 기본이 되는 지속가능한 '소재'의 혁신이다. 패션 제품을 디자인, 생산, 유통하는 과정에서 환경 오염에 미치는 영향 중 86%는 원단에서 비롯될 만큼 소재는 환경 오염의 큰 원인이 된다. 따라서 제품의 원부자재 선택과 사용에 있어 환경을 고려한 선택은 필수이다. 다양한 지속가능 소재의 개발, 투자, 디자인으로 지속가능패션은 확대되고 있다.

재활용_{Recycle}, 재사용_{Reuse}, 절약_{Reduce}의 3가지 실행 전략 중 패션 기업들이 현재 가장 많이 적용하는 전략은 폐기물의 순환인 재활용_{리사이클; Recycle}이다. 그러나 친환경, 재생, 재활용 등 지속가능한 소재들의 높은 원가와 수급의 희소성 등은 해결되어야 할 과제이다.

또한 전 세계적으로 확대되고 있는 인증 제도의 활용으로 투명성과 신뢰가 기반되어야 한다. 우리나라의 패션 산업에서도 인증 제도 등 관련 지수 획득을 통해 지속가능패션의 체계적인 도입과 활용이 필요한 시점이다. 지속가능성을 매뉴얼화하여 검증하고 자체 평가하는 등 기업의 기본 전략 설정과 교육으로 지속가능패션에 대한 노력이 이어져야 한다.

지속가능한 패션과 미래를 위해 각 브랜드의 노력도 중요하지만 오프라인보다 비중이 커지고 있는 온라인 패션 유통 플랫폼 기업의 역할이 점차 중요해지고 있다. 온라인 패션 유통 플랫폼의 커뮤니티를 중심으로 지속가능한 패션 문화가 형성되어야 하며 인증과 평가 시스템을 통한 신뢰도 구축은 유통 플랫폼 기업들에도 더욱 활성화되어야 한다.

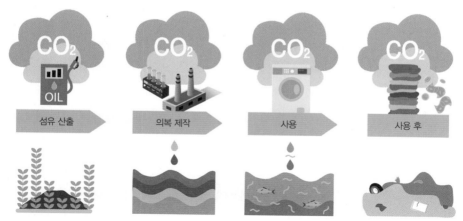

섬유 산출　　의복 제작　　사용　　사용 후

그림 6-2
선형 패션 산업

　상품기획 단계부터 시작하여 원부자재의 염색과 생산, 상품 제조, 물류 운송, 유통 판매 그리고 구매, 소비, 폐기 등으로 이어지는 패션 공급망은 오랫동안 선형으로 운영되었다그림 6-2. '제작-사용-폐기'의 구조를 가지고 있는 선형 방식은 생산 과정에서 전 세계 온실가스 배출량의 약 10%를 배출하며 환경 오염의 주범이 되어왔다. 매년 6,000만 톤이 넘게 생산된 의류와 신발 중 약 70%가 쓰레기 매립장으로 간다이한, 2021. 대량의 천연 자원을 사용하고 막대한 공해를 발생하는 기존의 선형 비즈니스 모델의 패션 산업은 지속 불가능하기에 패션 산업의 구조는 '순환형'으로 전환되어야 한다. 순환 패션은 품질은 유지한 채 폐기물 및 오염을 염두에 두고 원부자재를 사용하며 자연환경을 재생시키는 방식으로 디자인, 생산, 판매된다그림 6-3.

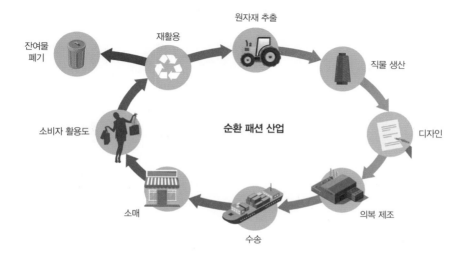

원자재 추출

재활용

잔여물
폐기

직물 생산

순환 패션 산업

소비자 활용도

디자인

소매

의복 제조

수송

그림 6-3
순환형
패션 산업 구조

순환 패션 운동을 주도하는 엘렌 맥아더 재단Ellen MacArthur Foundation은 '순환 패션 만들기'Make-Fashion-Circular를 2017년부터 진행하고 있다. 이는 선형 패션 모델을 환경 문제와 경제적 가치 손실의 근본적인 원인으로 인식하며 시작되었다. 현재와 같은 추세로 2050년이 된다면 패션 산업은 세계 탄소 예산의 1/4을 사용할 것이고 옷을 세탁하는 과정에서 방출된 500만 톤의 플라스틱 극세사는 매년 500억 개의 플라스틱병에 해당하는 환경 오염의 원인이 된다.

따라서 엘렌 맥아더 재단은 더 많이 사용 가능하고 다시 만들 수 있으며 재활용 또는 재생이 가능한 소재로 만든 제품의 생산을 장려하는 순환패션의 구조를 제안한다. 이를 통해 기후 위기와 생물 다양성 손실, 환경 오염 등과 같은 국제적인 문제 해결에 기여하고자 한다. H&M, 나이키Nike 등을 핵심 파트너로 하여 지원 활동이 이루어지고 있다그림 6-4.

패션의 지속가능성을 선도하는 포럼인 글로벌 패션 어젠다Global Fashion Agenda는 '2020 순환 패션 시스템'Circular Fashion System을 선보이며 패션 기업들의 참여를 장려하고 있다. 2019년 7월 기준 글로벌 패션 산업의 12.5% 비중의 기업이 2020 순환 패션 시스템에 동의했다정해순. 2019.

최근 많은 기업에서 시행하고 있는 상품 기획 단계에서부터의 제로 웨이스트의 도입은 순환 패션의 원칙과 일치한다. 하나의 상품이 다양한 방면으로 재생되면 비즈니스와 환경에 긍정적인 영향을 끼치기에 친환경 또는 재활용 소재의 사

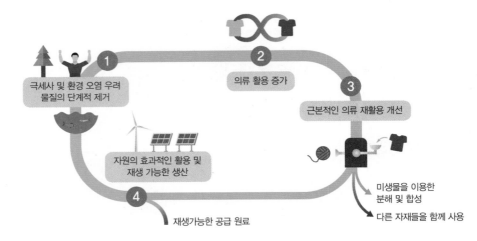

그림 6-4
섬유경제를
변화시키는 법,
엘렌 맥아더
재단의 순환
패션 만들기

용은 순환 패션 실천의 중요한 첫번째 단계이다. 유기농 면화를 사용할 때 생산 과정에서 일반적인 면 대비 물 사용의 90%, 에너지 사용의 62%를 줄일 수 있다. 또한 일반 폴리에스터를 재생 폴리에스터로 교체하면 유해물질의 90%, 에너지 소비의 60%, 탄소 발생의 40%를 감축할 수 있다Global Fashion Agenda, 2018. 이 외에도 현재 매립되고 있는 73%의 옷을 모두 수거하여 재활용하면 105조 원의 가치와 동일하다Ellen MacArthur Foundation, 2017.

이렇듯 순환 패션 시스템으로의 전환은 패션 산업의 지속가능성을 위한 중요한 목표이다. 지속가능성에 초점을 맞춘 소재 혁신 기술과 재생을 기본으로 하는 업사이클링 외에도 순환 경제의 원리를 도입한 지속가능한 스마트 웨어의 개발 등 혁신 아이디어에 대한 투자와 그에 관련된 스타트업의 활성화 또한 더욱 필요한 시점이다.

지속가능성은 순환 패션으로 재설계되어야 하는 패션 산업의 혁신과 가치창조를 이끄는 구심점이다. 이제 패션 산업은 순환 패션을 위해 모든 단계에서 재생가능성, 공정, 투명성, 그리고 순환성에 초점을 맞추어야 한다.

순환 패션을 도입하기 위하여 상품은 오래 입을 수 있도록 디자인되어야 하고 재생과 재활용이 가능한 소재로 제작되어야 한다. 노동자의 인권과 동물 보호를 기반으로 한 공정하고 윤리적인 상품 생산이 요구되며 상품을 중고로 판매하거나 대여하는 등 리커머스 비즈니스 모델을 통해 수명을 연장시켜야 한다. 이를 통해 패션 산업의 각 단계를 지속가능하게 개선하여 순환 패션을 실현할 수 있다그림 6-5.

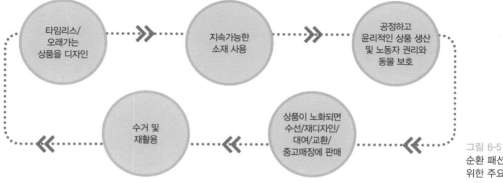

그림 6-5
순환 패션을
위한 주요 요건

진정한 순환 패션의 구조를 만들기 위해서 패션 기업뿐 아니라 정책을 담당하는 정부와 소비자의 참여도 필요하다. 지속가능한 패션은 미래가 아닌 현재의 문제를 해결해야 하기에 생산자, 소비자, 정부를 포함한 지원기관의 3개의 축이 '지속가능한 순환 패션의 실행 주체'로서 유기적으로 연결되어 빠른 활용이 필요한 시점이다.

요약

1. 본 저서에서는 지속가능패션 환경을 이해하고, 지속가능패션 소비자의 특성을 알아본 후, 기업 유형별(럭셔리, 패션, 유통 플랫폼) 대표 사례의 실천 전략을 알아보았다.

2. 지속가능 실천 전략을 소비자 관점별, 기업 관점별로 살펴보았다. 기업 관점에서의 전략은 확장된 TBL 실천 범주(환경, 사회, 경제, 문화)와 매크로트렌드(순환 경제, 공유 경제, 기업의 사회적 책임, 기술 혁신, 소비자 인식) 관점 별로로 살펴보았다.

3. 패션의 미래는 선형 패션 산업에서 순환형 패션 산업으로 변해야 할 것이며 이러한 변화를 위해 생산자, 소비자, 정부가 함께 노력해야 한다.

생각해 볼 문제

1. 국내 패션 브랜드 하나를 선정하여 TBL 범주별 또는 매크로트렌드별 적용 가능한 지속가능 실천 전략을 제안해 보자.

2. 지속가능패션은 패션의 현재이자 미래라고 합니다. 자신이 좋아하는 브랜드의 지속가능한 미래의 모습에 대하여 구체적으로 생각해 보자.

3. 패션 소비자로서 지속가능한 패션 라이프스타일을 제안해보고 미래의 지속가능패션 소비를 위한 실천 전략을 논의해 보자.

4. 지속가능성 인증 마크가 부착된 상품을 구매한 경험이 있는가? 그러한 구매 경험을 바탕으로, 소비자의 입장에서 인증 마크의 활용에 대한 의견을 나누어 보자.

5. 브랜드와 소비자가 협업하여 성공적으로 진행된 지속가능성 프로젝트를 알아보고, 새로운 프로젝트 아이디어를 제시해 보자.

6. 렌털과 리세일 플랫폼을 이용한 경험이 있는가? 렌털과 리세일 플랫폼의 확장이 패션 산업의 지속가능성과 소비자의 소비 패턴에 미치는 영향을 생각해 보자.

참고문헌

이병길. (2019). 지구 환경을 위한 지속가능한 패션의 착한소비 확산. 서울연구원. https://bit.ly/3fYTgiY

이한. (2021.6.29). [제품으로 읽는 환경 19] 당신의 티셔츠가 지구에 미친 영향. 그린포스트코리아. http://www.greenpostkorea.co.kr/news/articleView.html?idxno=129398

정해순. (2019.11.1). 글로벌 패션산업 2020 '지속가능패션'시대로 대전환. 패션비즈. https://m.fashionbiz.co.kr:6001/index.asp?idx=175016&uidx=179896&

CIRCULAR DESIGN STRATEGIES. REDRESS Design Award. https://www.redressdesignaward.com/learn/strategies

Ellen MacArthur Foundation. (2017, November 28). A New Textiles Economy: Redesigning fashion's future. https://www.ellenmacarthurfoundation.org/publications/a-new-textiles-economy-redesigning-fashions-future

Ellen MacArthur Foundation. Fashion and the Circular Economy. https://www.ellenmacarthurfoundation.org/explore/fashion-and-the-circular-economy

Global Fashion Agenda. (2018). Pulse of the Fashion Industry 2018. https://www.globalfashionagenda.com/publications-and-policy/pulse-of-the-industry/

Todeschini, B. V., Cortimiglia, M. N., Callegaro-de-Menezes, D., & Ghezzi, A. (2017). Innovative and sustainable business models in the fashion industry: Entrepreneurial drivers, opportunities, and challenges. Business Horizons, 60(6), 759-770.

그림 출처

그림 6-1 Fashion Footprint Calculator. ThredUp. https://www.thredup.com/fashionfootprint

그림 6-2 Ellen MacArthur Foundation. (2017). A new textiles economy: Redesigning fashion's future. https://ellenmacarthurfoundation.org/a-new-textiles-economy

이병길. (2019). 지구 환경을 위한 지속가능한 패션의 착한소비 확산. 서울연구원. https://bit.ly/3fYTgiY

그림 6-3 Circular Design Strategies. Redress Design Award. https://www.redressdesignaward.com/learn/strategies

이병길. (2019). 지구 환경을 위한 지속가능한 패션의 착한소비 확산. 서울연구원. https://bit.ly/3fYTgiY

그림 6-4 Ellen MacArthur Foundation. Make Fashion Circular. https://www.ellenmacarthurfoundation.org/our-work/activities/make-fashion-circular/report

그림 6-5 Ellen MacArthur Foundation. (2017). A new textiles economy: Redesigning fashion's future. https://ellenmacarthurfoundation.org/a-new-textiles-economy

럭셔리 커스터마이제이션과 소비자 웰빙 연구

최근 몇몇 럭셔리 브랜드 내에서 온라인 툴킷을 이용한 커스터마이제이션(customization) 서비스를 제공하고 있으며, 이는 실제 소비자들 사이에서 많은 관심을 받고 있다. 루이비통의 경우, 정해진 가방의 안감 컬러를 변경하거나 스티커 또는 이니셜을 추가할 수 있는 커스터마이제이션 서비스를 온라인으로 제공하고 있다. 소비자들은 자신이 원하는 대로 제품 디자인을 정해진 틀 내에서 변경할 수 있고, 제품 이미지를 실시간으로 화면에서 확인할 수 있다. 이러한 커스터마이제이션 서비스는 많은 소비자들이 함께 향유하는 럭셔리 브랜드로의 이미지를 조금이나마 탈피하고, 소비자 개인의 개성을 표현할 수 있는 수단으로 각광받고 있다.

그렇다면 과연 '럭셔리 커스터마이제이션 서비스가 소비자의 웰빙에 영향을 미칠까?'에 대한 궁금증을 해결하기 위해 간단한 연구를 진행했다. 현재 해당 서비스를 제공하고 있는 루이비통의 사례를 활용하여 연구 참가자들이 루이비통 가방의 이미지를 원하는대로 커스터마이징하도록 하였다. 그 후, 설문을 진행하였고, 설문이 끝난 후에는 두 가지 쿠키 가운데 원하는 쿠키를 선택할 수 있는 옵션을 주었다. 한 가지는 건강하지만 덜 맛있는 쿠키였고, 나머지는 맛있지만 덜 건강한 쿠키였다. 본 연구는 참가자가 인식하는 웰빙의 척도를 쿠키의 선택으로 보았고, 건강한 쿠키를 웰빙하다고 정의했다.

연구 결과, 직접 제품을 커스터마이징한 참가자는 건강하지만 덜 맛있는 쿠키를 선택하는 비율이 높았다. 참가자들은 자신이 원하는 대로 제품을 꾸미며 럭셔리 제품을 통해 자아 진정성을 느꼈다고 설명했다. 일반 소비자들은 고가의 고급스러운 럭셔리 제품과 자기 자신의 상대적 괴리감을 느껴 소비자 자신이 럭셔리 제품과 어울린다고 느끼기 어렵다는 경향이 있었다. 하지만, 자신의 취향과 개성이 반영된 럭셔리 커스터마이제이션 제품에서 느껴지는 진정성은 '웰빙하다'는 긍정적인 소비자 반응으로 나타났다. 즉, 커스터마이징 서비스는 소비자의 취향을 반영하여 럭셔리의 부정적인 인식을 해소할 수 있는 한 가지 방안으로 작용할 수 있음을 확인했다.

1. Healthier but less tasty option　　　2. Tastier but less healthy option

출처

Choi, D. Y., Ko, E., Seo, Y., Septianto, F. (2019) Luxury customization and pride of ownership: implications for consumer wellbeing. In 2019 ANZMAC Conference at Wellington.

1. 세계 최초의 지속가능성 하이퍼 로컬 스토어

2019년 10월, 독일 베를린에 300m² 규모의 세계 최초 지속가능한 하이퍼 로컬[1] 스토어 H&M 미테 가튼(Mitte Garten)이 문을 열었다. H&M 매장 468개를 보유한 H&M의 최대 시장인 독일에 위치한 해당 매장은 지속가능한 미래를 위해서 친환경, 재활용, 중고 상품 등의 소비를 순환시키는 방법을 모색하는 H&M 최초의 지역 특화 매장이다. 처음으로 타사 브랜드와 빈티지 아이템을 제공하고 있으며 비건 카페 운영을 비롯하여 베를린 거주자들의 참여를 기반으로 하는 전시, 요가 세션, 패션 토크, 크리스마스 마켓 개최 등 다양한 지역 행사를 함께 진행하고 있다. 또한 매장 지하의 쇼룸은 온라인 사전 주문 고객이 제품을 픽업할 수 있는 공간이자 앞으로 나올 컬렉션의 일부를 무료로 쇼룸에서 48시간 동안 대여할 수 있는 공간으로 활용하고 있다.

H&M이 이러한 리테일 트렌드를 시도하는 이유를 2가지로 꼽을 수 있다.

첫째, 소비자가 점점 더 개인적이고 특별한 쇼핑 경험을 찾고 있고 둘째, 대형 매장을 운영하는데

그림 1
베를린
미테 가튼 H&M

---

1   하이퍼 로컬(Hyper Local): 하이퍼 로컬이란 특정 지역 사회와 고객을 연결하는 기능을 수행하여 차별화된 고객경험과 소비를 창출, 그 지역만의 사회 문화적, 경제적 선순환 체제를 구축하는 것이다.

필연적으로 따르는 엄청난 재고 부담을 줄이기 위함이다. 즉, H&M은 고객경험에중점을 둔 특정 지역의 작은 매장을 통해 리테일의 미래를 가늠해 볼 수 있다고 판단한 것이다.

온라인 빈티지 쇼핑몰 '아웃오브유즈 베를린(Out of use berlin)'의 듀오가 큐레이션한 중고 패션 상품, 니치 향수 브랜드 토니스(Tonis)의 베를린 향수 외에도 융펠트(Jungfeld) 양말, 벨트 스튜디오(Velt Studios)의 가방, 비건 스킨 케어 브랜드인 디 오디너리(The Ordinary) 등 지속가능성과 연결된 다양한 제품을 매장에 구성했다. 베를린의 비건 카페 '달루마(Daluma)'가 함께 입점했다.

2. 데이터에 기반한 디지털 매장 관리, 고객경험 극대화

미테 가튼(Mitte Garten) H&M의 디지털 기술은 고객 서비스로서 디지털 경험을 제공하는 데 중점을 두고 설계되었다. H&M 연구소가 마이크로소프트(Microsoft), AKQA 및 턴파이크(Turnpike)와 공동으로 개발했다. 빠르게 변화하는 고객의 쇼핑 경험에 대한 서비스를 향상시키기 위해 매장 직원에게 디지털 기술을 제공한다.

소비자는 매장에서 구매 가능한 상품을 확인하거나 결제 시 QR코드를 사용하여 휴대폰 결제를 할 수도 있다. 소비자는 스마트 피팅룸의 버튼을 통해 직원에게 도움을 요청할 수 있고, 직원은 손목에 착용한 웨어러블 기기(커넥티드 브레이슬릿; Connected Bracelet)를 통해 알림을 확인하고 탈의실에 있는 소비자와 소통할 수 있다. H&M의 직원은 팔찌의 앱(App)을 통해 새로운 컬렉션, 트렌드 및 일정 등을 업데이트 받을 수 도 있다.

해당 기술은 전략적인 빅데이터 분석을 통해 세분화된 디자인, 제조, 물류, 판매 시점 관리, 그리고 매장 내 팀원 관리까지 가능하다. 고객, 매장 직원, 사무실 직원 및 관리는 모두 마이크로소프트 팀즈(Microsoft Teams) 및 파워 앱스(Power Apps)를 기반으로 하는 내부 응용 프로그램을 통해 시스템에 연결된다. 앱을 통해 고객의 질문이나 불만 사항을 다른 직원과 공유하고 좋은 사례를 함께 나눌 수 있다.

그림 2
베를린
미테 가튼 H&M
매장 전경과
디지털
라이제이션
시스템

출처

Pauline Neerman. (2019. October 25). H&M tests new 'hyper–local'concept in Berlin. Retaildetail, www.retaildetail.eu/en
Weixin Zha. (2019. October 28). In Bildern: H&Ms weltweit erster hyperlokaler Store in Berlin. Fashionunited.
　https://fashionunited.de
이동천. (2019. 9. 1). 이제는 하이퍼 로컬이다. 테넌트뉴스, http://tnnews.co.kr/archives/34542
이혜인 촬영 & H&M(https://hmgroup.com) 재편집

저자 소개

고은주
연세대학교 의생활학 학사
버지니아주립공과대학교 의류학(패션마케팅 전공) 석·박사
現 연세대학교 의류환경학과 교수
　　(사)글로벌지식경영마케팅학회 회장
　　글로벌패션마케팅학회지 편집위원장
　　지속가능문화 경영연구센터장
　　ACCESS(지속가능문화 잡지) 발행인
前 삼성SDS 선임컨설턴트

이혜인
연세대학교 생활환경대학원 패션산업정보 석사
現 독일 Shoelabo CEO
　　칼럼니스트(어패럴뉴스, 데일리트렌드, 패션넷)
前 DFD LIFE. CULTURE 소다 전무
　　이랜드리테일 슈펜 론칭 디렉터

조민정
연세대학교 의류환경학 학사
연세대학교 의류환경학(패션마케팅 전공) 석·박사 통합과정
現 (주)베리커먼 이사
前 신세계백화점 패션 바이어

지속가능패션

Sustainable Fashion

초판 인쇄 2021년 10월 13일
초판 발행 2021년 10월 20일

지은이 고은주 · 이혜인 · 조민정
펴낸이 류원식
펴낸곳 교문사

편집팀장 김경수 | **책임진행** 이유나 | **디자인** 신나리
표지 디자인 엄수민 | **본문편집** 디자인이투이

주소 10881, 경기도 파주시 문발로 116
대표전화 031-955-6111 | **팩스** 031-955-0955
홈페이지 www.gyomoon.com | **이메일** genie@gyomoon.com
등록번호 1968.10.28. 제406-2006-000035호

ISBN 978-89-363-2231-1(93590)
정가 29,000원